高等学校规划教材·航空、航天与航海科学技术

CATIA 软件在飞机三维外形设计中的应用

（第 2 版）

张玉刚　杨晓君　李宇峰　编著

西北工业大学出版社

西　安

【内容简介】 本书以计算机辅助设计软件 CATIA V5 为基础,主要介绍了 CATIA 的基本功能、飞机三维外形设计中涉及的零件设计(包括二维草图设计、曲线曲面设计、三维实体设计)和装配结构与部件约束等建模功能。本书以飞机总体设计过程中涉及的三维模型绘制为主线,以民机和军机总体设计方案为案例,详细介绍了飞机机身、机翼、尾翼、翼身整流、发动机短舱/进气道等部件的三维外形设计过程。各章内容既有其特点,又相互联系。

本书既可供从事飞行器总体设计工作的工程人员和高等学校相关专业的教师、研究生以及高年级的本科生使用,也可作为自学 CATIA 软件三维模型设计者的实用教程。

图书在版编目(CIP)数据

CATIA 软件在飞机三维外形设计中的应用 / 张玉刚,杨晓君,李宇峰编著. —— 2 版. —— 西安 : 西北工业大学出版社,2024.4

高等学校规划教材. 航空、航天与航海科学技术

ISBN 978 - 7 - 5612 - 9256 - 3

Ⅰ. ①C… Ⅱ. ①张… ②杨… ③李… Ⅲ. ①飞机-外观设计-计算机辅助设计-应用软件-高等学校-教材 Ⅳ. ①V22 - 39

中国国家版本馆 CIP 数据核字(2024)第 066388 号

CATIA RUANJIAN ZAI FEIJI SANWEI WAIXING SHEJI ZHONG DE YINGYONG

CATIA 软件在飞机三维外形设计中的应用

张玉刚 杨晓君 李宇峰 编著

责任编辑:孙 倩		策划编辑:何格夫	
责任校对:朱辰浩		装帧设计:李 飞	

出版发行:西北工业大学出版社

通信地址:西安市友谊西路 127 号　　　邮编:710072

电　话:(029)88491757,88493844

网　址:www.nwpup.com

印 刷 者:陕西向阳印务有限公司

开　本:787 mm×1 092 mm　　1/16

印　张:27.5

字　数:686 千字

版　次:2019 年 3 月第 1 版　2024 年 4 月第 2 版　2024 年 4 月第 1 次印刷

书　号:ISBN 978 - 7 - 5612 - 9256 - 3

定　价:98.00 元

第 2 版前言

本书第 1 版是由西北工业大学出版社于 2019 年出版的高等学校规划教材,主要介绍了 CATIA 的基本功能模块、三维罗盘和特征树的概念和操作方法、三维对象视角变换操作方法等,以及飞机三维外形设计中涉及的零件设计(包括二维草图设计、曲线曲面设计、三维实体设计)和装配结构与部件约束等建模功能;重点以一个单通道民用飞机的初步总体设计方案为例,介绍了机身、机翼、尾翼、翼身整流罩、发动机短舱等部件的三维外形设计过程,以及通过装配设计实现所有部件装配约束的方法。

经过几年的使用,读者和学生对本书第 1 版的内容提出了一些反馈意见,同时为了丰富实践教学内容,笔者对第 1 版进行了修订,形成本书。本书保持了第 1 版的风格,完善了 CATIA 软件的基本功能介绍,针对基本功能、二维草图设计、三维实体零件设计、曲线曲面设计、装配设计等内容增加了习题,以强化读者对基本功能的学习。本书精简了民用飞机初步总体设计方案的介绍,仅保留了与三维外形设计相关的参数数据,修订了第 1 版中部分文字错误。此外,本书增加了某型军用飞机的三维外形设计案例,介绍了飞机基本控制轮廓设计、机翼设计、机身设计、进气道设计、垂尾设计和全机曲面分析等内容。

全书内容分为三部分:第一部分为飞机三维外形设计基础,介绍了涉及的 CATIA 基本模块功能;第二部分为某型民机三维外形设计,介绍了典型单通道布局、民用飞机各部分三维外形曲面的设计过程;第三部分为某型军机三维外形设计,介绍了超声速飞机各部分三维外形曲面的设计过程。

本书由张玉刚、杨晓君和李宇峰编著。张玉刚负责第一部分和第二部分内容的修订和习题的撰写,杨晓君负责第三部分内容的撰写,李宇峰负责飞机三维外形设计方法和流程的撰写。全书由张玉刚统稿。此外,熊晨阳、刘东昊、丑帅、李洪楠、贺玉超、何森朋等参与了全书的校稿工作。

在编写本书的过程中,笔者得到了西北工业大学航空学院多位教师的大力支持,在此深表感谢。同时,对给我们提出宝贵意见的读者、学生表示深深的谢意。

由于笔者水平有限,书中难免存在疏漏,恳请广大读者批评指正。

编著者
2023 年 11 月

第 1 版前言

在飞机设计领域,常用的总体设计软件有 AAA,RDS,CAVSIM 和 APP,气动分析软件有 Fastran,Fluent,cfd++,cart3d,PANair 和 vsaero,飞机力学分析软件有 Patran/Nastran,Dytran,Ansys,LS-DYNA,Abaqus,Adams,Virtual. Lab 和 Amesim。在进行气动分析和力学分析时,需要建立飞机的实体模型用于计算输入,常用的飞机辅助设计软件有 CATIA,NX(原名 UG),Creo(原名 Pro/E)和 SolidWorks。其中,CATIA 软件源于航空航天工业,是业界无可争辩的"领袖"。一些国际著名公司(如波音、空中客车等飞机制造公司,奔驰、宝马、克莱斯勒等汽车制造公司)都将 CATIA 作为其主流设计软件。国内主要的飞机研究所和飞机制造厂也选用了 CATIA 软件,中国第一汽车集团有限公司(简称"一汽集团")、东风汽车集团有限公司(简称"二汽集团")、上海汽车集团股份有限公司(简称"上海大众集团")等 10 多家汽车生产企业都选用 CATIA 软件作为新车型的开发平台。CATIA 软件在航空航天、汽车领域的主流地位不断提高。同时,CATIA 软件也大量地进入了其他(如机车、通用机械、家电等)行业。

目前已出版了很多关于 CATIA 软件使用方面的书籍,设计实例多以工业上常用的零件为对象进行介绍,尚未见到介绍飞机三维外形辅助设计的专业书籍。本书以某型民机初步总体方案为蓝本,详细介绍飞机三维外形的设计过程。全书主要内容如下:

第 1 章介绍 CATIA 软件的主要功能,三维罗盘和特征树的概念和操作方法,三维对象的视角变换操作方法等。

第 2 章和第 3 章介绍零件设计与装配设计涉及的二维草图、曲线曲面、三维实体、装配结构和部件约束等建模功能。

第 4 章简要介绍某型民机的初步总体设计方案,包括总体布局、机身(机头、中机身、机尾)设计、机翼设计、平尾设计和垂尾设计等,为后续的外形设计工作提供参数依据。

第 5 章对飞机机身三维外形设计过程进行详细的介绍,包括机头设计要求、形状参数、眼位和视界、三维外形绘制和外形曲面质量分析等内容。

第 6 章介绍飞机机翼三维外形设计过程,包括机翼形状参数、翼型参数、翼型导入方法、机翼三维外形绘制、翼尖小翼绘制和外形曲面质量分析等内容。

第 7 章对飞机垂尾和平尾三维外形设计过程进行介绍,包括形状参数、基本翼绘制和翼尖处理等内容。

第 8 章介绍翼身整流罩的三维外形设计过程,包括形状参数、参考基准和外形设计等内容。

第 9 章对发动机短舱三维外形设计过程进行简单的介绍,包括发动机参数、短舱形状参数、短舱外形绘制和吊挂外形绘制等内容。

第 10 章介绍飞机三维外形装配方法和部件站位约束建立过程。

附录给出 CATIA 软件常用命令列表。

本书第 1 章至第 3 章由喻天翔、刘敬一等人编写,第 4 章至第 7 章由张玉刚、宋坤苓等人编写,第 8 章至第 10 章由孙中超、贾洁羽等人编写,全书由张玉刚统稿。

在编写本书的过程中,得到了西北工业大学航空学院各位领导和同仁的大力支持,在此深表感谢。同时,感谢西北工业大学出版社编辑给予的大力协助。

书中使用的民机设计方案以"西工大大客联合工程队"提出的方案为蓝本,感谢宋笔锋、吕震宙、李栋、李亚智、崔卫民、喻天翔、左英桃和宣建林等人在方案设计过程中所做的工作。此外,感谢陕西飞机工业(集团)有限公司靳宏斌研究员在飞机外形设计方面所做的工作。

为简化飞机三维外形建模过程,便于介绍主要思路,本书对一些具体设计要求和规则没有涉及,比如文件的命名规则、边界条件约束和复杂局部外形设计等。更详细的设计要求等可参考 HB 7755—2005,HB 7756—2005,HB 7795—2005 等行业标准规范。

写作本书曾参阅了相关文献资料,在此,谨向其作者深表谢忱。

限于学识和经验,书中难免有不当和疏漏之处,恳请各位读者指正。

编著者

2018 年 11 月

目 录

第一部分 飞机三维外形设计基础

第二部分　某型民机三维外形设计

第一部分　飞机三维外形设计基础

第1章　飞机辅助设计软件简介

当前主要的三维设计软件有法国达索系统（Dassault Systèmes）公司的 CATIA 和 SolidWorks、德国西门子（Siemens）公司的 NX（原名 UG）和 SolidEdge、美国参数技术公司（PTC）的 Creo（原名 Pro/E）和美国欧特克（Autodesk）公司的 Inventor 等。在航空领域，CATIA 软件已在飞机辅助设计软件中占有非常重要的地位。本章主要介绍 CATIA 软件。

1.1　CATIA 软件概况

CATIA 软件全称为 Computer Aided Tri-dimensional Interactive Application，是由法国达索系统公司开发的用于计算机辅助设计（Computer-Aided Design，CAD）、计算机辅助制造（Computer-Aided Manufacturing，CAM）、计算机辅助工程（Computer-Aided Engineering，CAE）和产品生命周期管理（Product Lifecycle Management，PLM）等的一体化软件。它涵盖了产品开发的全过程，提供了完善、无缝的集成环境。

1977 年 CATIA 软件的第一个版本由法国马塞尔·达索飞机制造公司［Avions Marcel Dassault，1990 年改名为达索飞机制造公司（Dassault Aviation）］开发并用来辅助进行"幻影"战斗机的设计工作。1981 年，达索飞机制造公司成立达索系统附属公司，并与美国国际商业机器（International Business Machines，IBM）公司签署了合作协议，IBM 公司在计算机的软件工具包中包含 CATIA 作为三维辅助设计软件，与当时非常有名的二维辅助设计软件CADAM［由美国洛克希德（Lockheed）公司开发，1992 年该公司被达索系统公司收购］一起捆绑销售。1984 年美国波音（Boeing）公司使用 CATIA V3 作为主要的三维计算机辅助设计工具。1996 年，CATIA 软件从 IBM 的 AIX 操作系统平台扩展移植到 IRIX、SunOS 和 HP-UX 等操作系统。1998 年发布 CATIA V5 版本，CATIA 软件能够在 UNIX 和 Windows 系统上运行。

CATIA 软件在航空航天领域的应用非常广泛，美国波音公司、欧洲空中客车公司（Airbus）、英国航空航天公司（BAE）、法国赛峰集团（Safran）、加拿大庞巴迪公司（Bombardier）、巴西航空工业公司（Embraer）、美国沃特（Vought）飞机工业公司、意大利阿古斯塔-韦斯特兰（AgustaWestland）直升机公司、美国贝尔（Bell）直升机公司和中国中航工业集团公司等研发的飞机相关产品的设计均使用了 CATIA 软件。

CATIA 软件源于航空航天工业，是业界无可争辩的"领袖"。波音公司使用CATIA 软件研发了波音 777 系列飞机和波音 787 系列飞机，欧洲战机公司（英国、德国、意大利和西班牙等 4 国合作）的"台风"（Typhoon）战斗机、达索公司的"阵风"（Rafale）战斗机、庞巴迪公司的"环球快车"(Global Express)公务机、贝尔公司的 V-22"鱼鹰"(Osprey)倾转旋翼机和印度斯坦航空公司(HAL)的 LCA(轻型战斗机)等,也使用了 CATIA 软件作为计算机辅助设计工具。中国研制的 JH-7A 飞机是世界上使用 CATIA V5 平台研制成功的第一款飞机。

JH-7 飞机是我国于 20 世纪 80 年代自行设计研制的中型战斗轰炸机,主要执行对地、对海攻击任务,飞机的性能表现只能满足海航部队的燃眉之急,无法满足海航部队全部战术和将来战场环境的需求。此外,空军也急需一款优秀的空地攻击平台。1999 年,西安飞机设计研究所(现中航工业第一飞机设计研究院)担负起 JH-7A 的研制任务,唐长红院士就任该重点型号总设计师,根据部队提出的 303 条更改意见,对 JH-7 飞机进行了全面的更新设计。

为了确保 JH-7A 飞机的成功研制,唐长红院士和他的团队决定打破常规,在设计手段上取得突破,即采用国际上最先进的飞机设计软件进行全机三维数字化设计。2000 年 9 月 26 日,唐长红院士和他的团队首次运用最新版的 CATIA V5 软件,设计出国内第一架全机电子样机(见图 1.1),创建三维数模 24 744 个,在国内第一次实现了飞机研制三维设计和电子预装配,将三维无纸设计传到西安飞机制造公司,西安飞机制造公司按此图纸生产加工出第一个零件,这标志着我国航空无纸化设计获得了首创性的成功,建立了具有自主知识产权的 CAD/CAE/DMU/PDM 集成数字飞机工程设计系统。

图 1.1　2000 年采用计算机辅助设计全机电子样机

西安飞机设计研究所用了不到一年的时间高质量地完成了改进型飞机的全部详细设计图纸,4 个月完成了工程电子样机,创造了飞机设计史上的奇迹,从传统设计一步跨越到国际水平。

在国家"863"计划十五年成就展上,这一成果令一些院士伸出大拇指:这才是真正的高科技! 而 CATIA 软件的创始人之一、法国达索公司副董事长伯纳德得知后,在发给唐长红院士的传真中用了 3 个叹号表示惊讶和祝贺。此后,该项技术在业内迅速推广,使我国航空工业的设计手段与世界先进水平全面接轨。2002 年 7 月,歼轰-7A 成功首飞,如图 1.2 所示。

CATIA 软件除了在航空航天领域的应用外,在汽车、造船、通用机械、家电和建筑等行业的应用也在不断地拓展。一些国际著名公司(如宝马、保时捷、迈凯伦和克莱斯勒等汽车制造公司)都将 CATIA 软件作为他们的主流设计软件。国内一汽集团、二汽集团和上海大众集团等 10 多家汽车生产企业也都选用 CATIA 软件作为新车型的开发平台。

图 1.2　2002 年 7 月,歼轰-7A 成功首飞

1.2　CATIA 软件主要功能

1.2.1　机械设计(Mechanical Design)解决方案

机械设计解决方案提供了从概念设计阶段到详细设计阶段涉及的零件设计、钣金设计、框架结构设计、装配设计、模具设计、工艺设计、焊接设计和工程制图等 18 个模块,用于辅助产品设计过程,加快开发流程。下面针对概念设计常用的模块功能进行简单介绍。

1.2.1.1　零件设计(Part Design,PDG)

零件设计模块为三维机械零件设计提供了众多功能,可以满足从简单零件设计到复杂零件设计的各种需求。零件设计主要采用基于草图(Sketch)和特征(Feature)的方法进行,通过特征树(Specifications)实现特征的管理,此外还可以使用实体间布尔操作来实现复杂零件的设计。

对具有复杂曲面外形的零件,可以先通过曲面设计模块建立控制曲面,再生成需要的零件外形。零件设计模块和曲面设计模块可以同时使用进行混合建模。

零件设计过程可以通过参数化实现对零件关键参数的控制,方便后期进行修改。通过知识工程模块可以建立更加复杂的公式、规则和检查等实现对复杂零件的参数控制。

设计的零件模型可以通过装配设计模块嵌入装配环境中,与其他零件一起构成装配体;可以在可控制关联性的装配环境下进行草图设计和零件设计,在局部三维参数化环境下添加设计约束。

CATIA 软件保存零件模型的文件格式为 CATPart 格式,此外还可输出 STP 格式的数据文件。

1.2.1.2　装配设计(Assembly Design,ASD)

装配设计模块可以使用自顶向下(Top‐down)或自底向上(Bottom‐up)的方式进行产品的定义和管理,与零件设计模块一起实现了装配设计和单个零件设计之间的协同。

　　装配设计模块通过特征树管理产品的逻辑组成关系,通过零件间的机械约束实现装配关系的定义。设计人员可以移动产品的任何组成单元的空间位置,以方便检查零件间的装配关系,也可以通过爆炸图查看产品的装配逻辑关系。分析功能可检查产品所有组成单元间的空间位置是否发生干涉,或者间隙是否超过了限制范围。

　　如果产品中包含多个相同的零件或组件,那么通过复制或阵列实例的方式可以快速地重复应用需要的零件或组件。例如,仅需要一个螺栓零件模型即可通过复制实例方式实现产品中所有需要此规格螺栓零件进行的装配,当后期需要修改螺栓规格时,只需要修改螺栓零件模型的数据即可实现所有实例的更新。

　　设计人员也可以在装配环境下对产品进行设计修改,比如打孔和分割等操作。通过产品清单表(Bill of Material,BOM)可得到所有组成零部件的相关信息。装配模块可以为工程绘图模块、电子样机分析模块和结构分析模块等提供基础模型。

　　CATIA 软件保存产品装配模型的文件格式为 CATProduct 格式,此外还可输出 STP格式的数据文件。

1.2.1.3　工程绘图(Drafting,GDR/IDR)

　　工程绘图模块分为创成式工程绘图(Generative Drafting,GDR)和交互式工程绘图(Interactive Drafting,IDR)两种方式。

　　创成式工程绘图方式可以利用零件模型或产品装配模型生成相关联的工程图,可以非常方便地实现绘制多视图的工作,并且可以自动生成尺寸标注。设计人员可以建立与零件材料规格说明相关联的剖面线,可以进行基于标准的附加信息和注释等后处理。采用创成式工程绘图方式可使设计人员并行地进行产品设计和工程绘图工作。

　　交互式工程绘图方式类似于传统的产品设计工程绘图过程,CATIA 软件集成了多种创建点、直线和曲线的功能,可实现任意复杂的二维图形的绘制。集成化的二维交互作图功能与高效的补充注释功能从两方面进一步丰富了创成式工程绘图功能,它为用户提供了更加容易和流畅的从二维设计过渡到三维设计方式的转变过程。

　　CATIA 软件保存工程绘图的文件格式为 CATDrawing 格式,此外还可输出 DXF 和DWG 格式的数据文件。

1.2.1.4　线架和曲面(Wireframe and Surface,WSF)

　　线架和曲面设计模块主要用于在零件设计的初始阶段,生成曲线和曲面类结构元素,作为复杂零件外形设计的控制或补充。曲线和曲面类结构元素的构造方法与零件设计模块的使用方式类似,可基于特征建立任意复杂的曲面外形,可使用曲率分析方法检查曲面的质量。

　　通过与零件设计模块混合调用,可快速实现曲面模型和实体模型之间的转换。可以通过参数化实现对曲线、曲面类结构元素关键参数的控制,方便后期进行修改。通过公式、设计表和法则等可以快速方便地修改设计方案。

　　线架和曲面设计模块包含了曲面设计涉及的最常用的基本命令,包含了其他外形设计与风格造型所需的基本功能。曲面模型与实体模型可同时保存到 CATPart 格式文件中,也可将曲面模型输出为 IGS 标准曲面格式,与其他软件进行数据交换。

1.2.1.5　钣金件设计(Sheetmetal Design,SMD)

　　钣金件设计模块使用基于模型特征的技术方法专门进行钣金零件设计,包括许多标准的设计特征,如加强筋、压印和扫掠特征等。允许设计人员在钣金零件的非展开表示和展开表示之间实现并行工程。SMD 可以直接从草图或已有实体模型开始,也可以与之前和之后的 CATIA 其他应用模块(如零件设计、装配设计和工程绘图生成模块等)结合使用,因此加强了设计的上游和下游之间的信息交流与共享。

1.2.1.6 凹凸模设计(Core and Cavity Design,CCV)

凹凸模设计模块使设计人员能够快速和经济地设计模具加工和生产中所使用的凹模和凸模。CCV 可进行模具凹凸模的关联性定义,评估零件的可成型性、加工可行性和凹凸模模板的详细设计。它的技术标准(是否可用模具成型)可以决定零件是否可以被加工,允许设计人员在凹凸模曲面上填补技术孔、识别分模线和生成分模曲面。

1.2.2 外形设计与风格造型(Shape Design & Styling)解决方案

CATIA V5 提供了一系列强大易用的工具用于创建、修改各类曲面产品,从结构曲面到自由曲面。机械设计、曲面设计以及造型设计均可使用这些功能生成高质量的曲面外形,涉及创成式外形设计、自由曲面设计和逆向工程等模块。

1.2.2.1 创成式外形设计(Generative Shape Design,GSD)

创成式外形设计模块在线架和曲面设计模块功能基础上,集成了一些高级曲面操作功能,能够比较高效地实现曲面设计。本模块可快速地设计更为复杂的曲面外形,能够进行二维平面与三维曲面之间的特征映射。与线架和曲面设计模块相同,本模块能够同零件设计模块进行混合设计。

创成式外形设计模块提供了一套广泛的工具集,以建立并修改用于复杂外形和混合造型设计中的曲面。本模块可根据基础线架与多个曲面特征组合,设计复杂的满足要求的曲面外形。这种基于特征的设计方法提供了高效、直观的设计环境,包含智能化工具和法则(Law)功能,允许用户对设计方法和技术规范进行捕捉和重用。

1.2.2.2 自由曲面设计(Freestyle Shape,FSS)

自由曲面设计模块提供了大量基于曲面的实用工具,允许设计人员快速生成具有特定风格的外形及曲面。交互式外形修形功能可使设计人员更为方便地修改、光顺和修剪曲线和曲面。模块包含多种曲线曲面诊断工具,可以实时检查曲线曲面的质量。模块支持 NURBS 和 Bezier 曲面的数学表达,因而设计人员可直接地处理修剪后的曲面,同时保持与基础曲面外形的关联性,可高效地实现从二维平面曲线构型到三维曲面外形模型的生成过程。

1.2.2.3 数字化外形编辑(Digitized Shape Editor,DSE)

数字化外形编辑模块可以方便、快捷地导入多种格式的点云文件,包括 Ascii、Atos、Cgo、iges 和 stl 等十余种格式,还提供了数字化数据的输入、整理、组合、坏点剔除、截面生成、特征线提取和实时外形质量分析等功能,对点云进行预处理后,可使用快速曲面重建模块(Quick Surface Reconstruction,QSR)生成曲面。

1.2.2.4 实时渲染(Real-Time Rendering,RTR)

实时渲染模块可以让设计师对其设计应用色彩渲染效果和材料规格进行说明。用户可以通过手工绘制,直接修改已输入的数字化图像或在系统提供的库中选择进行纹理生成。

可以管理材料库和零件应用之间的关联。

1.2.3　产品综合(Product Synthesis)解决方案

产品综合解决方案提供了完整的设计协同检查等手段,提供了最先进的高级电子样机检查及仿真功能,知识工程产品能帮助设计人员获取并重复使用已有的设计经验,以优化整个产品生命周期。

1.2.3.1　电子样机漫游(DMU Navigator,DMN)

DMN 使设计人员可以通过最优化的观察、漫游和交流功能实现高级协同的 DMU 检查、打包和预装配等。提供的大量工具(如添加注释、超级链接、制作动画、发布及网络会议功能)使得所有涉及 DMU 检查的团队成员可以很容易地进行协同工作。高效的三维漫游功能保证了在整个团队中进行管理和选择 DMU 的能力。DMN 指令自动执行和用可视化文件快速加载数据的功能大大提高了设计效率。批处理模式的运用进一步改善了存储管理。借助与其他 DMU 产品的本质集成,使完整的电子样机审核及仿真成为可能,满足设计人员处理任何规模电子样机(如轿车和飞机等大型装配体)的需求。

1.2.3.2　电子样机空间分析(DMU Space Analysis,SPA)

SPA 使用先进的干涉检查与分析工具、高级的断面分析工具、测量工具、距离分析工具和三维几何对比工具等进行最佳的 DMU 校验。SPA 以交互式或以批处理方式进行碰撞、间隙及接触等干涉检查计算,并得到更为复杂和详尽的分析结果。距离分析和三维几何模型对比工具能够分析比较三维几何模型并将结果进行可视化显示。运用剖面观察器,设计人员可以对计算结果进行剖视,并在剖面上进行测量以便更进一步地了解并评估被比较对象之间的差异。SPA 通过与 CATIA 目标管理器(COM)的集成,还能够进行质量和惯性等物理性质的测量及计算。SPA 先进的校验功能,保证其能够处理电子样机审核及产品总成过程中经常遇到的问题,能够对产品的整个生命周期(从设计到维护)进行考察。

1.2.3.3　电子样机运动机构模拟(DMU Kinematics Simulator,KIN)

KIN 通过调用大量已有的多个种类的运动副或者通过自动转换机械装配约束条件而产生的运动副,对任何规模的电子样机进行运动机构定义。通过运动干涉检验和校核最小间隙来进行机构运动分析。KIN 可以生成运动零件的轨迹、扫掠体和包络体以指导未来的设计。它还可以通过与其他 DMU 产品的集成做更多复杂组合的运动仿真分析,能够满足从机械设计到功能评估的各类工程设计人员的需要。

1.2.3.4　电子样机装配模拟(DMU Fitting Simulator,FIT)

FIT 用来定义、模拟和分析装配过程和拆卸过程,通过模拟维护修理过程的可行性(安装/拆卸)来校验原始设计的合理性。FIT 可以产生拆卸预留空间等信息以便于将来的设计修改,还可以帮助标识和确定装配件的拆卸路径。FIT 所提供的模拟和分析工具可以满足产品设计、再生利用、服务和维护等各部门的具体要求,直观显示、仿真和动画制作等功能为销售、市场和培训等部门提供了有益的帮助。

1.2.3.5　电子样机优化(DMU Optimizer,DMO)

DMO 能够生成零件或装配件的几何描述替代体,以减少模型数据量,或更好地满足特定应用的特殊要求。通过只保留外部描述的方式,生成数据量少而表达精确的零件或装配件。在与供应商交流时仅提供零件简单的外形信息,保护商业技术机密。零件外形信息还可以转换成体积信息来做 DMU 仿真分析。通过运动包络体或计算剩余空间大小的方法可以很方便地得到下一步设计的可用空间。对这样生成的模型很容易进行管理,设计人员可以保存,并在对 DMU 进行检查和分析时重新调用。

1.2.3.6 人体模型构造(Human Builder,HBR)

HBR 在虚拟环境中建立和管理标准的数字化"虚拟"人体模型,以在产品生命周期的早期进行人机工程的交互式分析。HBR 提供的工具包括人体模型生成、性别和身高百分比定义、人机工程学产品生成、人机工程学控制技术、动作生成及高级视觉仿真等。HBR 与 HAA(人体行为分析)、HME(人体模型测量编辑)及 HPA(人体姿态分析)结合起来可以生成更高级的人体模型,得到更详尽的分析结果,使设计更符合人机工程学对舒适性、功能性及安全性的要求。这些产品的结合可以为设计人员提供人机工程设计详细的解决方案。

1.2.3.7 人体行为分析(Human Activity Analysis,HAA)

作为 HBR 的辅助模块,HAA 可以对处于虚拟环境中的人机互动进行特定的分析。HAA 的优点在于能够精确地预测人的行为。它提供了多种高效的人体工程学分析工具和方法,可以全面分析人机互动过程中的全部因素。

1.2.3.8 人体模型测量编辑(Human Measurements Editor,HME)

HME 允许设计人员通过大量的先进人体测量学工具生成高级的用户自定义的人体模型。该模型根据指定的目标人群,可以用于评价设计与其目标的吻合程度。HME 能够满足专业人机工程分析师和技术支持维护工程师等不同设计人员的需要。

1.2.3.9 人体姿态分析(Human Posture Analysis,HPA)

HPA 可以定性和定量地分析人机工程学上的各种姿态。人的整个身体及各种姿态可以从各个方面被全面系统地反复检验和分析,以评定操作的舒适性,并可以与已公布的舒适性数据库中的数据进行比较,来检查、记录和重放人体全身或局部的姿势,确定相关人体的舒适度和可操作性。界面友好的对话框提供了人体模型各个部位的姿势信息,颜色编码技术可以通过使用不同的颜色标记,快速发现有问题的区域,重新做出分析,并进行姿态优化。HPA 允许设计人员根据自己的实际应用,建立起自己的舒适度数据库,来满足不同的需要。

1.2.3.10 知识工程顾问(Knowledge Advisor,KWA)

KWA 可以将隐式的设计转化为嵌入整个设计过程的显式知识。用户通过定义特征、公式、规则和检查(例如产品的尺寸、质量和制造成本等),可以在早期的设计阶段就考虑到各种因素的影响。

1.2.4 分析与仿真(Analysis & Simulation)解决方案

分析与仿真解决方案提供了零件及其装配体的应力、屈曲和频率响应等有限元仿真分析功能。可根据已有的实体模型或曲面模型进行网格划分,并且可以输出网格数据供其他分析软件使用。

1.2.4.1 创成式零件结构分析(Generative Part Structural Analysis,GPS)

本模块拥有先进的前处理、求解和后处理的能力,为产品设计人员和分析工程师提供了一种简便的应用和分析环境,允许设计者对零件进行快速的、准确的应力分析和变形分析。

GPS所具有的明晰的、自动的模拟和分析功能,使得在设计的初级阶段,就可以对零部件进行反复的设计和分析计算,从而达到改进和加强零件性能的目的。作为分析运算的核心模块,GPS集成了一系列的、更高级的、可定制的、专业级的分析求解工具,可以使设计人员很好地完成机械零件性能评估中所要求的应力分析、振动分析和接触分析。实体部件、曲面部件和线框结构部件等都可以在GPS中实现结构分析。在一个非常直观的环境中,用户可以对零件进行自动的应力分析(包括接触应力分析)和模态频率分析。GPS自适应技术支持应力计算时的局部细化,对于计算结果也提供了先进的分析功能,例如实时动态剖面。

创成式零件结构分析可以带给用户对设计进行有限元分析预校验的能力。通过专为设计人员提供的简单易学的界面,设计者可以容易理解分析计算结果,进行初级的机械及振动分析。借助颜色编码的图形功能,可以直观地显示变形、位移和应力。该产品还可以根据实际零件的工作状况对分析零件添加约束条件。

1.2.4.2 创成式装配件结构分析(Generative Assembly Structural Analysis,GAS)

本模块继承了GPS核心模块提供的所有功能,允许设计人员直接对装配进行定义,可以直接调用通过ASD模块定义的装配连接来进行分析。GAS自动地完成以下过程:对每个零件自动划分网格,然后将不能匹配的网格通过独特的组合机制自动连接。可以实现对各种类型装配件结构的应力分析和振动分析,而且通过在多部件之间建立起来的良好的连接关系,使得在整个分析过程中,模型中各个特定的装配关系可以得到完美的体现。

1.2.4.3 Elfini结构分析(Elfini Structural Analysis,EST)

本模块提供了可以满足分析专家需求的高级分析选项。EST继承了GPS的所有功能。同时,它进一步给出了更多的分析类型和补充选项,扩展了GPS功能,以便进行更为高级的前、后处理和分析解算。EST通过与GAS结合使用,既能够对零件进行结构分析,也可以对装配件进行结构分析。作为一个集成化的模块,EST结合CATIA V5其他设计模块,提供了完全相关的分析规范,设计上的变化会直接反映到分析结果的变化,因此可以快速完成高质量的设计。

1.2.4.4 变形装配件公差分析(Tolerance Analysis of Deformable Assembly,TAA)

本模块提供了一套基于单个零件公差,运用变形与装配分析,对钣金件进行装配公差分析预测的工具,能够预测钣金零件焊接体(螺钉连接或铰接)的公差一致性,分析预测过程中会充分考虑装配中的产品、流程和资源等因素。TAA可以直接应用到设计阶段,帮助设计者确定或验证装配流程(例如装配次序或焊接/铆接次序等)、相应的装配公差、钣金结构件的几何外形与各种属性值(例如厚度和材料等)。同样可以应用到生产制造阶段,用来发现一些需要纠正的流程错误,而且可以结合灵敏度分析来组织加工过程(例如增加一些新的定位装置和修改焊接次序)。TAA与CATIA V5其他分析环境相集成,使设计人员不仅能够分析单个零部件的影响,而且能够考虑整个装配过程中发生的变形,从而为零件优化设计和装配工艺优化提供反馈,使产品进行全面质量改进成为可能。

1.2.5 设备与系统工程(Equipment & Systems Engineering)解决方案

设备与系统工程解决方案在产品设计过程中集成并交换电气产品的设计信息,提供各种系统设备的建立和配置、管路和电线的配置以及电子零件的配置等功能。

1.2.5.1　系统空间预留(Systems Space Reservation,SSR)

本模块可以优化电气系统的布线和布局,提供了一种高效、低成本的方法,用于为管线和电缆设计预留空间,以及进行审查和验证。SSR 定义包括组件和通道的空间预留网络,并隔离这些空间预留网络。整个过程可以通过简单直观的用户界面来完成,能把传统的二维布置图和三维设计建模功能结合起来。还可自定义曲面连接通道,通道可随时在自由空间动态生成。这一强大的功能使设计人员可以在通道的任意不同界面形状之间转换,例如从圆形截面到矩形截面。作为集成的可扩展的模块,SSR 保证了从概念设计的空间预定到基本设计的布线及设备放置之间的无缝连接。

1.2.5.2　系统布线(Systems Routing,SRT)

本模块可以在概念设计早期就根据所有要求来优化布线设计,可以优化管道系统、传输系统、风管系统、电缆系统及排水管道系统等各种专业系统的布局,使系统规划人员可以为最终的功能以及详细布置预留必要的合适的空间。SRT 允许完全地定义一个零件或一个布线设计,然后将其演化为真实的几何体或零件。这种"演化"能力使设计人员能够自由地以自己的进度进行系统布局的详细设计,并能最大限度地利用前人已有的设计成果。SRT 可以从概念设计到厂房维护阶段对系统组成进行强有力且灵活有效的管理,也可以从概念设计到详细设计阶段不断地迭代其布局定义,以优化产品。

1.2.5.3　管线设计(Tubing Design,TUB)

本模块主要进行管线及管线系统的物理形状设计和管理。其特点是二维原理图和三维设计相集成,通过把功能原理图的信息(如数据和设计意图)自动传递到三维详细设计,可以优化设计流程。两个设计阶段的集成确保了在详细设计阶段能够捕捉设计意图。原理图驱动的设计方式可以在三维设计时自动调用管线和零件,从而动态地保持原理图与三维设计的一致性。设计人员可以加注释并验证模型、查询数据和生成相应的报告。TUB 提供有丰富的功能用于快速查询设计信息,并产生相关报告信息。通过与 PDM 集成,可提高企业的生产效率,缩短产品开发周期。

1.2.5.4　管路设计(Piping Design,PIP)

本模块提供完整的工具用于创建、修改和分析管路设计,并进行建档和管理。该工具主要用于创建能捕获所有适当设计信息和意图的智能化管路布置,自动放置弯管、弯头、三通和减压阀等标准部件,这种智能化的管路设计功能可使设计人员更高效地实现设计过程并对设计内容进行验证。PIP 功能驱动的设计可确保设计意图在任何修改中得到贯彻,与设计规则引擎的集成可实现设计过程的自动化,并可确保企业的标准在整个设计过程中得到很好的贯彻。

1.2.5.5　电气导线布线(Electrical Wire Routing,EWR)

本模块根据电气信号的功能定义,在数字化样机中进行电缆布局的定义和管理,专门用于电气系统的物理形状设计,允许设计人员在虚拟环境下解决复杂布线问题,同时使链接物理电气系统与其功能性定义成为可能。针对电缆布线的广泛性,EWR 提供了线束的三维设计功能,设计人员可以在虚拟环境,特别是在虚拟维护操作过程中随意提取物理电缆的功能性用途。

1.2.5.6　电气线束安装(Electrical Harness Installation,EHI)

本模块是一个专门用于在三维虚拟环境下进行电气装置物理形状设计的产品,自然地,电气设计从机械设计环境开始,然后二者完全集成。在三维环境和电气装置之间可以很方便地进行关联,也可以很方便地修改。EHI 提供了一系列带有几何及电气属性的标准件,可以在机械装配中进行线束设计,因此可以得到完整的包含电气系统的三维电子样机。由于与机械装配的集成,电气线束可以连接在电气设备上,也可以连接在机械部件上。设计人员可以充分享受电气设计与机械装配完全集成带来的益处。

1.2.5.7　电气线束展平(Electrical Harness Flattening,EHF)

本模块可以将 EHI 创建的三维线束展平,并产生相关的二维工程图,以进行检查和归档。EHF 提供了一整套工具来根据位置处理线束的不同线段以得到多种解决方案,允许设计人员根据线段的刚性情况来决定是展开,还是继续保留原始弯曲形状。而 EHI 所定义的三维机械约束关系仍然保留,因此该线段的弯曲半径和长度仍是被约束的。

1.2.6　加工与仿真(Machining & Simulation)解决方案

加工与仿真解决方案提供面向车间的加工解决方案,包含从 2 轴到 5 轴的加工编程的能力,并且支持快速原型功能,通过对数控机床的实体建模、组装和整机模拟,实现数控加工过程的仿真。

1.2.6.1　高级加工设计(Advanced Machining,AMG)

本模块可在单一平台下很方便地进行 NC 编程,在加工那些复杂的三维零件(例如:轿车引擎盖和飞机翼肋等)时,可以提供的加工操作涵盖了铣削加工中包括固定轴加工在内的从 2 轴半到 5 轴的所有加工流程。CATIA V5 系列数控加工设计模块已经为设计人员提供了一整套加工编程方法。除此以外,AMG 还引入了多轴侧刃轮廓加工方法和高级的多轴加工方法。

1.2.6.2　车削加工设计(Lathe Machining,LMG)

本模块用来方便地定义三维轴类(旋转类)零件在立式或卧式车床上进行 2 轴车削和点位加工的 NC 程序,提供了高级的自动化和知识重用功能。特别针对所有类型的轴类零件,可满足机加工行业和装配行业,以及需要进行车削加工的所有行业的需求。对于 CAM 加工中心,LMG 特别偏重于产品的易用性和高水平的加工能力,因此可以作为车间一级的独立产品使用。

1.2.6.3　多轴曲面加工设计(Multi-Axis Surface Machining,MMG)

本模块能够在多轴模式下方便地定义加工三维零件复杂曲线曲面的 NC 程序。MMG 采用多轴曲面加工操作,配置包括倾斜轴线在内的各种不同的刀具轴线机制,可以选择多种刀轴策略,包括刀轴的动态倾斜以防止碰撞,快速生成刀具轨迹,并可将刀具轨迹生成、仿真(材料切除)和编辑紧密地联系在一起。MMG 特别合适于曲面外形的电子样机及模具加工仿真,以 5 轴联动的加工提供高质量的曲面。另外,MMG 也能满足原型加工、5 轴切削及特种切削的要求。5 轴加工能够保证加工的快速和精确。MMG 的易学易用及强大的加工能力使它既可以作为一个单独产品在 CAM 加工中心的某一车间使用,也非常适合整个 CAM 加工中心。

1.2.6.4　2 轴半曲面加工设计(Prismatic Machining,PMG)

本模块采用 2 轴半铣及钻孔加工技术,简单方便地定义和管理 3D 零件 2 轴半铣切和点位加工的 NC 程序,提供了高级的加工知识重用的功能,支持高速切削技术。刀具可以直接调用外部刀具库。PMG 特别针对工装和平面类零件(棱柱件),简单易用和广泛适用性的加工能力使其特别适用于车间一级的 CAM 加工中心。

1.2.6.5　3 轴曲面加工设计(3 Axis Surface Machining,SMG)

本模块用来定义和管理 3 轴 NC 程序,专门针对于 3 轴加工技术,面向三维几何体。可以很容易地定义 3 轴铣切加工和钻孔操作,可以生成、仿真(材料切削)和分析刀具轨迹。基于图形对话框的直观的用户界面可以快速地进行刀具轨迹定义。实时周期更新技术(Instant Cycle Update Technology)可以快速更新刀具轨迹。高速铣削技术支持所有的操作,刀具可很容易地在刀具库中创建和存储。通过一个集成的后处理器,SMG 可以生成包括从刀具轨迹定义到 NC 代码生成的整个加工过程。车间加工文档可以生成为 HTML 格式文件,与其他 CATIA V5 设计模块紧密相关,它能够有效地进行设计修改和管理。SMG 特别适用于工、模具加工等方面的需求;同时也适用于其他曲面加工流程,如原型加工等;还可以独立运用于以 CAM 为中心的加工车间,非常适合要求高质量和短周期的大型制造企业。

1.2.7　工厂设计(AEC Plant)解决方案

本解决方案只有厂房布置设计(Plant Layout,PLO)模块,可以优化企业的生产设备布置和厂房布置,从而优化生产过程、生产效率和产品输出。PLO 擅长工厂设施的空间组成设计,主要用于处理"空间利用"和厂房内设备的布置问题,可实现快速的厂房布置和厂房布置的后续工作,方便快捷地生成总体布局,同时也便于下游设计的修改与完善。它也提供由传统的二维布局图到三维布局图的转换功能。它的智能性可以帮助厂房设计者与系统布置设计组在设备还未安装或还未运送至厂房之前便可确定有关厂房的布置安排,发现并解决生产流程问题。不仅可使设计人员迅速地完成设计任务,还可显著提高设计质量。利用 CATIA V5 集成的设计环境,企业可拥有一个完全满足自身对制造环境所有需求的最佳解决方案。

1.3　CATIA 软件基本文件类型

CATIA 文档主要分为 8 类,其后缀扩展名分别为.CATPart,.CATProduct,.CGR,.CATDrawing,.CATProcess,.CATAnalysis,.Catalog 和.CATSystem。

1.3.1　基本模型文件

基本模型文件的后缀扩展名为.CATPart,用于建立零件模型和理论外形模型(可以包含实体结构、曲面结构和其他知识工程信息),也可用于工程分析和工艺文件的生成。

1.3.2　装配模型文件

装配模型文件的后缀扩展名为.CATProduct,用于通过基本模型文件生成部件模型。

装配模型文件中还可以包含其他装配模型文件。利用装配模型文件可进行空间、运动分析或生成各种工艺文件。

1.3.3　简化模型文件

简化模型文件的后缀扩展名为.CGR,用于简化基本模型文件与装配模型文件,加快模型的调用速度,以便于数字样机(DMU)的生成。

1.3.4　二维图样文件

二维图样文件的后缀名为.CATDrawing,用于生成和存储 CATIA 的二维工程图样。

1.3.5　工艺文件

工艺文件的后缀名为.CATProcess,用于存储 CAM 的加工工艺过程,可以包含产品/流程/资源(PPR)结构,即 Product(产品或模型,可以是单独的 CATPart,也可以是 CATPart 组成的 CATProduct)、Process(如数控加工工艺等)和 Resourse(加工中用到的企业资源,如刀具、机床等)。

1.3.6　强度分析文件

强度分析文件的后缀扩展名为.CATAnalysis,用于存储 CATIA 工程分析模拟的文档。

1.3.7　库管理文件

库管理文件的后缀扩展名为.Catalog,用于管理 CATIA 的材料库、零件库和知识库等。

1.3.8　功能定义文件

功能定义文件的后缀扩展名为.CATSystem,用于定义 CATIA 产品的系统逻辑功能。

1.4　CATIA 界面及操作

CATIA 采用了标准的 Windows 工作界面,虽然拥有数十个模块,但其工作界面的风格是一致的,主窗口如图 1.3 所示。二维作图或三维建模的区域位于屏幕的中央,周边是工具栏,顶部是菜单条,底部是信息栏及功能快捷输入区。

CATIA 软件主窗口中除了 Windows 系统中常见的元素外,还包括三维罗盘和特征树。另外,CATIA 软件的使用离不开鼠标的操作。本节主要介绍一下鼠标操作、三维罗盘和特征树。

1.4.1　鼠标操作

CATIA 推荐使用三键或带滚轮的双键鼠标,各键的功能如下。

(1)左键:确定位置,选取图形对象,激活菜单或图标功能。

（2）右键：弹出上下文相关菜单。

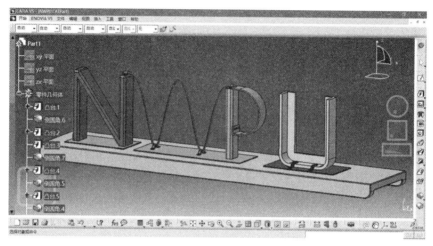

图 1.3　CATIA 软件主窗口

（3）中键或滚轮：

1）单击中键或滚轮，移动图形对象的观察位置。

2）按住中键或滚轮，移动鼠标，可以拖动图形对象的显示位置。

3）按住中键或滚轮，单击左键或右键，向外移动鼠标，可以放大图形对象的显示比例，向内移动鼠标，将缩小图形对象的显示比例。

4）先按住中键或滚轮，然后按住左键或右键，移动鼠标，可以改变对图形对象的观察方向。

以上操作仅可以改变图形对象的显示位置和大小，或者说只是改变了用户的观察位置和方向，图形对象的实际位置和大小并没有改变。

1.4.2　三维罗盘（Compass）

三维罗盘是由与坐标轴平行的直线和三个圆弧组成的，其中 x 轴和 y 轴方向各有两条直线，z 轴方向只有一条直线。这些直线和圆弧组成平面，分别与相应的坐标平面平行，如图 1.4 所示。通过菜单【视图】→【罗盘】命令可以显示或隐藏罗盘。当罗盘与图形对象分离时，利用罗盘可以改变图形对象的显示状态。当罗盘附着到图形对象的表面时，利用罗盘可以改变图形对象的实际位置。双击罗盘弹出操作对话框，可进行精确控制。

（1）改变图形对象的显示状态。当光标接近罗盘的直线和圆弧段时，直线或圆弧段呈高亮显示，光标由箭头改变为手的形状。按住鼠标左键，沿罗盘的直线移动时，图形对象将沿着相应的方向做同样的"移动"。按住鼠标左键，沿罗盘的弧线移动时，图形对象将绕相应的坐标轴同方向做同样的"旋转"。用光标指向罗盘顶部的圆点时，圆点呈高亮显示。按住鼠标左键，拖动圆点可使图形对象进行任意方向的"旋转"。

以上操作只是改变了图形对象的显示位置和大小，图形对象的实际位置并没有改变。

（2）改变图形对象的实际位置。当光标指向罗盘的红色方块时，光标改变为十字形状。

按住鼠标左键,拖动罗盘到图形对象的表面,罗盘呈绿色显示,坐标轴名称改变为 u,v 和 w,表示罗盘已经附着到图形对象的表面上,如图 1.5 所示。操作方法和过程与改变图形对象的显示位置的方法和过程相同,但改变的是图形对象的实际位置。

用鼠标拖动罗盘底部的红色方块使罗盘脱离图形对象表面,或者选择菜单【视图】→【重置罗盘】命令,罗盘即可返回到默认的位置。

图 1.4　三维罗盘

图 1.5　附着到图形对象的罗盘

1.4.3　特征树(Specifications)

特征树以树状层次结构显示了二维图形或三维图形对象的组织结构,如图 1.6 所示。根节点的种类与 CATIA 的模块相关,例如,零件设计模块的根节点是 Part,工程绘图模块的根节点是 Drawing。带有符号"+"的节点还有下一层节点,单击节点前的符号"+",显示该节点的下一层节点,符号"+"改变为"-";再次单击节点的"-",下一层节点不再被显示。节点后的文本是对该节点的说明。

例如,图 1.6 所示特征树的根节点是 Part1,它以下有 xy,yz,zx 3 个基准平面和零件几何体(PartBody)4 个节点。零件几何体节点代表一个三维图形对象。它的下一层有若干个特征节点。

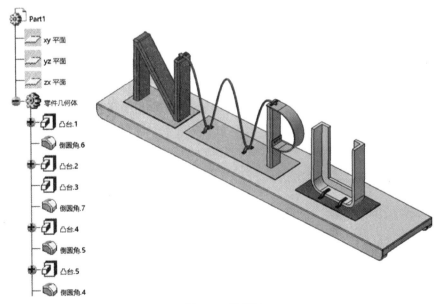

图 1.6　特征树

特征树可进行以下操作：

（1）显示或隐藏特征树——通过 F3 键或【视图】→【结构树】命令可以显示或隐藏特征树。

（2）特征树与图形对象操作切换——将光标指向特征树节点的竖向连线，单击鼠标左键，可将当前操作对象切换为特征树或图形对象。当前操作对象为特征树时，特性对象呈灰色显示，禁止用户操作。

（3）移动特征树——将光标指向特征树节点的连线，按住鼠标左键，即可拖动特征树到指定位置。直接使用鼠标滚轮时，可进行特征树的上下移动。

（4）缩放特征树——将光标指向特征树节点的连线，按住 Ctrl 键和鼠标左键（或使用滚轮），特征树将随着鼠标的移动（或滚轮的转动）而改变大小。

1.5　小　　结

本章对飞机辅助设计软件 CATIA 的主要功能及基本的界面操作进行了介绍。CATIA 软件的功能涵盖了 CAD、CAE 和 CAM 的主要过程，功能模块众多，本书不可能进行全面详细的介绍，仅对飞机三维外形设计过程中涉及的零件设计和装配设计模块进行简单的介绍，然后分别以某个民机和军机方案为例，根据初步总体方案，介绍飞机三维外形设计过程。

1.6　习　　题

1.按住鼠标中键，移动鼠标，是改变了图形对象的显示位置还是实际位置？

2.按住鼠标中键，单击鼠标左键/右键，向外移动鼠标，可以改变图形对象的显示比例还是实际大小？

3.同时按住鼠标中键和左键/右键，移动鼠标，可以改变图形对象的显示比例还是观察方向？

4.能否通过三维罗盘改变图形对象的显示位置，能否改变图形对象的实际位置？

5.如何将图形对象的观察方向设置为正视图、左视图、右视图、俯视图等标准方向？

6.有哪些方法可以切换当前操纵对象为特征树或图形对象？

7.如何控制特征树的显示和隐藏？ 如何控制三维罗盘的显示和隐藏？

*8.如何设置三维形体的轴测投影（Perspective）和透视投影（Parallel）模式？

*9.怎样操作可以一次选取多个图形对象？怎样才能连续进行选择操作？ 如何选择被隐藏的图形对象？

*10.如何操作可让命令连续重复执行？

*11.如何将界面中的图标位置恢复到软件初始安装时的状态？

*12.如何设置 CATIA 的图形显示精度？

*13.如何设置能够在特征树上显示参数、关系？

习题中标"＊"的属于扩展练习。

第2章 零件设计

三维模型是由一些特征构成的。像长方体和圆柱体这样简单的形体只需一个特征,复杂的形体需要多个特征。在创建复杂形体的过程中,有时将特征叠加到当前形体,有时从当前形体中减去一些特征。无论是用于"加"还是用于"减"的特征,都可以看作是轮廓线通过拉伸和旋转等运动创建的。草图设计的目的就是创建生成特征的轮廓线。

2.1 草 图 设 计

CATIA 软件中,要进行三维设计,一般是从二维草图入手来进行的,但也有从三维曲线和曲面来进行的。本节先讲述草图设计模块的功能和用法。

选择【开始(Start)】→【机械设计(Mechanical Design)】→【草图设计(Sketcher)】命令,如图 2.1 所示,进入草图工作台。注意此时并没有直接进入草图工作台,而是进入到零件设计工作台,用户要在操作界面左边的特征树或者中间图形区选定一个参考平面后,才能真正进入到草图工作台。

另外一种进入草图设计模块的方法是在零件设计模块或曲线曲面设计模块中选中草图支持面,单击草图工作台图标,这样就能直接进入到草图工作台中。

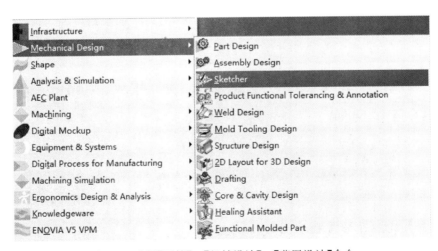

图 2.1 选择【开始】→【机械设计】→【草图设计】命令

单击工作台工具栏内的【退出工作台】图标,就离开了草图设计模块,进入到其他工作台。草图设计一般流程如图 2.2 所示，进入草图设计模块后，首先创建二维轮廓并进行约束，然后退出草图进行三维设计。

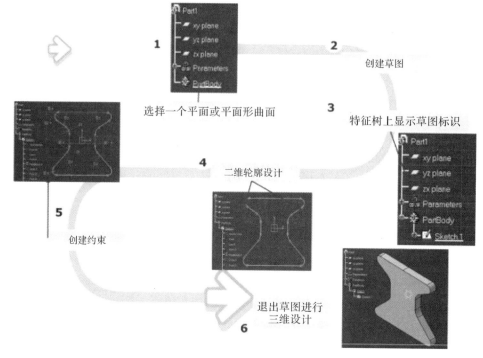

图 2.2　草图设计流程

草图工作台主要有三种功能：轮廓外形绘制功能、编辑操作功能和约束设计功能。轮廓外形绘制功能主要用来对草图的轮廓进行设计，包括绘制直线、曲线和多边形等；编辑操作功能包括倒圆角、倒棱角、修剪和镜像等，可根据需要对草图元素进行操作；约束设计功能用来对草图的相关元素进行约束，常见的约束类型有相合约束、固定约束、同心约束和尺寸约束等。相应的图标如图 2.3 所示。

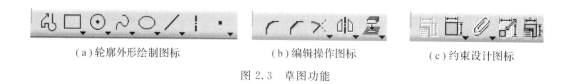

（a）轮廓外形绘制图标　　　　　　（b）编辑操作图标　　　　　　（c）约束设计图标

图 2.3　草图功能

囿于篇幅，本节介绍一些常用的功能，作为飞机外形设计的基础，更详细的功能介绍读者可以参考软件帮助文档。

2.1.1　轮廓外形绘制功能

2.1.1.1　【轮廓（Profile）】功能

单击【轮廓】图标 🖊 可以使用【轮廓】功能绘制连续的折线，在结束点双击完成绘制，由此形成的外形如图 2.4 所示。

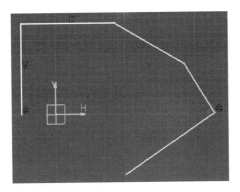

图 2.4　使用【轮廓】功能绘制的折线

2.1.1.2 【矩形(Rectangle)】功能

单击【矩形】图标□可以使用【矩形】功能绘制一个水平方向与 H 轴平行和垂直方向与 V 轴平行的矩形,由此形成的外形如图 2.5 所示。

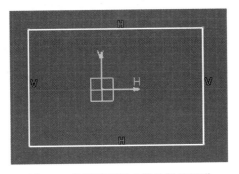

图 2.5　使用【矩形】功能绘制的矩形

单击【矩形】图标右侧下三角箭头可选择其他预定义图形设计相关的功能,包括【斜置矩形】【平行四边形】【延长孔】【钥匙孔】和【六边形】等功能,这些功能的图标如图 2.6 所示。这些功能不是默认显示的,必须单击【矩形】图标□右侧的下三角箭头才可以看到。

图 2.6　预定义图形图标

2.1.1.3 【平行四边形(Parallelogram)】功能

单击【平行四边形】图标▱可以使用【平行四边形】功能绘制平行四边形,首先画出一条边,然后通过移动鼠标绘制与第一条边相邻的另一条边,进而绘制完整的平行四边形。由此形成的平行四边形如图 2.7 所示。

2.1.1.4 【延长孔(Elongated Hole)】功能

单击【延长孔】图标▱可以使用【延长孔】功能画出一个拉长的孔形状,首先单击一点确定一个半圆的中心,然后再单击另一点,确定另外一个半圆的中心;移动鼠标,最后确定圆的半径,这样就形成了一个拉长的孔图形。由此形成的拉长的孔如图 2.8 所示。

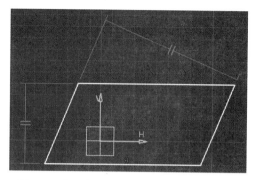

图 2.7　使用【平行四边形】功能绘制的图形

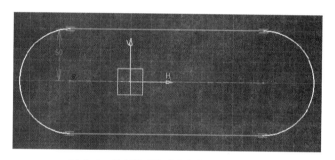

图 2.8　使用【延长孔】功能绘制的图形

2.1.1.5　【六边形(Hexagon)】功能

单击【六边形】图标◯可以使用【六边形】功能绘制一个六边形,方法是单击一点确定六边形的中心,然后再单击一点确定六边形内接圆的半径和切点的位置,由此形成的六边形如图 2.9 所示。

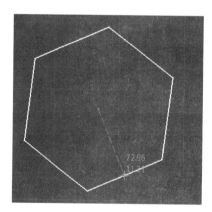

图 2.9　使用【六边形】功能绘制的图形

2.1.1.6　【圆(Circle)】功能

单击【圆】图标◉可以使用【圆】功能根据圆心和半径确定一个圆,首先单击一点,将该点作为圆的圆心,然后再单击另一点,确定圆的半径,这样就形成了一个圆,如图 2.10 所示。

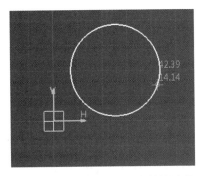

图 2.10　使用【圆】功能绘制的图形

点击【圆】图标右侧的下三角,可选择其他与绘制圆相关的功能,包括【三点圆】和【三点弧】等,相应的功能图标如图 2.11 所示。

图 2.11　圆弧图形图标

2.1.1.7　【三点弧(Three Point Arc)】功能

单击【三点弧】图标 可以使用【三点弧】功能通过 3 点画一个圆弧:首先单击第 1 点确定圆弧的起点,再单击第 2 点确定圆弧上的任意一点,最后单击第 3 点则确定圆弧的结束点,如图 2.12 所示。

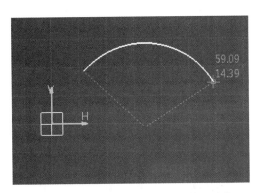

图 2.12　使用【三点弧】功能绘制的图形

2.1.1.8　【样条线(Spline)】功能

单击【样条线】图标 后在图上单击一点作为起始点,然后再单击曲线经过的点,在最后一点时双击鼠标左键,这样即可结束曲线的绘制,由此形成的曲线如图 2.13 所示。

2.1.1.9　【直线(Line)】功能

单击【直线】图标 可以使用【直线】功能绘制一条直线(线段):首先单击一点作为直线

的起点,再单击另一点作为直线的终点,由此形成的直线如图 2.14 所示。

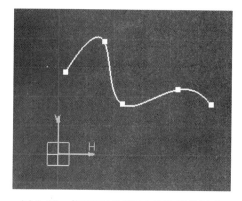

图 2.13　使用【样条线】功能绘制的图形

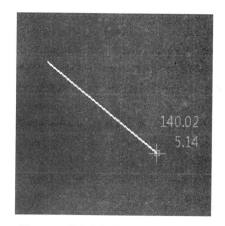

图 2.14　使用【直线】功能绘制的图形

2.1.1.10　【轴(Axis)】功能

单击【轴】图标 ┇ 可以使用【轴】功能绘制一条轴线:首先单击第 1 点确定轴线的一个端点,再单击第 2 点确定轴线的另外一个端点,由此形成的轴线如图 2.15 所示。

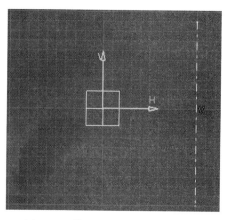

图 2.15　使用【轴】功能绘制的图形

2.1.2 编辑操作功能

轮廓外形具体的编辑操作功能包括【倒圆】【倒角】【修剪】【镜像】和【投影 3D 元素】等。

2.1.2.1 【倒圆(Corner)】功能

单击【倒圆】图标 可以使用【倒圆】功能为图形产生一个圆角,通过对矩形轮廓倒圆详细说明该功能。首先单击【倒圆】图标,然后选择需要形成倒圆的矩形的两条边线,最后通过单击确定倒圆的半径,完成倒圆。由此形成的倒圆如图 2.16 所示。

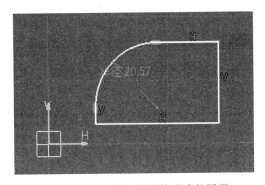

图 2.16 使用【倒圆】功能形成的图形

2.1.2.2 【倒角(Chamfer)】功能

单击【倒角】图标 可以使用【倒角】功能使图形产生一个倒角。单击【倒角】图标后,分别单击需要进行倒角的两条边,再通过单击确定倒角的具体位置。当点击【倒角】图标的时候,可以在【草图工具栏】设定倒角的角度,角度默认取值为 45°。由此形成的倒角如图 2.17 所示。

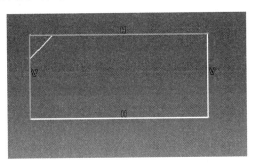

图 2.17 使用【倒角】功能形成的图形

2.1.2.3 【修剪(Trim)】功能

单击【修剪】图标 ,可以通过选中的方式,按照需要将已有元素的部分剪断并删除。图 2.18 所示为对矩形和一条直线剪切前和剪切后的结果对比。需要注意的是,删除的部位与单击选择的位置有关系。

点击【修剪】按钮右侧的下三角按钮,可看到其他与修剪相关的功能,包括【断开】【快速修剪】【封闭】和【补充】等,相关功能如图 2.19 所示。

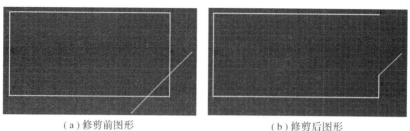

（a）修剪前图形　　　　　　　　（b）修剪后图形

图 2.18　使用【修剪】功能前后对比

图 2.19　【修剪】相关功能

2.1.2.4　【快速修剪(Quick Trim)】功能

单击【快速修剪】图标⬭可以使用【快速修剪】功能将选中元素与其他元素相交的部分直接删除。点击直线位于矩形下方的部分，对直线实施快速修剪前与快速修剪后的结果如图 2.20 所示。

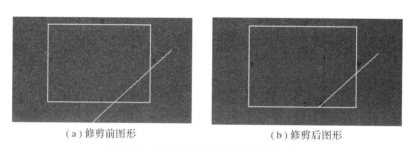

（a）修剪前图形　　　　　　　　（b）修剪后图形

图 2.20　使用【快速修剪】功能前后对比

2.1.2.5　【镜像(Mirror)】功能

使用【镜像】功能可以产生所需元素的对称图形，在使用时需要所需镜像的元素以及对称轴。如图 2.21 所示，要得到图中矩形和圆形以直线为对称轴时的对称图形，首先点击【镜像】图标⬚，再选择所需要进行镜像操作的元素（这里使用框选的方法选中矩形和圆形），最后点击对称轴（图中直线），得到对称图形。也可在激活【镜像】功能前，先预选需要镜像的元素，激活后直接选择对称轴。

2.1.2.6　【投影 3D 元素(Project 3D Element)】功能

使用【投影 3D 元素】图标⬚，可以将选定的三维元素投影到平面上，形成草图的一个元素。将三维圆柱的一个端面选中并投影到草图平面上，这样，投影就是一条直线，如图 2.22 所示。

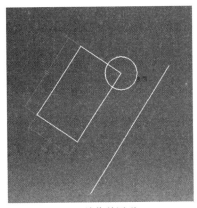 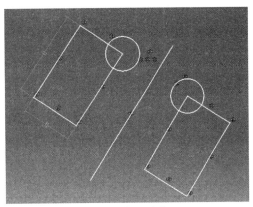

（a）镜像前图形 （b）镜像后图形

图 2.21 使用【镜像】功能前后对比

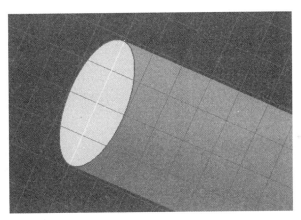

图 2.22 使用【投影 3D 元素】功能得到的直线

2.1.3 约束设计功能

2.1.3.1 【约束（Constraint）】功能

使用【约束】功能可对图形标注尺寸,标注的可以是草图元素本身的长度（比如线段的长度）,也可以是几个元素之间的限制尺寸（比如夹角或距离等）。在草图模式中画一个圆,然后单击【约束】图标█,接着单击圆,就可以标注出圆的直径,如图 2.23 所示。如果想修改圆的直径,可以双击圆的直径尺寸线,弹出【约束定义（Constraint Definition）】对话框,如图 2.24 所示,在该对话框内输入实际尺寸,然后单击【确定（OK）】按钮即可。如果想把直径标注修改为半径标注,可单击该对话框中的【尺寸（Dimension）】选项,在打开的下拉列表中选择【半径】选项,然后单击【确定】按钮即可。

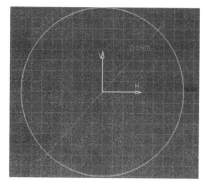

图 2.23　标注圆的直径

图 2.24　【约束定义】对话框

2.1.3.2　【对话框中定义的约束（Constraints Defined in Dialog Box）】功能

使用【对话框中定义的约束】功能，可以通过选中对话框中的各选项来对元素进行限制。以设置圆和一条直线相切为例子，如图 2.25 所示，先选中圆和直线（注意选中时要按住 Ctrl 键），然后单击【对话框中定义的约束】图标　，弹出【约束定义（Constraint Definition）】对话，如图 2.26 所示。在对话框内选中【相切（Tangency）】选项，然后单击【确定（OK）】按钮，就设置了圆和直线相切，如图 2.27 所示。

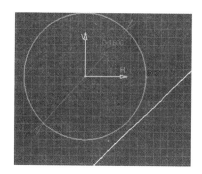

图 2.25　设置相切前

图 2.26　【约束定义】对话框

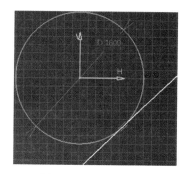

图 2.27　设置相切后

2.2　零件设计模块

2.1 节介绍了在草图设计模块创建轮廓线的方法，本节介绍如何利用草图设计模块创建的轮廓线创建三维的特征以及进一步利用特征构造零件模型。

选择【开始（Start）】→【机械设计（Mechanical Design）】→【零件设计（Part Design）】命令，如图 2.28 所示，进入零件设计工作台。默认情况下自动生成了三个平面：xy 平面、yz 平面和 zx 平面，以及 Partbody 集合。

零件设计一般流程如图 2.29 所示，通过自上而下或自下而上的方式进入零件设计模块，首先创建主模型的轮廓草图，然后创建主模型，增加修饰特征，最终完成零件的三维设计。

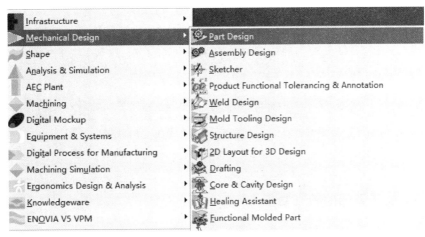

图 2.28　选择【开始】→【机械设计】→【零件设计】命令

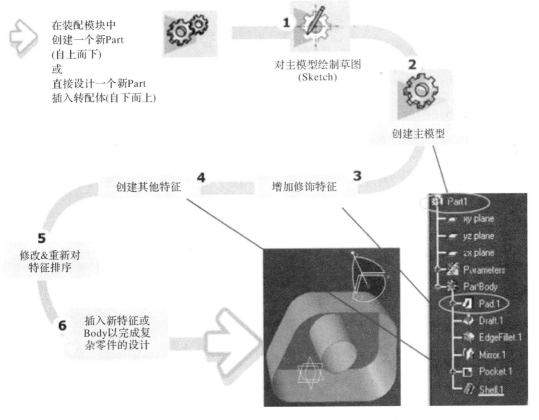

图 2.29　零件设计流程

零件设计工作台主要有三种功能:基于草图的特征功能、特征编辑功能和特征变换功能。基于草图的特征功能主要用来根据草图轮廓进行三维特征创建,包括绘制凸台、凹槽、旋转和孔等多种功能;特征编辑功能包括倒圆角、倒棱角、拔模和抽壳等功能,可根据需要对现有形体进行操作;特征变换功能用来对现有形体进行平移、旋转、对称和镜像等操作。相应的图标如图 2.30 所示。

(a)基于草图的特征功能图标　　　　(b)特征编辑功能图标　　　(c)特征变换功能图标

图 2.30　零件设计功能

2.2.1　基于草图的特征功能

2.2.1.1　【凸台(Pad)】功能

使用该功能可把草图拉伸成为一个实体。单击【草图设计】工作台的【轮廓】工具栏内的【圆】图标 ⊙,在草图上任意画一个圆,点击【工作台】工具栏中的【退出工作台】图标 ⬆,重新进入【零件设计】工作台。

单击【基于草图的特征】工具栏内的【凸台】图标 ⬛,将弹出如图 2.31 所示的【定义凸台】对话框,下面逐一介绍该对话框中的各选项及其功能。

(1)【类型】下拉列表框。系统默认本项选择的是【尺寸】选项,设置时,只需在该项下方的【长度】栏内输入需要拉伸的长度值(默认的设置为 20 mm),然后单击【确定】按钮即可。通过该设置,最后拉伸形成的圆柱如图 2.32 所示。

图 2.31　【定义凸台】对话框

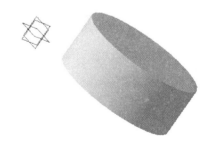

图 2.32　最后形成的圆柱

在【定义凸台】对话框中,系统默认在【类型】下拉列表框中选择的是【尺寸】选项,除该项外,在该下拉列表框中还可以选择其他几个选项:直到下一个、直到最后、直到平面和直到曲面。

(2)【反转方向】按钮。该按钮用于改变拉伸的方向,如果用户发现图上拉伸的方向和预想拉伸成实体的方向不一致,可以单击这个按钮来改变方向。

（3）【反转边】按钮。如果使用的元素具有两个方向的面，则采用此功能。

（4）【镜像范围】复选框。如果选中该复选框，系统将按拉伸所设的长度同时向两个方向进行拉伸。例如，对于本项，系统默认设置的拉伸长度值为 20 mm，则选中该复选框，将向上向下各拉伸"20 mm"。

在所有设置完成后，可以单击【预览】按钮，查看一下所作的立体图效果，如果达到预期的要求，可以单击【确定】按钮。

注意：拉伸的不仅可以是一个轮廓曲线，还可以是几个轮廓曲线的组合，如图 2.33 所示，在拉伸圆和矩形的组合后，拉伸形成带方孔的圆柱体。

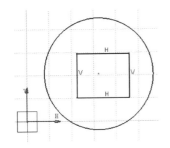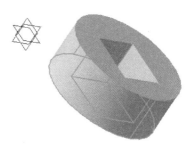

图 2.33　圆和矩形的组合（左图）与拉伸后形成的实体（右图）

一般情况下，要求能拉伸的草图必须是封闭的曲线，但在特殊情况下（如激活【原】选项），也可以是非封闭曲线。

2.2.1.2　【凹槽（Pocket）】功能

此功能为在实体单元上开槽，与凸台功能为互逆操作，实现该功能，必须先要有实体。

假设已建有一个长方体，在三维图形中选中长方体的某一个面，如图 2.34 所示，在工具栏中点击【草图】图标，进入草图设计工作台。

注意：任何实体的平面都可以作为参考平面，都可以在上面作草图。

单击【轮廓】工具栏内的【椭圆】图标，任意画一个椭圆，椭圆可以超出长方体的范围，也可以不超出，如图 2.35 所示，点击【工作台】工具栏中的【退出工作台】图标，返回到【零件设计】工作台。

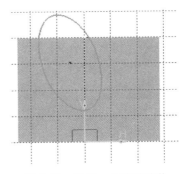

图 2.34　选中长方体的一个面　　　　图 2.35　绘制一个椭圆图形

单击【基于草图的特征】工具栏中的【凹槽】图标，打开如图 2.36 所示的【定义凹槽】对话框。在【类型】下拉列表框中选择【直到下一个】选项，单击【预览】按钮，查看所作的立体图效果，如图 2.37 所示。

【定义凹槽】对话框内其他各选项与【凸台定义】对话框内的选项含义相同，此处不再赘述。

图 2.36 【定义凹槽】对话框

图 2.37 预览形成的立体图效果

2.2.1.3 【旋转体(Shaft)】功能

该功能用于通过旋转形成三维实体。

使用【草图设计】工作台在草图上任意绘制一个圆(注意，此圆不能和草图的 V 轴相交)，点击【工作台】工具栏中的【退出工作台】图标，返回【零件设计】工作台。

单击【基于草图的特征】工具栏内的【旋转体】图标，打开如图 2.38 所示的【定义旋转体】对话框，系统的默认设置是在第一个角度旋转 360°，如果需要旋转一圈，就可以使用这个设置。如果分别想顺时针和逆时针两个方向旋转一定角度，就要在这两个方向中都输入角度值。选中【轴线】选项，在三维图形中选中草图的 V 轴，然后单击【确定】按钮，旋转后形成的圆环如图 2.39 所示。

图 2.38 【定义旋转体】对话框

图 2.39 旋转后形成的圆环

2.2.1.4 【旋转槽(Groove)】功能

该功能通过旋转在实体上开槽，与旋转体功能互为逆操作。

假设已绘制好一个长方体，在三维图形中选中长方体的顶面，如图 2.40 所示，在【草图绘制器】工具栏中点击【草图】图标 ，进入【草图设计】工作台。

单击【轮廓】工具栏内的【圆】图标 ，在草图上任意画一个圆，注意这个圆要在 H 轴的一侧，不能与 H 轴相交，如图 2.41 所示，单击【工作台】工具栏中的【退出工作台】图标 ，返回到【零件设计】工作台。

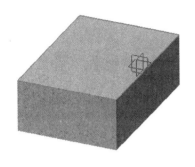

图 2.40 选中长方体的顶面

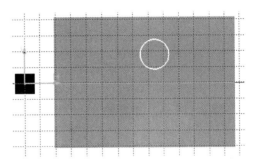

图 2.41 在草图上画一个圆

单击【基于草图的特征】工具栏内的【旋转槽】图标 ，打开如图 2.42 所示的【定义旋转槽】对话框，选中【轴线】选项，然后在三维图形中选中 H 轴，最后单击【确定】按钮。旋转开槽后形成的圆环槽如图 2.43 所示。

图 2.42 【定义旋转槽】对话框

图 2.43 旋转开槽后形成的圆环槽

2.2.1.5 【孔(Hole)】功能

该功能用于在实体上开孔。假设已绘制好一个长方体，单击【基于草图的特征】工具栏内的【孔】图标 ，在三维图形中选中长方体的顶面，打开如图 2.44 所示的【定义孔】对话框。

该对话框提供了 5 个设置【延伸】的选项：【盲孔】【直到下一个】【直到最后】【直到平面】和【直到曲面】，如图 2.45 所示，这 5 个选项的效果示意图如图 2.46 所示。

在【定义孔】对话框中还有一个【底部】下拉列表框，该选项用于设置孔的底部形状，它有两个子选项：【平底】和【V 形底】，如图 2.47 所示。如果选择了【V 形底】选项，还可以设置 V 形底的角度。

对话框中的【类型】选项卡中共有 5 个选项可供选择:【简单孔】【锥形孔】【沉头孔】【埋头孔】和【倒钻孔】,如图 2.48 所示。

图 2.44 【定义孔】对话框

图 2.45 【延伸】选项卡

【盲孔】

【直到下一个】

【直到最后】

【直到平面】

【直到曲面】

图 2.46 【延伸】的 5 个选项效果示意图

图 2.47 设置孔的底部形状的选项

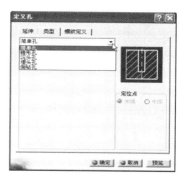

图 2.48 【类型】选项卡

【类型】各选项的效果示意图如图 2.49 所示。

【简单孔】

【锥形孔】

【沉头孔】

【埋头孔】

【倒钻孔】

图 2.49 【类型】的 5 个选项效果示意图

打开【定义孔】对话框的【螺纹定义】选项卡,如图 2.50 所示。要首先选中【螺纹孔】选项,才可以对螺纹进行具体定义,与螺纹有关的选项共有 6 个:【类型】【内螺纹直径】【孔直径】【螺纹深度】【孔深度】和【螺距】。在该选项卡的界面下部还有两个单选按钮,即【右旋螺纹】和【左旋螺纹】。

本例按简单 V 形底孔的方式在长方体上定义了一个螺纹孔,单击【确定】按钮后形成的孔如图 2.51 所示。

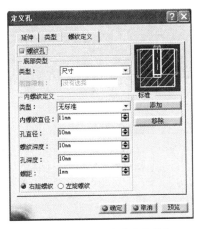

图 2.50 【螺纹定义】选项卡

图 2.51 开孔后形成的孔

2.2.1.6 【肋(Rib)】功能

该功能用于将一个轮廓沿给定的路线扫描成为实体结构。以【xy 平面】作为支持面绘制一个圆形草图,如图 2.52 所示,再以【yz 平面】作为支持面绘制一个门拱形草图,如图 2.53 所示。单击【工作台】工具栏中的【退出工作台】图标 ，返回到【零件设计】工作台。

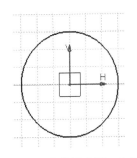

图 2.52 在草图中画一个圆

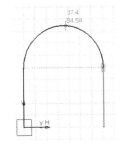

图 2.53 在草图中画一个门拱形

单击【基于草图的特征】工具栏内的【肋】图标 ，打开如图 2.54 所示的【肋定义(Rib Definition)】对话框,选中【轮廓(Profile)】选项,并选中第一个草图;选中【中心曲线(Center curve)】选项,然后选中第二个草图。单击【确定(OK)】按钮,扫描成形后形成的实体如图 2.55 所示。

在【控制轮廓(Profile control)】下拉列表中有 3 个选项可供选择：

(1)【保持角度(Keep angle)】。保持轮廓线草图面和中心曲线切线方向的角度。

(2)【拔模方向(Pulling direction)】。用一个定义的特殊方向扫描轮廓线,为了定义这个方向,可以选择一个面或者一条棱边。

(3)【参考曲面(Reference surface)】。保持 H 轴和参考平面之间的角度是常数不变。

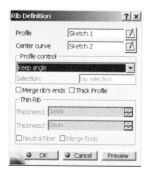

图 2.54 【肋定义】对话框

图 2.55 扫描成形后形成的实体

2.2.1.7 【开槽(Slot)】功能

该功能是在实体上扫描形成槽,与肋功能互逆。

假设已绘制一个长方体,在三维图形中选中长方体的顶面,点击【草图】图标,进入【草图设计】工作台。

单击【轮廓】工具栏内的【样条线】图标,在草图上任意画一条曲线,如图 2.56 所示,单击【工作台】工具栏中的【退出工作台】图标,返回到【零件设计】工作台。在三维图形中选中靠近用户的长方体端面,如图 2.57 所示,点击【草图】图标,再次进入【草图设计】工作台。

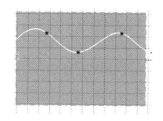

图 2.56 在草图上画一条曲线

图 2.57 选中靠近用户的长方体端面

单击【轮廓】工具栏内的【圆】图标,在草图模式中画一个圆(注意,圆有一部分在长方体的外部),如图 2.58 所示,单击【工作台】工具栏中的【退出工作台】图标,返回到【零件设计】工作台。

单击【基于草图的特征】工具栏内的【开槽】图标![icon]，打开如图 2.59 所示的【定义开槽】对话框,选中【轮廓】选项,并选中最后绘制的圆草图;选中【中心曲线】选项,并选中曲线草图。单击【定义开槽】对话框中的【确定】按钮,扫描开槽后形成的实体如图 2.60 所示。

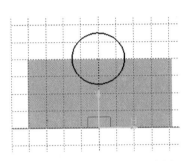

图 2.58　在草图模式画 1 个圆

图 2.59　【定义开槽】对话框

图 2.60　扫描开槽后形成的实体

2.2.1.8　【多截面实体(Multi-sections Solid)】功能

该功能又称为放样(Loft),用一组互不交叉的截面曲线和一条指定的或自动确定的脊线(Spine)扫描得到的形体,形体的表面通过这组截面曲线。如果指定一组导线(Guides),那么形体还将受到导线的控制。可以为截面曲线指定相切支撑面,使放样形体和支撑面在此截面处相切,还可以在截面曲线上指定闭合点(Closing point),用于控制形体的扭曲状态。

单击图标![icon],弹出【多截面实体定义(Loft Definition)】对话框,如图 2.61 所示。该对话框上部的列表框按选择顺序记录了一组截面曲线。下部有 Guides,Spine,Coupling 和 Relimitation 四个选项卡。

(1)Guides 选项卡:输入各截面曲线的导线。

(2)Spine 选项卡:输入所选的脊线,默认的脊线是自动计算的。

(3)Coupling 选项卡:控制截面曲线的耦合,有以下 4 种情况。

1)Ratio:截面通过曲线坐标耦合。

2)Tangency:截面通过曲线的切线不连续点耦合,如果各个截面的切线不连续点的数量不等,则截面不能耦合,必须通过手工修改不连续点使之相同,才能耦合。

3)Tangency then curvature:截面通过曲线的曲率不连续点耦合,如果各个截面的曲率不连续点的数量不等,则截面不能耦合,必须通过手工修改不连续点使之相同,才能耦合。

4)Vertices:截面通过曲线的顶点耦合,如果各个截面的顶点的数量不等,则截面不能耦合,必须通过手工修改顶点使之相同,才能耦合。

图 2.61 【多截面实体定义】对话框

截面线上的箭头表示截面线的方向,必须一致;各个截面线上的 Closing Point 所在位置必须一致,否则放样结果会产生扭曲。

(4)Relimitation 选项卡:控制放样的起止界限,当该选项卡的切换开关为打开状态时,放样的起止界限为起止截面;如果切换开关为关闭状态,若指定脊线,则按照脊线的端点确定起止界限,否则按照选择的第一条导线的端点确定起始界限;若脊线和导线均未指定时按照起始截面线确定放样的起始界限。

使用三个截面进行放样的结果如图 2.62 所示。

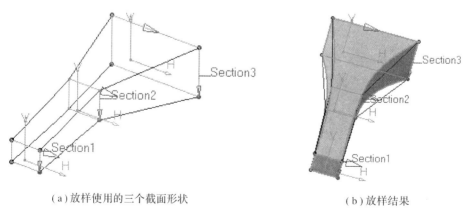

(a)放样使用的三个截面形状   (b)放样结果

图 2.62 使用三个截面进行放样生成的结果

2.2.2　特征编辑功能

2.2.2.1　【倒圆(Edge Fillet)】功能

该功能是倒圆角。单击图标，弹出【倒圆定义(Edge Fillet Definition)】对话框,如图 2.63 所示。

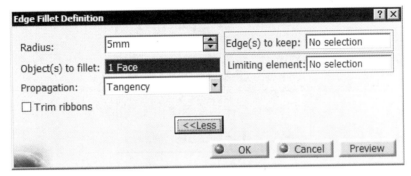

图 2.63　【倒圆定义】对话框

该对话框中各项的含义如下。

(1)Radius:半径,输入圆角半径。

(2)Object(s) to fillet:要圆角化的对象,输入倒圆的对象,可选择多个棱边或面,若选择了面,面的边界处将产生圆角。

(3)Propagation:拓展,棱边的连续性,有 Minimal 和 Tangency 两种选择。若选择了 Minimal,将不考虑与被选棱边的邻接边,即只倒被选棱边的圆角;若选择了 Tangency,如果被选棱边的邻接边与其相切邻接,也将被倒圆。

(4)Edge(s) to keep:要保留的边线,保留倒圆的棱边,如图 2.64 所示。

(5)Limiting element:限制元素,选择倒圆的界限,如图 2.65 所示。

(6)Trim ribbons:修剪带,当两棱边的倒圆面相互交叉时,如果选择了此项,则倒圆面相互剪切;如果不选择此项,则倒圆面不剪切,如图 2.66 所示。

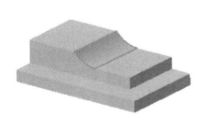

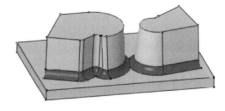

图 2.64　保留倒圆棱边　　　图 2.65　选择倒圆界限　　　图 2.66　互相剪切

2.2.2.2　【倒角(Chamfer)】功能

该功能是倒切角。单击图标，弹出【倒角定义(Chamfer Definiton)】对话框,如图 2.67 所示。

该对话框中各项的含义如下。

（1）Mode：切角的模式，有 Length 1/Angle 和 Length 1/ Length 2 两种模式。若选择了 Length 1/Angle 模式，则该对话框出现 Length 和 Angle 编辑框；若选择了 Length 1/ Length 2 模式，则该对话框出现 Length 1 和 Length 2 编辑框。

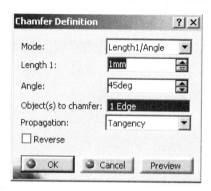

图 2.67　【倒角定义】对话框

（2）Length 1：输入切角的长度 1。

（3）Angle：输入切角的角度。

（4）Length 2：输入切角的长度 2。

（5）Reverse 切换开关：若该切换开关为打开状态，则 Length 1 和 Length 2 互换。

其余各项的含义同倒圆功能，如图 2.68 所示为 Length 1＝8 和 Angle＝45°时形体切角后的结果。

图 2.68　形体倒角

2.2.2.3　【拔模（Draft Angle）】功能

该功能是拔模。为了便于从模具中取出铸造类的零件，一切零件的侧壁需有一定斜度，即拔模角度。CATIA 可以实现等角度和变角度拔模。

单击图标，弹出【拔模定义（Draft Definition）】对话框，如图 2.69 所示。

该对话框中各项的含义如下。

（1）Draft Type：拔模类型，左边按钮是简单拔模，右边按钮是变角度拔模。

（2）Angle：拔模角度，即拔模后拔模面与拔模方向的夹角。

（3）Face(s) to draft：选择拔模（改变斜度）的表面，拔模面呈深红色显示。

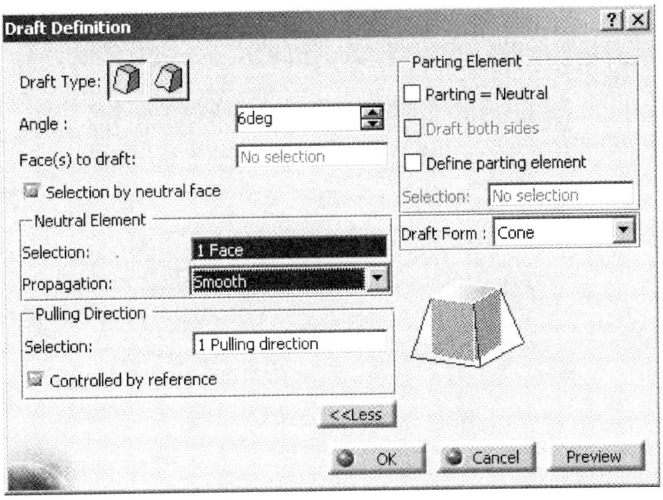

图 2.69　【拔模定义】对话框

（4）Selection by neutral face：若打开此切换开关，则通过中性面选择拔模的表面。

（5）Neutral Element：拔模过程中不变化的实体轮廓曲线，中性面呈蓝色显示。确定了中性面，也就确定了拔模方向。该栏的 Propagation 选项控制拔模面的选择，若选择了 None，将逐个面地选择；若选择了 Smooth，则在中性曲线上与选择曲面相切连续的所有曲面全被选中。

（6）Pulling Direction：拔模方向，通常 CATIA 给出一个默认的拔模方向，在选择中性面之后，拔模方向垂直于中性面。

（7）Parting Element：分离元素可以是平面、曲面或者是实体表面，拔模面被分离面分成两部分，分别拔模。该栏有以下三个切换开关。

1）Parting＝Neutral 切换开关：若该切换开关为打开状态，则分离面和中性面是同一个面，此时切换开关 Draft both sides 为可用状态。

2）Draft both sides 切换开关：若该切换开关为打开状态，则拔模成中间大两端小的形状。

3）Define Parting element 切换开关：当 Parting＝Neutral 切换开关为关闭状态时，打开该切换开关，可以选择一个分离面。

图 2.70 和图 2.71 所示为形体的拔模角度为 6°、底面为中性面和侧面为拔模表面，拔模前后的对比结果。

图 2.70　拔模前形体

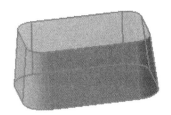

图 2.71　拔模后结果

2.2.2.4 【抽壳(Shell)】功能

该功能是保留实体表面的厚度,挖空实体的内部,也可以在实体表面外增加厚度。单击图标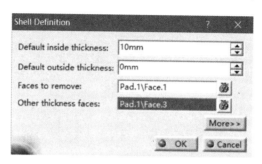,弹出如图 2.72 所示的【抽壳定义(Shell Definition)】对话框。

图 2.72 【抽壳定义】对话框

该对话框中各项的含义如下。

(1)Default inside thickness:从形体表面向内保留的默认厚度,例如输入 10。

(2)Default outside thickness:从形体表面向外增加的默认厚度,例如输入 0。

(3)Faces to remove:选择要去掉的表面,呈深红色显示,默认的厚度显示在该面上,例如选择如图 2.73 所示形体的顶面。

(4)Other thickness faces:确定非默认厚度的表面,呈蓝色显示,并出现该面的厚度值,双击厚度值可以改变该面的厚度。例如,选择形体的右前面,并将厚度值改为 2,如图 2.73所示,抽壳后的结果如图 2.74 所示。

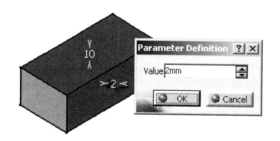

图 2.73 形体抽壳

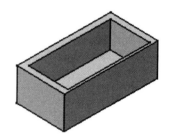

图 2.74 抽壳后结果

2.2.3 特征变换功能

2.2.3.1 【平移(Translation)】功能

该功能是平移当前的形体。单击图标,弹出如图 2.75 所示的【平移定义(Translate Definition)】对话框。

该对话框中各项的含义如下。

(1)Vector Definition:移动方式选择。有三种方式可选择,即 Direction,Point to point和 Coordinate,分别为方向、点到点和按坐标方向偏移。

(2)Direction:移动的方向。可以选择直线或平面确定方向,如果选择的是平面,平面的法线即为移动方向。

（3）Distance：移动的距离。正数表示沿给定方向移动，负数表示沿给定方向的反方向移动。也可以用光标指向移动箭头，按住鼠标左键直接拖动形体。

完成操作后，在特征树上生成相应的平移特征。

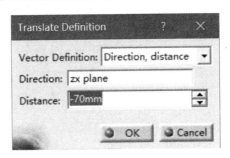

图 2.75　【平移定义】对话框

2.2.3.2　【旋转（Ratation）】功能

该功能是旋转当前的形体。单击图标，弹出如图 2.76 所示的【旋转定义（Rotate Definition）】对话框。

该对话框中各项的含义如下。

（1）Axis：旋转轴。选择一条直线（包括形体的棱边或回转体的轴线）。

（2）Angle：旋转角度。正数表示逆时针旋转，负数表示顺时针旋转。也可以用光标指向旋转箭头，按住鼠标左键旋转形体。

完成操作后，在特征树上生成相应的平移特征。

2.2.3.3　【对称（Symmetry）】功能

该功能是将当前的形体变换到与指定平面对称的位置。单击图标，弹出如图 2.77 所示的【对称定义（Symmetry Definition）】对话框。选择一个平面，例如选择特征树的 xy 平面，单击【OK】按钮，当前形体变换到与指定平面对称的位置，在特征树上生成相应的对称特征。

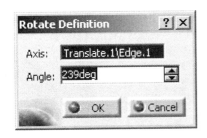

图 2.76　【旋转定义】对话框

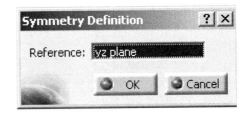

图 2.77　【对称定义】对话框

2.2.3.4　【镜像（Mirror）】功能

镜像与对称的相同之处是都指定一个镜像（对称）平面，不同之处是，经过镜像，镜像前的形体改变为一个特征，在镜像平面另一侧新产生一个与之对称的特征，但它们都属于当前形体,如图 2.78 所示。另外,镜像时选择的对象既可以是当前形体,也可以是一些特征的集合。

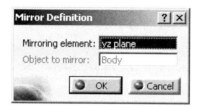

图 2.78 【镜像定义】对话框

2.2.3.5 【矩形阵列(Rectangular Pattern)】功能

该功能是将整个形体或者几个特征复制为 m 行 n 列的矩形阵列。首先预选需要阵列的特征,例如选取如图 2.79 所示的圆柱特征或在特征树上选择该特征,如果不预选特征,当前形体将作为阵列对象。

图 2.79 阵列一个特征

单击图标▓,弹出如图 2.80 所示的【矩形阵列定义(Rectangular Pattern Definition)】对话框。

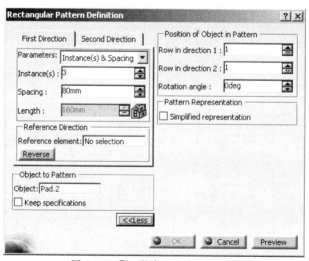

图 2.80 【矩形阵列定义】对话框

该对话框中各项的含义如下:

(1)First Direction(Second Direction)栏。阵列的第一(二)个方向。该栏有以下 4 项。

1)Parameters:确定该方向参数的方法,可以选择 Instances ＆ Length(复制的数目和总长度)、Instances ＆ Spacing(复制的数目和间距)和 Spacing ＆ Length(间距和总长度)。

2)Instance(s):确定该方向复制的数目,例如输入 3。

3)Spacing:确定该方向阵列的间距,例如输入 80。

4)Length:确定该方向的总长度。

(2)Reference Direction 栏。该行(列)的方向。

1)Reference element:确定该方向的基准,可以选择一条直线或一个平面。

2)Reverse 按钮:单击该按钮,改变为当前的相反方向。

(3)Object to Pattern 栏。复制的对象。该栏有以下 2 项。

1)Object:输入复制的对象。

2)Keep specifications:是否保持被阵列特征的 Limit 界限参数,假如被阵列特征 pad 的 Limit 参数为"Up to Surface",则阵列后 pad 特征的界限也是"Up to Surface",如图 2.81 所示。

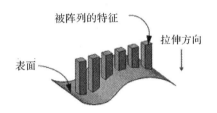

图 2.81　保持阵列特征

(4)Postion of Object in Pattern 栏。调整阵列的位置和方向。该栏有以下 3 项。

1)Row in direction 1:被阵列的特征是第一个方向中的第几项,例如输入 2。

2)Row in direction 2:被阵列的特征是第二个方向中的第几项,例如输入 1。

3)Rotation angle:阵列的旋转角,例如输入 30°,如图 2.82 所示。

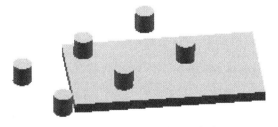

图 2.82　调整阵列的位置和方向

2.3　曲线曲面设计模块

2.2 节介绍了零件设计模块常用的命令,对于简单的零件,可以直接使用零件设计模块进行设计,但对于复杂的外形,则需要通过曲线曲面设计模块先进行零件外形设计,然后通过零件设计模块的增厚曲面和封闭曲面等功能实现实体零件。本节简要介绍一下曲线曲面设计相关的命令。

选择【开始(Start)】→【形状(Shape)】→【创成式外形设计(Generative Shape Design)】命令,如图 2.83 所示,进入曲线曲面设计工作台。线框和曲面设计模块与创成式外形设计模块之间的区别是两个模块均提供了完备的曲线和曲面生成、修改和分析工具。与线框和曲面设计模块相比,创成式外形设计模块增加了曲面倒圆角、曲面拔模角和曲率分析工具,并且在某些功能上有所加强。

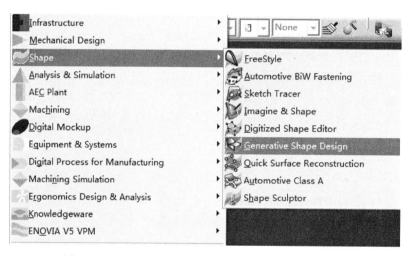

图 2.83 选择【开始】→【形状】→【创成式外形设计】命令

曲线曲面设计工作台的功能主要有 4 种:创建线框元素功能、创建曲面元素功能、曲线曲面修改功能和曲线曲面分析功能。创建线框元素功能主要用来创建点、直线、圆、圆弧和曲线等元素;创建曲面元素功能主要用来在已有的曲线基础上创建各种类型的曲面;曲线曲面修改功能则是对现有的曲线和曲面进行相应的修改操作,实现特定的曲面形状;曲线曲面分析功能用来对创建的曲线和曲面的点连续性、切矢连续性和曲率连续性进行分析。相应的图标如图 2.84 所示。

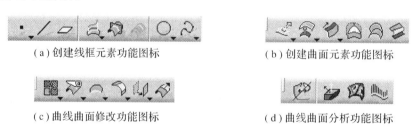

(a)创建线框元素功能图标   (b)创建曲面元素功能图标

(c)曲线曲面修改功能图标   (d)曲线曲面分析功能图标

图 2.84 零件设计功能

2.3.1 创建线框元素功能

2.3.1.1 【点(Point)】功能
该功能是生成点。可以通过输入点的坐标、在曲线上、在平面上、在曲面上、获取圆心点、与曲线相切的点以及两点之间等方式生成点。单击图标 ▪ ,弹出如图 2.85 所示的【点定义(Point Definition)】对话框。通过【点类型(Point type)】下拉列表可以选择生成点的方法。

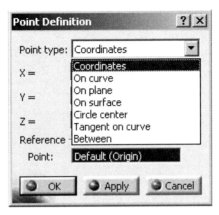

图 2.85 【点定义】对话框

参考点可以是坐标原点或已有对象的点,默认的参考点是坐标原点。

2.3.1.2 【极点(Extremum)】功能

在创成式外形设计模块中包括极点定义的功能。按照给定的方向,根据最大或最小距离规则在曲线、曲面或形体上搜寻出极大或极小元素(点、边或表面)。单击图标 ✕ ,弹出如图 2.86 所示的【极点定义(Extremun Definition)】对话框。

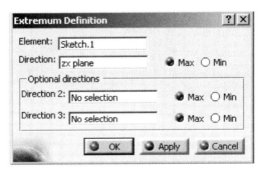

图 2.86 【极点定义】对话框

该对话框中各项的含义如下。

(1)Element:输入曲线、曲面或形体,输入元素的种类不同,需要输入方向的数量就可能不同。

(2)Direction:输入一个方向。

(3)Max:单击控制钮,在指定方向上生成最上的点或元素。

(4)Min:单击控制钮,选择在前面输入方向上最下的点或元素。

(5)Direction 2 和 Direction 3:曲面或形体在一个方向的极值可能是一条线,此时需要再输入一个或两个方向才能求出极值点。

例如,Element 选择了一个曲面,Direction 选择了 zx 平面,即 y 轴方向(竖直向上),单击 Max 控制按钮,则搜寻到曲面的上表面为 y 方向的极大值面,此时再在 Direction 2 域和 Direction 3 域选择另外两个方向,单击 Max 控制按钮,则搜寻到如图 2.87 所示的顶点为极值点。

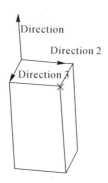

图 2.87　生成曲面在给定方向的极值点

2.3.1.3 【直线(Line)】功能

该功能是生成直线。可以通过输入直线的端点、起点和直线方向、与给定曲线的切线成一定角度、曲线的切线、曲面的法线以及角平分线等方式生成直线。单击图标，弹出如图 2.88 所示的【直线定义(Line Definition)】对话框。通过【直线类型(Line type)】下拉列表可以选择生成直线的方法。

图 2.88　【直线定义】对话框

2.3.1.4 【平面(Plane)】功能

该功能是生成平面。可以通过偏移平面、过点平行平面、和平面成一定角度、经过三点、通过两条直线、通过点和直线、通过平面曲线、曲线的法平面、曲面的切平面、线性方程以及最小二乘等方式生成平面。单击图标，弹出如图 2.89 所示的【平面定义(Plane Definition)】对话框。通过【平面类型(Plane type)】下拉列表可以选择生成平面的方法。

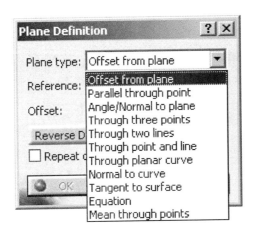

图 2.89 【平面定义】对话框

2.3.1.5 【投影(Projection)】功能

该功能是生成一个元素(点、直线或曲线的集合)在另一个元素(曲线、平面或曲面)上的投影。一般分为以下两种情况：

(1)一个点投影到直线、曲线或曲面上。

(2)点和线框混合元素投影到平面或曲面上。

单击图标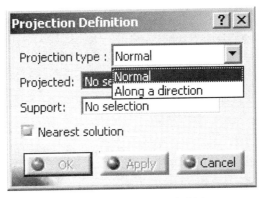,弹出如图 2.90 所示的【投影定义(Projection Definition)】对话框。

图 2.90 【投影定义】对话框

该对话框中各项的含义如下。

(1)Projection type:投影方向,可以选择 Along a direction(沿指定方向)和 Normal(沿基础面中心的法线方向)两种类型。

(2)Projected:输入被投影元素。

(3)Support:输入作为投影面的基础元素。

(4)Nearest solution:若此按钮为打开状态,当投影结果为不连续的多元素时,会弹出对话框,询问是否选择其中之一。

例如,在一个曲面的上方有一条曲线,可以通过投影功能将这条曲线投影到曲面上,生成一条面上曲线,如图 2.91 所示。

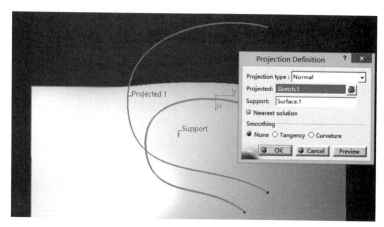

图 2.91　曲线投影到曲面上

2.3.1.6　【相贯线(Combine)】功能

该功能是生成相贯线。相贯线定义为:两条曲线分别沿着两个给定方向(默认的方向为曲线的法线方向)拉伸,拉伸的两个曲面(实际上不生成曲面的几何图形)在空间的交线。如图 2.92 所示的两条二维曲线,其相贯线是这两条曲线所在的曲面的交线。

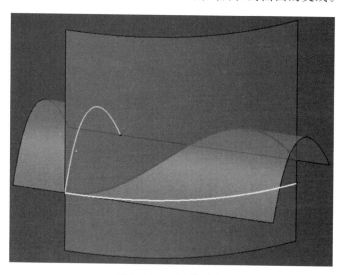

图 2.92　相贯线示意

单击图标，弹出如图 2.93 所示的【相贯线定义(Combine Definition)】对话框。

该对话框中各项的含义如下。

(1)Combine type:曲线的拉伸方向,有 Along directions(沿指定方向)和 Normal(沿基础面中心的法线方向)两种类型。

(2)Curve1:输入第一条曲线。

（3）Curve2：输入第二条曲线。

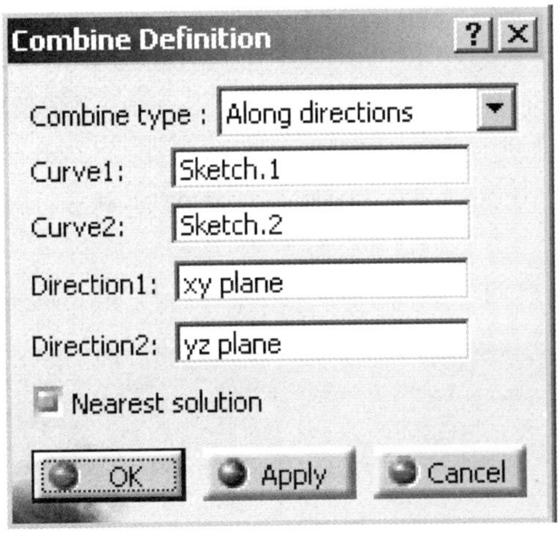

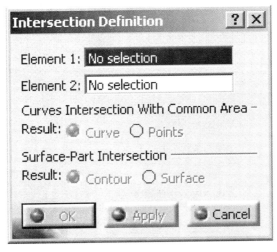

图 2.93 【相贯线定义】对话框

（4）Direction1：当 Combine type 选择了 Along directions 时，需要在此域输入曲线 1 的拉伸方向。

（5）Direction2：当 Combine type 选择了 Along directions 时，需要在此域输入曲线 2 的拉伸方向。

（6）Nearest solution：若此按钮为打开状态，当相贯线为不连续的多元素时，会弹出对话框，询问是否选择其中之一。

2.3.1.7 【相交线（Intersection）】功能

该功能是生成两个元素之间的相交部分。例如两条相交直线生成一个交点，两个相交平面（曲面）生成一条直线（曲线）等。相交元素大致包括线框元素之间、曲面之间、线框元素和一个曲面之间、曲面和拉伸实体之间 4 种情况。

单击图标 ，弹出如图 2.94 所示的【相交线定义（Intersection Definition）】对话框。

图 2.94 【相交线定义】对话框

该对话框中各项的含义如下。

（1）Element 1：参与相交的元素 1。

（2）Element 2：参与相交的元素 2。

（3）Curves Intersection With Common Area-Result：当被选的是两线框元素并且有重合线时，选择生成的结果即重合部分是曲线（Curve）还是点（Points）。

（4）Surface-Part Intersection：当被选的是曲面和实体，生成的结果是轮廓线（Contour）还是曲面（Surface）。

例如，如图 2.95 所示的两个曲面，相交计算后得到它们之间的相交曲线结果。

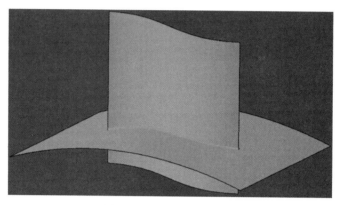

图 2.95　两个曲面的交线

2.3.1.8　【平行线（Parallel Curve）】功能

该功能是在基础面上生成一条或多条与给定曲线平行（等距离）的曲线。单击图标![icon]，弹出如图 2.96 所示的【平行线定义（Parallel Curve Definition）】对话框。

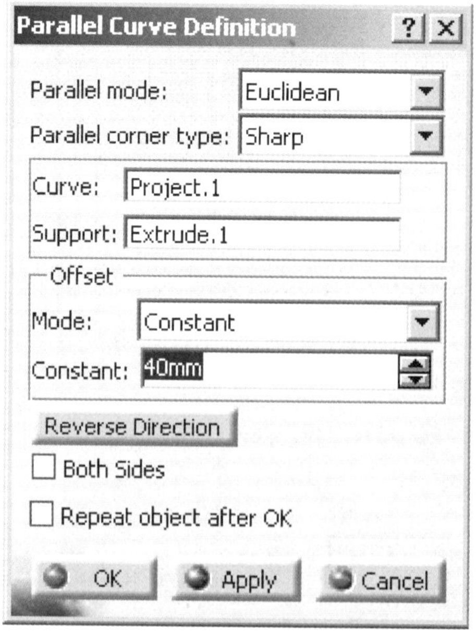

图 2.96　【平行线定义】对话框

该对话框中各项的含义如下。

（1）Parallel mode：选择距离的类型，有 Euclidean（直线距离）和 Geodesic（沿基础曲面的最短距离）两种类型。前者既可以是常数，也可以是函数，后者只能是常数。

（2）Parallel corner type：平行线的拐角类型，有 Sharp（尖角）和 Round（圆角）两种类型，如图 2.97 所示。

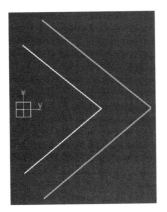

图 2.97 平行线图例

（3）Curve：输入待等距平行的参考曲线。

（4）Support：输入曲线的支承曲面。

（5）Offset：偏移距离的模式，有两个输入框。

1）Mode：距离模式，可以选择 Constant（常数距离）和 Law（由函数定义的规则）两者之一。

2）Constant：常数距离。

（6）Reverse Direction：单击此按键，偏移的方向反向。

（7）Both Sides：曲线的两侧都生成平行曲线。

（8）Repeat object after OK：选择此选项，以生成的曲线为参考曲线重复生成等距曲线，个数由弹出的对话框输入。

2.3.1.9 【圆或圆弧（Circle）】功能

该功能生成圆或圆弧。单击图标 ◯，弹出如图 2.98 所示的【圆或圆弧定义（Circle Definition）】对话框。

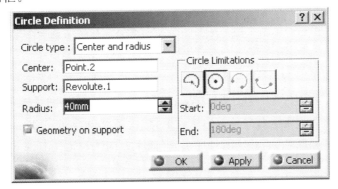

图 2.98 【圆或圆弧定义】对话框

该对话框中各项的含义如下。

（1）Circle type：生成圆或圆弧的方式，有以下 7 种选择。

1）Center and radius：圆心和半径。

2）Center and point：圆心和圆上点。

3）Three Points：三点圆。

4）Two Points and Radius：两点和半径值。

5）Bitangent and Radius：两相切元素和半径值。

6）Bitangent and Point：两相切元素和圆上点。

7）Tritangent：三个相切元素。

（2）Center：输入圆心点。

（3）Support：输入支承面。

（4）Radius：输入半径。

（5）Geometry on support：若该按钮为打开状态，则圆或圆弧投影到基础曲面上。

（6）按钮 ⊙：生成整个圆。

（7）按钮 ⌒：生成圆弧。

（8）Start：圆弧的起始角度。

（9）End：圆弧的结束角度。

例如，在一个曲面上绘制一个圆，实际上是将这个圆投影到曲面上，如图 2.99 所示。

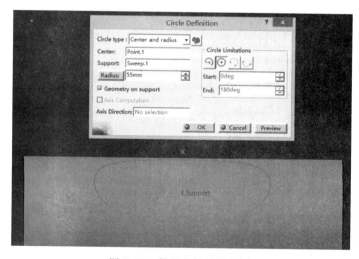

图 2.99　使用支持面绘制圆

2.3.1.10　【样条曲线（Spline）】功能

该功能是生成样条曲线。单击图标 ，弹出如图 2.100 所示的【样条曲线定义（Spline Definition）】对话框。对话框上部是点的输入框，依次是 Points（点）、Tangents Direction（切线方向）、Tensions（张度）、Curvature Direction（曲率方向）和 Curvature Radius（曲率半径）。

其余各项的含义如下。

（1）Add Point After：单击此按钮，在选择点后插入点。

（2）Add Point Before：单击此按钮，在选择点前面插入点。

（3）Replace Point：单击此按钮，替换选择点。

（4）Geometry on Support：选择此项，样条曲线投影到基础面上。

（5）Close Spline：选择此项，样条曲线起点和终点连接起来形成封闭曲线。

（6）Constraint type：约束种类，可以选择 Explicit 或 From curve。

1）Explicit：在下面的 Element 域输入直线或平面作为样条线的切线约束。

2）From curve：在下面的 Element 域输入曲线作为样条线的切线约束，即样条线和曲线相切。

（7）Element：输入切线方向。

（8）Tangent Tension：输入张度。

（9）Continuity：选择相切类型，可以选择 Tangency（切线连续）或 Curvature（曲率连续）。

（10）Remove Point：单击此按钮，去掉选择点。

（11）Remove Tgt.：单击此按钮，去掉选择点的切线方向。

（12）Reverse Tgt.：单击此按钮，切线方向反向。

（13）Remove Cur.：单击此按钮，去掉曲率方向。

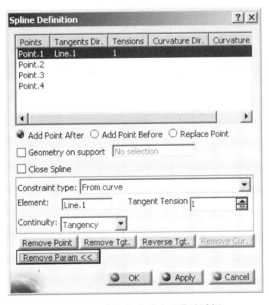

图 2.100 【样条曲线定义】对话框

例如，分别选择空间中的 4 个点作为控制生成一条样条线，如图 2.101 所示。

图 2.101 使用空间 4 个点绘制一条样条线

2.3.2 创建曲面元素功能

2.3.2.1 【拉伸(Extrude)】功能

【拉伸】功能是生成拉伸曲面。单击图标![icon]，弹出如图 2.102 所示的【拉伸曲面定义(Extruded Surface Definition)】对话框。

图 2.102 【拉伸曲面定义】对话框

该对话框中各项的含义如下。

(1)Profile:输入待拉伸轮廓曲线。

(2)Direction:输入拉伸方向。

(3)Limit 1:输入拉伸界限 1,与拉伸方向相同。

(4)Limit 2:输入拉伸界限 2,与拉伸方向相反。

(5)Reverse Direction:单击此按键,拉伸方向反向。

分别在 Profile、Direction、Limit 1 和 Limit 2 域输入一条轮廓线、一个方向和两个界限值,单击 OK 按钮,即可生成拉伸曲面。将光标放在曲面的 LIM1 或 LIM2 处,按下鼠标左键拖动上下箭头,可以改变界限,如图 2.103 所示。

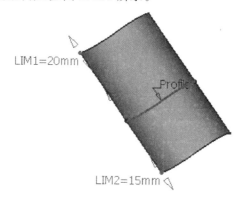

图 2.103 拉伸功能示意

2.3.2.2 【旋转 Rovolve】功能

【旋转】功能是生成旋转曲面。单击图标,弹出如图 2.104 所示的【旋转曲面定义 (Revolution Surface Definition)】对话框。

图 2.104 【旋转曲面定义】对话框

该对话框中各项的含义如下。

(1)Profile:输入轮廓曲线,必须是平面曲线。

(2)Revolution axis:输入旋转轴线。

(3)Angle 1:输入旋转界限 1,方向和轴线方向成右手螺旋规则。

(4)Angle 2:输入旋转界限 2,方向和 Angle1 方向相反。

分别在 Profile、Revolution Axis、Angle 1 和 Angle 2 域输入一条轮廓线,一个方向和两个角度界限值,确定后可生成旋转曲面。将光标放在曲面的 ANG1 或 ANG2 处,按下鼠标左键拖动上下箭头,可以改变界限,如图 2.105 所示。

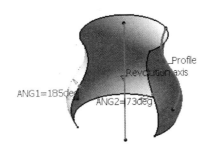

图 2.105 将一条曲线绕一个轴线进行旋转得到曲面

2.3.2.3 【等距(Offset)】功能

【等距】功能是生成等距曲面。等距曲面是产生一个或几个和曲面对象间距等于给定值的曲面的方法。单击图标,弹出如图 2.106 所示的【等距曲面定义(Offset Surface Definition)】对话框。

该对话框中各项的含义如下。

（1）Surface：输入一个曲面。

（2）Offset：输入距曲面的间距值。

（3）Reverse Direction：单击此按钮，改变成在原曲面的另一侧生成等距曲面。

（4）Both sides：选择此项，在原曲面的两侧生成等距曲面。

（5）Repeat object after OK：选择此项，可以重复使用【等距】命令，产生间距相同的几个等距曲面。

图 2.106　【等距曲面定义】对话框

分别在 Surface 和 Offset 域输入一个曲面和一个距离值，确定后可生成曲面的等距离面，在图形中光标放在 Dist 字符上按下鼠标坐键拖动上下箭头，可以改变距离值，如图 2.107 所示。

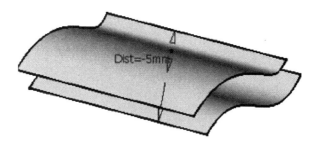

图 2.107　等距偏移一个曲面

2.3.2.4　【扫描（Sweep）】功能

【扫描】功能是生成扫描曲面。扫描曲面是轮廓曲线在脊线的各个法面上扫描连接成的曲面，单击图标，弹出如图 2.108 所示的【扫描曲面定义（Swept Surface Definition）】对话框。

该对话框中各项的含义如下。

（1）Profile：输入扫描轮廓线，可以是任意形状曲线。

（2）Guide curve：输入第一条导线。

（3）Optional elements：可选择输入区域，它包括两页：Reference 和 Second Guide。

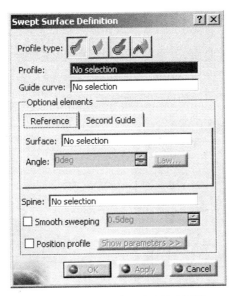

图 2.108 【扫描曲面定义】对话框

1)Reference 页 。

Surface:输入一个参考曲面,用来控制扫描时轮廓线的位置,此项是可选项,默认用脊线控制,如果选择了参考曲面,则用它控制。

Angle:输入角度值,用来和参考面一起控制扫描轮廓位置。

Smooth sweeping:单击此按钮,输入一个角度值,用来光顺扫描面,小于给定角度的切线不连续将被光顺。

Spine:输入脊线,如不指定,用第一轮廓线代替。

2)Second Guide 页 。

Second Guide:输入第二条导线(可选项)。

Guide1 anchor point:输入第一导线在轮廓线上的位置(可选项)。

Guide2 anchor point:输入第二导线在轮廓线上的位置(可选项)。

(4)Position profile:单击此按钮,手动设定轮廓和导线之间的相对位置关系。

(5)Show parameters:单击此按钮,出现新的选项,这些选项用来设定轮廓和导线之间的角度和偏移关系。

按 Profile type 域不同的控制按钮,分为以下几种扫描类型。

1.显式指定轮廓扫描

这种扫描方式需要选择轮廓曲线和导线,它们可以是任意形状的空间曲线。

显示指定轮廓方式扫描曲面如图 2.109 所示。

2.直线类轮廓扫描

按照确定直线轮廓的方式,它又分为 5 种子类型:

(1)两条导线和两个外延距离。

（2）一条导线和中点轨迹。

（3）一条导线、一条参考曲线、一个角度值和两个外延值。

（4）一条导线、一个参考曲面、一个角度值和两个外延值。

（5）一条导线、一个和扫描面相切的参考曲面。

直线类轮廓方式扫描曲面如图 2.110 所示。

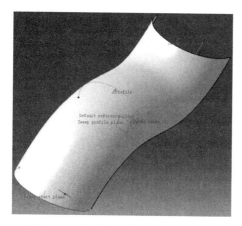

图 2.109　显式指定轮廓方式扫描曲面　　　　图 2.110　直线类轮廓方式扫描曲面

3. 圆或圆弧类轮廓扫描

按照确定圆或圆弧轮廓的方式，它又分为 4 种子类型：

（1）三条导线。

（2）两条导线和半径值。

（3）一条中心线和两个角度值。

（4）一条中心线和半径值。

圆弧类轮廓方式扫描曲面如图 2.111 所示。

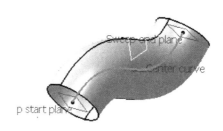

图 2.111　圆弧类轮廓方式扫描曲面

4. 二次曲线类轮廓扫描

按照确定二次曲线轮廓的方式，它又分为 4 种子类型：

（1）两条导线和切面控制以及一个参数值。

（2）三条导线和切面。

(3)四条导线和切面。

(4)五条导线。

二次曲线类轮廓方式扫描曲面如图 2.112 所示。

图 2.112　二次曲线类轮廓方式扫描曲面

2.3.2.5　【填充(Fill)】功能

【填充】功能是以选择的曲线作为边界围成一个曲面。单击图标，弹出如图 2.113 所示的【填充曲面定义(Fill Surface Definition)】对话框，在 Boundary 域连续输入曲线或已有曲面的边界，即可生成填充曲面。

该对话框中各项的含义如下。

(1)Boundary 列表框:输入曲线或已有曲面的边界。

(2)AddAfter:单击此按钮,在选取的边界后增加边界。

(3)AddBefore:单击此按钮,在选取的边界前增加边界。

(4)Replace:单击此按钮,替换选取的边界。

(5)Remove:单击此按钮,去掉选取的边界。

图 2.113　【填充曲面定义】对话框

(6)ReplaceSupport:单击此按键,替换选取边界的支撑曲面。

(7)RemoveSupport:单击此按键,去掉选取边界的支撑曲面。

（8）Continuity：支撑曲面和围成的曲面之间的连续性控制，可以选择 Tangent（切线连续）或 Point（点连续）。

（9）Passing point：输入围曲面通过的控制点。

例如，对一个曲面做局部处理，使其通过空间某个点，并且要求填充的曲面与原曲面在边界处保持连续，如图 2.114 所示。

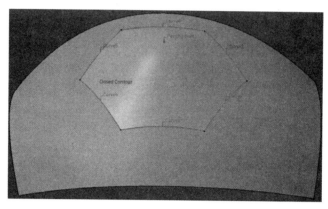

图 2.114　填充曲面

2.3.2.6　【放样（Multi-Sections Surface）】功能

【放样】功能是通过放样生成曲面。放样（Loft）是将一组作为截面的曲线沿着一条选择或自动指定的脊线（Spine）扫描出的曲面，这一曲面通过这组截面线，如果指定一组导线，那么放样还用受导线控制。单击图标 ，弹出如图 2.115 所示的【放样曲面定义（Lofted Surface Definition）】对话框。在该对话框的 Section 域输入一组截面线，在 Guides 域输入一组导线，确定后生成放样曲面。

图 2.115　【放样曲面定义】对话框

截面曲线的输入区域,截面曲线不能互相交叉,可以指定与截面曲线相切的支撑面,使放样曲面和支撑面在此截面处相切,由此控制放样曲面的切线方向。在截面曲线上还可指定闭合点 Closing point,闭合点控制各截面的起始拟合点位置。

该对话框中有 Guides,Spine,Coupling 和 Relimitation 四页。

(1)Guides:导线输入页。

(2)Spine:脊线输入页,默认值是自动计算的脊线。

(3)Coupling:控制截面线的耦合页。它有 4 种耦合方式。

1)Ratio:截面通过曲线坐标耦合。

2)Tangency:截面通过曲线的切线不连续点耦合,如果各个截面的切线不连续点不等,则截面不能耦合,必须通过手工修改不连续点使之相同,才能耦合。

3)Tangency then curvature:截面通过曲线的曲率不连续点耦合,如果各个截面的曲率不连续点不等,则截面不能耦合,必须通过手工修改不连续点使之相同,才能耦合。

4)Vertices:截面通过曲线的顶点耦合,如果各个截面的顶点不等,则截面不能耦合,必须通过手工修改顶点使之相同,才能耦合。

(4)Relimitation:控制放样的起始界限页。当此页的按钮按下或没有指定脊线和导线时,放样的起始界限按照起始截面线确定。如果按钮没有按下,放样按照选择的脊线确定起始界限,没有选择脊线则按照选择的第一条导线确定起始界限。

例如,对两端分别为圆形和方形截面的曲面进行放样,得到如图 2.116 所示曲面。

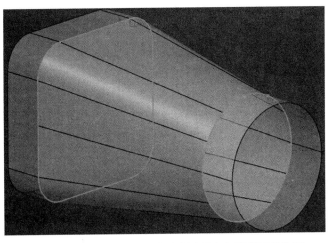

图 2.116 放样生成两端分别为圆形和方形截面的曲面

2.3.2.7 【混合(Blend)】功能

【混合】功能是生成混合曲面。混合曲面是指把两个截面曲线连接起来,或者把两个曲面在其边界处连接起来,并且可以控制连接端两曲面的连续性。单击图标🔲,弹出如图 2.117 所示的【混合定义(Blend Definition)】对话框。

该对话框中各项的含义如下。

(1)First curve:输入第一曲线。

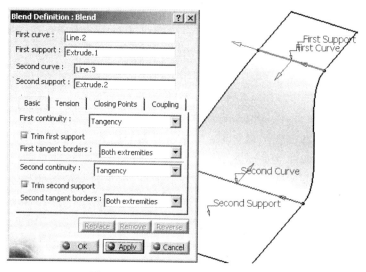

图 2.117 【混合定义】对话框及实例

（2）First support：输入第一条曲线的支撑面，它包含第一曲线。

（3）Second curve：输入第二曲线。

（4）Second support：输入第二条曲线的支撑面，它包含第二曲线。

（5）Basic 页。

1）First continuity：选择第一曲线和支撑面的连续性，包括 Point（点连续）、Tangent（切线连续）和 Curvature（曲率连续）三种形式。

2）Trim first support：单击此按钮，用混合曲面剪切支撑面。

3）First tangent borders：选择混合曲面和支撑面是否连续和在何处相切连续，可以选择 Both Extremities（在第一曲线的两个端点）、None（不相切）、Start Extremity Only（起点相切）和 End Extremity Only（终点相切）。

第二曲线选项的含义和第一曲线选项相同。Tension（张度）、Closing Points（闭合点）以及 Coupling（耦合）控制页请参考放样曲面类似的选项。

2.3.3 曲线曲面修改功能

2.3.3.1 【合并（Join）】功能

【合并】功能是将两个以上曲面或曲线合并成一个曲面或曲线。单击图标，弹出如图 2.118 所示的【合并定义（Join Definition）】对话框，分别在"Elements To Join"输入框中输入需要合并的曲线或曲面，确定后可合并成一个曲线或曲面。

该对话框中各项的含义如下。

（1）Elements To Join：输入要合并的元素。

（2）Check connexity：检查输入元素的连接性，如果合并元素不是连接的，检查后产生错误警告。

（3）Merging distance：输入距离阈值，在 Check connexity 检查中使用，小于阈值的间隙

忽略,认为连续。

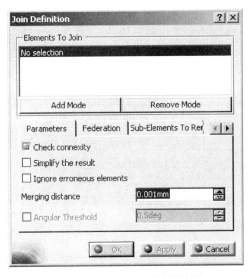

图 2.118　【合并定义】对话框

2.3.3.2　【分割(Split)】功能

【分割】功能是分割曲线或曲面。可分为:①曲线被点、曲线或曲面分割;②曲面被曲线或曲面分割。点击图标 ,弹出【分割定义(Split Definition)】对话框,如图 2.119 所示。

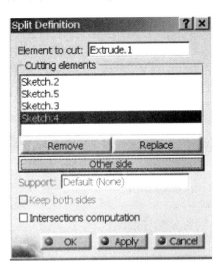

图 2.119　【分割定义】对话框

该对话框中各项的含义如下。

(1)Element to cut:输入被分割对象。

(2)Cutting elements:选择分割的元素,可以是多个元素。

(3)Remove/replace:去掉或替换分割元素。

(4)Other side:单击此按钮,切换保留部分。

（5）Support：选择基础面，基础面用来影响被切割曲线的保留结果。

（6）Keep both sides：单击此按钮，可以把分割的两部分均保留。

（7）Intersections computation：单击此按钮，可以计算出分割和被分割元素的公共部分。

例如，将一个长方形曲面的四个角分别用曲线进行分割，如图 2.120 所示。

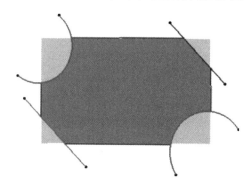

图 2.120　将长方形曲面进行分割

2.3.3.3　【边界（Boundary）】功能

【边界】功能是提取曲面的边界。单击图标 ⌒，弹出如图 2.121 所示的【边界定义（Boundary Definition）】对话框。

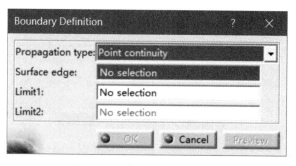

图 2.121　【边界定义】对话框

该对话框中各项的含义如下。

（1）Propagation type：控制边界延伸的类型，可以选择 Complete Boundary（完整边界）、Point Continuity（点连续）、Tangent Continuity（相切连续）和 No Propagation（无延伸）4 种，如图 2.122 所示。

（2）Surface edge：选择曲面的边界线。

（3）Limit1：选择边界上一点作为提取结果的界限，可不选。

（4）Limit2：选择边界上另一点作为结果边界的界限，可不选。

2.3.3.4　【倒圆角（Shape Fillet）】功能

【倒圆角】功能是倒两曲面的圆角。单击图标 ⌒，弹出如图 2.123 所示的【倒圆角定义（Fillet Definition）】对话框。

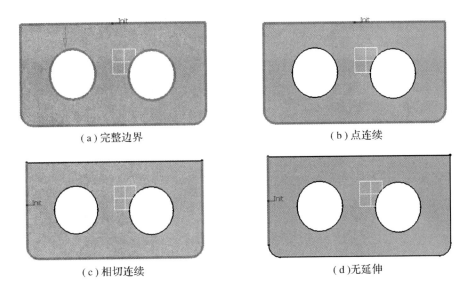

(a)完整边界   (b)点连续

(c)相切连续   (d)无延伸

图 2.122 提取边界曲线连续性选项

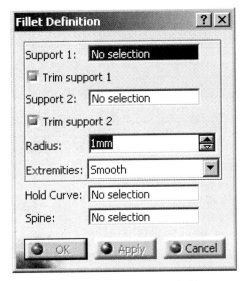

图 2.123 【倒圆角定义】对话框

该对话框中各项的含义如下。

(1)Support 1:第一个曲面或平面。

(2)Trim support 1:控制是否剪切第一曲面。

(3)Support 2:选择第二个曲面或平面。

(4)Trim support 2:控制是否剪切第二曲面。

(5)Radius:输入连接圆弧面的半径。

(6)Extremities:选择圆弧面的过渡方式。可以选择 Smooth(平滑过渡)、Straight(直线过渡)、Maximum(最大状态过渡)和 Minimum(最小状态过渡),效果如图 2.124 所示。

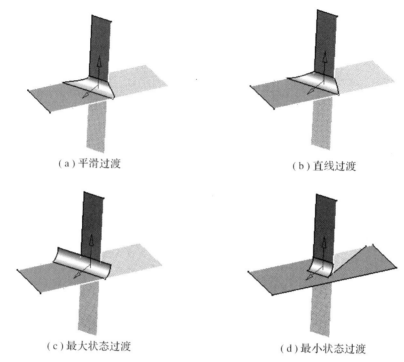

（a）平滑过渡　　　　　　　　　　　（b）直线过渡

（c）最大状态过渡　　　　　　　　　（d）最小状态过渡

图 2.124　圆角过渡类型

2.3.3.5　【变换（Transformations）】功能

平移、旋转、对称、缩放、变形的操作与【零件设计】模块的操作基本相同，详见 2.2 节。缩放和变形的不同之处是：前者 X 轴、Y 轴、Z 轴方向的比例系数相同，后者 X 轴、Y 轴、Z 轴方向的比例系数可以不同。

2.3.4　曲线曲面分析功能

2.3.4.1　【连接分析（Connect Checker Analysis）】功能

该功能是对两个相邻的曲面进行连接特性的分析。有以下 3 种分析类型：

（1）距离分析 Distance(mm)。

（2）切线连续分析 Tangency（以角度差表示，（°））。

（3）曲率连续分析 Curvature（以比率表示，%）。

分析的结果用颜色图谱形式显示出来，例如可以用不同的颜色表示不同的距离，也可以用梳状线显示。还提供了快速分析的功能，通过给定距离、角度或曲率的阈值，分析结果只显示大于阈值的位置。

若切线分析结果和曲率分析结果均大于阈值，则只显示切线结果。图 2.125 为两曲面连接性分析，梳状线显示分析结果。

2.3.4.2　【拔模角度分析（Feature Draft Analysis）】功能

该功能是拔模角度分析。拔模角度分析用于模具设计中，确定曲面的拔模特性。在

NC 加工中,找出是否有负拔模角,可以确定是否用 5 轴加工。在铸造毛坯设计中也经常用到拔模分析。

用罗盘指定拔模方向,选择分析曲面,单击该图标,即可进入拔模分析。其中的 On the fly 功能可以使用鼠标放在曲面上,显示出拔模方向、法线方向及其角度值,如图 2.126 所示。

图 2.125　两曲面连接性分析

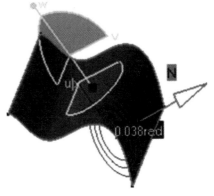

图 2.126　曲面拔模角度分析

注意,显示模式要选择材料显示方式 ▦,结果才能显示出效果。

2.3.4.3　【曲面曲率分析(Surfacic Curvature Analysis)】功能 ▨

该功能是曲面曲率分析,主要用于高质量的曲面设计,利用此功能可以找到曲率突变点,如图 2.127 所示。

2.3.4.4　【曲线曲率分析(Porcupine Curvature Analysis)】功能 ▥

该功能是曲线曲率分析。该功能可以分析曲线或者曲面边界的曲率和曲率半径分布。分析结果可以用梳状线显示出来,如图 2.128 所示。

图 2.127　曲面曲率分析(颜色代表曲率大小)

图 2.128　曲线曲率分析

2.4　小　　结

本章主要介绍了零件设计方面的基本功能及操作,主要使用的方式是基于二维草图的轮廓进行三维特征的建立,为后续进行飞机机载设备的三维模型建立奠定基础。在三维特征基础上的一些功能及操作(如倒圆、仿射变换和阵列等),还有传统的以布尔操作方式建立三维零件的方法,感兴趣的读者可参考相关资料。

2.5 习　　题

1. 草图设计中,如何激活或禁用栅格约束(Snap to Point)?

2. 草图设计中,如何将标准几何图形(Standard Element)改成构造图形(Construction Element)?

3. 草图设计中,如何快速判断草图中所有的几何图形是否已形成封闭图形?

4. 草图设计中,如何判断几何图形是否已形成完备约束?

5. 使用草图设计功能,完成图 2.129 所示图形绘制。

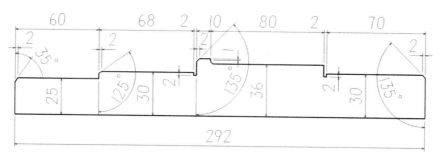

图 2.129　轴剖面图

6. 使用草图设计功能,完成图 2.130 所示图形绘制。

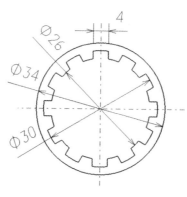

图 2.130　花键剖面图

*7. 草图设计中,如何切换视图窗口中的几何约束(Geometrical Constraints)和尺寸约束(Dimensional Constraints)?

*8. 草图设计中,如何切换显示/隐藏背景中已创建好的三维模型?

*9. 如何使用草图设计实现角度约束的动画显示(Animate Constraint)?

*10. 如何输出草图设计中的部分几何图形用于后续其他功能的使用?

11. 零件设计中,凸台(Pad)和肋(Rib)两个功能的区别是什么?

12. 零件设计中,如何实现一个带沉头的内螺纹孔?

13. 零件设计中,多截面实体(Multi-sections Solid)功能,如何来调整各截面的拟合点位置?

14. 零件设计中,如何判断模型中的一个孔是光孔还是螺纹孔?

15. 零件设计中,如何设置显示方式,根据零件定义的材料显示模型?

16. 使用零件设计功能,完成图 2.131 所示蝶形螺母的三维模型绘制。

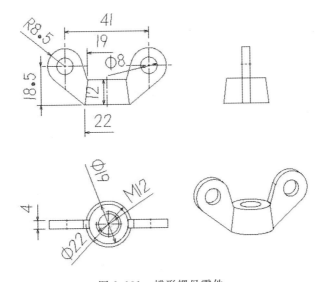

图 2.131 蝶形螺母零件

17. 使用零件设计功能,完成图 2.132 所示连接导轨的三维模型绘制。

18. 使用零件设计功能,完成图 2.133 所示起落架扭力臂的三维模型绘制。

19. 使用零件设计功能,完成图 2.134 所示连接件的三维模型绘制。

20. 使用零件设计功能,完成图 2.135 所示涡轮零件的三维模型绘制。

*21. 零件设计中,如何沿着某个用户自定义的方向实现草图轮廓的凸台拉伸?

*22. 零件设计中,如何实现对一个开放的草图轮廓进行凸台拉伸?

*23. 零件设计中,肋(Rib)功能合并肋的末端(Merge rib's ends)和合并末端(Merge Ends)两个选项的区别是什么?

24. 曲面设计中,简单圆角(Shape Fillet)和倒圆角(Edge Fillet)两个功能的区别是什么?

25. 曲面设计中,分割(Split)和修剪(Trim)两个功能的区别是什么?

26 曲面设计中,脊线(Spine)的作用是什么?

27. 曲面设计中,在绘制圆(Circle)时,如何直接绘制一个曲面上的圆?

26. 曲面设计中,在进行多个曲面的接合(Join)时,如何检查曲面之间的相切连续性?

27. 使用曲面设计功能,完成图 2.136 所示的弹簧曲面外形,弹簧直径为 20 mm,弹簧节距 5 mm,弹簧丝直径为 2 mm,弹簧高度为 50 mm,两端勾的半径为 8 mm,两勾所在平面的角度为 90°。

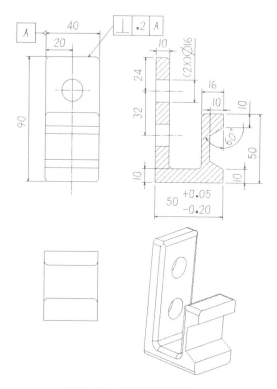

图 2.132　连接导轨零件

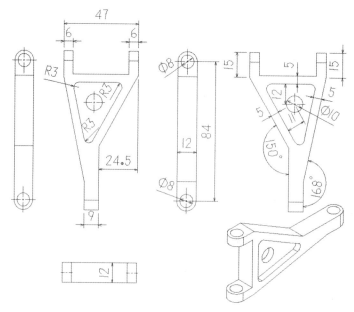

图 2.133　起落架扭力臂零件

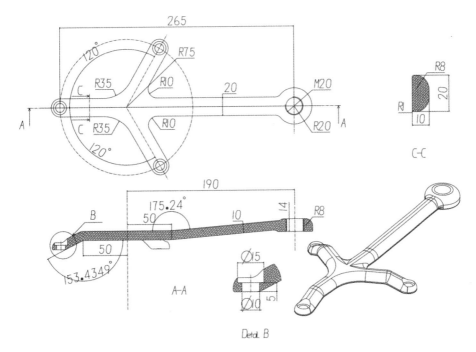

图 2.134　连接件零件

图 2.135　涡轮零件

28.使用曲面设计功能,完成图 2.137 所示的管道曲面外形,其中一端为圆形,半径为 50 mm,另一端为圆角矩形,长 60 mm,宽 40 mm,圆角半径 5 mm;两端夹角 120°。

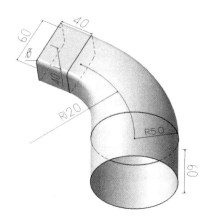

图 2.136　弹簧曲面　　　　　　　　图 2.137　管道曲面

29.使用曲面设计功能,完成图 2.138 所示叶片曲面,每个叶片是直纹扫描面(SWEEP‑LINE),导线是螺旋线,其螺距为 136 mm,高度为 36 mm,基圆半径为 100 mm;扫描素线长 100 mm;叶片与水平面夹角 30°。

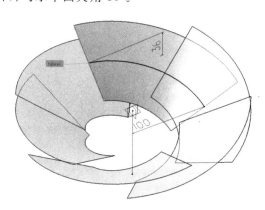

图 2.138　叶片曲面

*30.曲面设计中,如何查看某个几何元素的信息(Geometric Information)?

*31.曲面设计中,如何绘制一条正弦曲线?

*32.零件设计和曲面设计的主要步骤各是什么? 它们有什么区别?

*33.如何快速查看有序集合中特征的创建过程?

*34.如何快速隐藏模型中的点、直线、平面等元素?

第3章 装配设计

产品(Product)是装配设计的最终产物,它是由一些部件(Component)组成的。部件也称作组件,它是由至少一个零件(Part)组成的。产品和部件是相对的。例如:相对于汽车,变速箱是一个部件;相对于齿轮或轴,变速箱就是一个产品。某个产品也可以是另外一个产品的成员,某个部件也可以是另外一个部件的成员。在构成产品的特征树上不难看到,树根一定是某个产品,零件一定是树叶。

部件装配是CATIA最基本的,也是最具有优势和特色的功能模块。它包括创建装配体、添加指定的部件或零件到装配体、创建部件之间的装配关系、移动和布置装配成员、生成产品的爆炸图、装配干涉和间隙分析等主要功能。

选择【开始(Start)】→【机械设计(Mechanical Design)】→【装配设计(Assembly Design)】命令,如图3.1所示,进入装配设计工作台。默认情况下自动生成了一个Product集合。

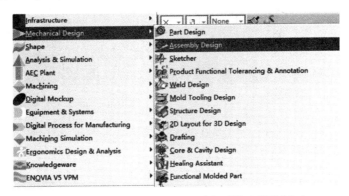

图3.1 选择【开始】→【机械设计】→【装配设计】命令

装配设计工作台的功能主要有3种:创建装配结构功能、改变部件位置功能和创建装配约束功能。创建装配结构功能主要用来创建产品的组成逻辑关系,包括新建部件、新建产品、新建零件和插入现有组件等多种功能;改变部件位置功能主要用来对装配体中的组成元素空间位置进行移动操作;创建装配约束功能用来对组成元素之间的空间位置关系建立约束。相应的图标如图3.2所示。

（a）创建装配结构功能图标　　（b）改变部件位置功能图标　　（c）创建装配约束功能图标

图3.2 装配设计功能

3.1 创建装配结构功能

3.1.1 【创建部件(Component)】功能

该功能用于将一个新组件插入到已经存在的装配文件中。单击【产品结构工具】工具栏内的【部件】图标，此时提示用户选择创建部件的父节点，在特征树上选择 Product1 节点后，特征树中将增加 Product2(Product2.1)一项，如图 3.3 所示。

3.1.2 【创建产品(Product)】功能

该功能用于将一个新产品插入到已经存在的装配文件中。产品与部件的区别是产品中的数据保存在产品自己的文件中，而部件中的数据则保存在它的父节点所在的文件中。

在特征树中选中选择 Product1 节点后，单击【产品结构工具】工具栏内的【产品】图标，这时特征树中将增加 Product3 (Product3.1)一项，如图 3.4 所示。注意产品图标和部件图标的区别。

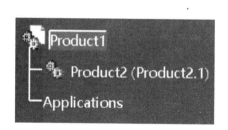

图 3.3 特征树中增加新部件

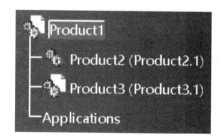

图 3.4 特征树中增加新产品

3.1.3 【创建零件(Part)】功能

该功能用于将一个新零件插入到已经存在的装配文件中。在特征树中选中 Product1 节点后，单击【产品结构工具】工具栏内的【零件】图标，这时特征树中将增加 Part1 (Part1.1)项，如图 3.5 所示。

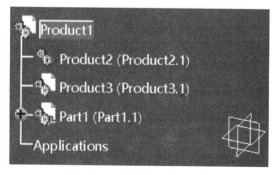

图 3.5 特征树中增加新零件

3.1.4 【现有组件(Existing Component)】功能

该功能用于将原来设计的产品/零件插入到已经存在的装配文件中。在特征树中选中
Product1 节点后,单击【产品结构工具】工具栏内的【现有组件】图标，打开【文件选择
(File Selection)】对话框,如图 3.6 所示。

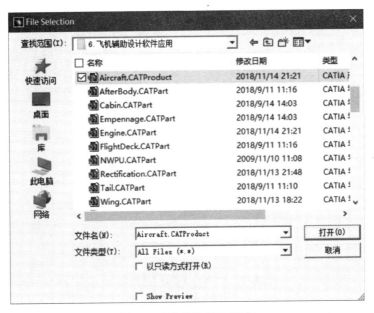

图 3.6 【文件选择】对话框

选中一个产品或零件文件,单击【打开】按钮,一个新的产品/零件插入到当前选择的节
点下,如图 3.7 所示。

图 3.7 特征树中增加现有的产品

3.1.5 【替换组件(Replace Component)】功能

使用该功能将用一个产品/零件代替装配图中的另外一个产品/零件。在特征树中选中 Aircraft(Aircraft.1),点击【产品结构工具】工具栏内的【替换组件】图标 ,将弹出【文件选择(File Selection)】对话框,如图 3.8 所示。

图 3.8 【文件选择】对话框

选择一个文件,单击【打开】按钮,弹出【对替换的影响】对话框,如图 3.9 所示。对话框内显示替换零件带来的后果,如果单击【取消】按钮,将取消替换零件操作,如果单击【确定】按钮,对话框将消失,替换操作完成,如图 3.10 所示。

图 3.9 【对替换的影响】对话框

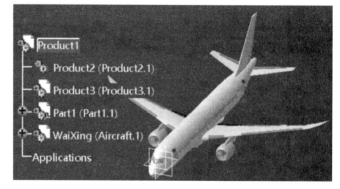

图 3.10 替换后显示的结果

3.1.6 【图形树重新排序(Graph Tree Reordering)】功能

使用该功能可将特征树上的各个组件名称的顺序进行调整。在特征树中选择 Product1,单击【产品结构工具】工具栏内的【图形树重新排序】图标 ,弹出【图形树重新排序(Graph tree recordering)】对话框,如图 3.11 所示。对话框内的上箭头用于将选中的组件顺序向上移,而下箭头则用于将选中的组件顺序向下移,第 3 个按钮用来将选定的组件与另外选定的一个组件交换位置。

选定 WaiXing(Aircraft.1),单击两次上箭头,WaiXing(Aircraft.1)将显示在 Product2 和 Product3 之间,单击【OK】按钮,特征树显示的结果如图 3.12 所示。

图 3.11 【图形树重新排序】对话框

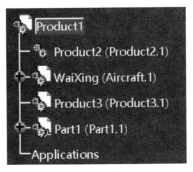

图 3.12 WaiXing 组件顺序调整

3.2 改变部件位置功能

3.2.1 【操纵(Manipulation)】功能

该功能用于对组件进行平移或旋转操作。打开一个产品文件,单击【移动】工具栏内的【操纵】图标,弹出【操作参数(Manipulation Parameters)】对话框,如图 3.13 所示。可以单击对话框内的按钮,对图形进行平移或旋转操作。使用鼠标拖动图形窗口中的组件,则选择的组件将根据激活的选项进行相应的平移或旋转操作。

3.2.2 【捕捉(Snap)】功能

该功能用于将一个零件的几何单元投影到本零件或者其他零件的几何单元上,以便快速移动或者旋转零件。单击【移动】工具栏内的【捕捉】图标,在三维图形中选中一个零件的表面,这个第一个被选中的元素将被移动,如图 3.14 所示。在三维图形中选中另外一个零件的表面,如图 3.15 所示,第一个被选中的零件表面投影到第二个被选中的零件表面上,同时在第一个被选中的表面上出现一个绿色的箭头,如图 3.16 所示,单击绿色的箭头可以改变移动的方向,如图 3.17 所示。

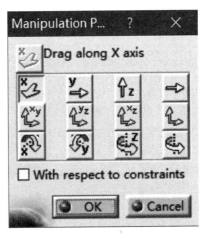

图 3.13 【操作参数】对话框

图 3.14 选中一个零件的表面   图 3.15 选中另外一个零件的表面

图 3.16 在第一个被选中的表面上出现一个绿色的箭头   图 3.17 改变移动方向

3.2.3 【智能移动(Smart Move)】功能

该功能将操纵和捕捉功能结合在一起,用于做快速移动。单击智能移动图标 <img>,弹出如图 3.18 所示的【智能移动】对话框,在对话框内选中【自动创建约束】复选框,将会根据选中的对象类型,按对话框下面部分的排列顺序产生最前面的约束。

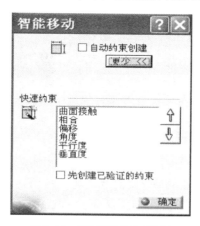

图 3.18 【智能移动】对话框

如图 3.19 所示产品,分别选中两个零件的的孔中心线,将显示一个绿色的箭头,单击绿色的箭头可以改变移动的方向。单击【确定】按钮,两个零件位置改变,而且形成一个孔中心重合限制,如图 3.20 所示。

图 3.19　选中两个零件孔中心线　　　　图 3.20　两个零件形成孔中心重合限制

3.2.4　【分解(Explode)】功能

该图标用于将装配图尺寸限制炸开,能炸开的限制有轴与轴之间的限制和面与面之间的限制。单击【移动】工具栏内的【分解】图标 ，弹出【分解】对话框,如图 3.21 所示。在【定义】选项组的【深度】下拉列表中选择【所有级别】选项,在【类型】下拉列表中选择 3D 选项,选中一个零件作为固定零件,单击【应用】按钮,这时产品将根据约束关系分解移动到空间的不同位置,如图 3.22 所示。

图 3.21　【分解】对话框　　　　　　图 3.22　分解后的装配体

3.3　创建装配约束功能

3.3.1　【相合约束(Coincidence Constraint)】功能

根据选择的元素的不同,使用该功能可以限制元素的同心、同轴或者共面。表 3.1 给出了【相合约束】功能可以限制的元素类型。

表 3.1　【相合约束】功能可以限制的元素类型

![icon]	点 (Point)	线 (Line)	面 (Plane)	平面 (Planar Face)	球面(点) Sphere(point)	圆柱面(轴) Cylinder(axis)
点(Point)	![icon]	![icon]	![icon]		![icon]	![icon]

续表

⊘	点 (Point)	线 (Line)	面 (Plane)	平面 (Planar Face)	球面(点) Sphere(point)	圆柱面(轴) Cylinder(axis)
线(Line)	⊘	⊘	⊘		⊘	⊘
面(Plane)	⊘	⊘	⊘	⊘	⊘	⊘
平面 (Planar Face)				⊘		
球面(点) Sphere(point)	⊘	⊘	⊘			
圆柱面(轴) Cylinder(axis)	⊘	⊘	⊘			

单击【约束】工具栏内的【相合约束】图标⊘,分别选择两个零件的外侧端面,如图 3.23 所示,弹出如图 3.24 所示的【约束属性】对话框。通过选择【方向】下拉列表框中的选项,在这个对话框中可以定义选择的面的方向,这些选项是【相同】【相反】和【未定义】,未定义意味着由软件自动选择。在本例中选择【相反】,单击【确定】按钮,就产生了一致限制,零件的位置被重新摆放,如图 3.25 所示,同时在特征树中也加入了相合限制显示。

图 3.23 选择两个零件端面

图 3.24 【约束属性】对话框

图 3.25 产生相合约束

3.3.2 【接触约束(Contact Constraint)】功能

该功能用于对两个极性面进行接触限制。表 3.2 给出了【接触约束】图标可以限制的元素类型。

表 3.2 【接触约束】功能可以限制的元素类型

⬚	平面(Planar Face)	球面(Sphere)	圆柱面(Cylinder)	圆锥面(Cone)	圆(Circle)
平面(Planar Face)	⬚	⬚	⬚		
球面(Sphere)	⬚	⬚		⬚	⬚

续 表

⬚	平面(Planar Face)	球面(Sphere)	圆柱面(Cylinder)	圆锥面(Cone)	圆(Circle)
圆柱面(Cylinder)	⬚	⬚	⬚	⬚	⬚
圆锥面(Cone)		⬚		⬚	⬚
圆(Circle)		⬚	⬚	⬚	⬚

单击【约束】工具栏内的【接触约束】图标⬚,分别选择一个零件外侧端面和另一个零件的内侧端面,如图 3.26 所示。此时第一个零件发生移动,两个零件表面接触,而且出现接触限制标志,如图 3.27 所示,同时特征树中也加入了接触限制显示。

图 3.26 选择两个零件外/内侧端面

图 3.27 产生接触限制标志

3.3.3 【偏移约束(Offset Constraint)】功能

该功能用于限制两个元素之间偏移一定距离。表 3.3 给出了【偏移约束】功能可以限制的元素类型。

表 3.3 【偏移约束】功能可以限制的元素类型

⬚	点(Point)	线(Line)	面(Plane)	平面(Planar Face)
点(Point)	⬚	⬚	⬚	
线(Line)	⬚	⬚	⬚	
面(Plane)	⬚	⬚	⬚	⬚
平面(Planar Face)			⬚	⬚

单击【约束】工具栏内的【偏移约束】图标⬚,分别选择两个零件的相对表面,这时将弹出【约束属性】对话框,如图 3.28 所示。通过选择【方向】下拉列表框中的选项,在这个对话框内可以定义选择的面的方向。本例中选择【相反】,单击【确定】按钮,就产生了偏移限制,

零件的位置被重新摆放,如图 3.29 所示,同时在特征树中也加入了偏移限制显示。

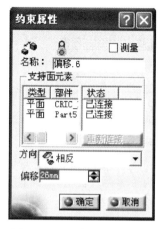

图 3.28 【约束属性】对话框

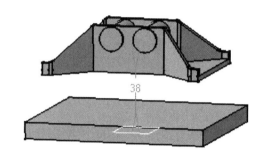

图 3.29 产生偏移限制

在进行偏移限制设置时,既可以输入正的偏移值,也可以输入负的偏移值。两个限制元素中必须至少有一个是平面元素,否则无法设置。图上的箭头表示的是面的正方向,如果平面单元是一个矢量平面,则矢量箭头方向与表示材料的正方向相反。如果平面元素是线框平面,则程序自动计算出线框平面的正方向,并用绿色箭头指示该方向。如果两个限制元素都是平面,那么箭头方向与选择平面的顺序有关。

3.3.4 【角度约束(Angle Constraint)】功能

该功能用于限制两个元素之间的角度,同时还可以设置平行和垂直。注意角度值不能超过90°。表 3.4 给出了【角度约束】可以选定的元素。

表 3.4 【角度约束】可以选定的元素

	线 (Line)	面 (Plane)	平面 (Planar Face)	圆柱面(轴) Cylinder(axis)	圆锥面(轴) Cone(axis)
线 (Line)					
面 (Plane)					
平面 (PlanarFace)					
圆柱面(轴) Cylinder(axis)					
圆锥面(轴) Cone(axis)					

单击【约束】工具栏内的【角度约束】图标，分别选择两个零件的外表面,将弹出【约束

属性】对话框,如图 3.30 所示。在该对话框中用户可选择的限制有以下几种:

(1)【垂直】。

(2)【平行】。需要定义一个面的方向,可以选择【未定义】【相同】和【相反】。

(3)【角度】。

(4)【平面角度】。必须选择一个同时属于这两个平面的轴。

在本例中选择【角度】选项,并在【角度】栏内输入"40°"。注意,在【扇形】下拉列表框中有 4 个不同的伞型图标: ，可根据需要进行选择。选择后,单击【确定】按钮,就产生了角度限制,零件的位置被重新摆放,如图 3.31 所示,同时在特征树中也加入了角度限制显示。

图 3.30 【约束属性】对话框

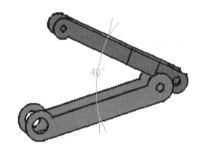

图 3.31 产生角度限制

3.3.5 【固定组件(Fix Component)】功能

该功能用于固定一个零件的位置。零件固定后,再对其进行更新时,它与上一层部件的位置关系将不再发生变化。使用该功能时,可以通过固定零件几何位置原点进行绝对位置固定,也可以通过固定一个零件与其他零件的位置关系进行相对位置固定。

单击【约束】工具栏内的【固定组件】图标 ,选择一个零件,就产生了固定限制。这样,在零件上会显示一个锚标志,如图 3.32 所示,同时在特征树中也加入了固定限制显示。

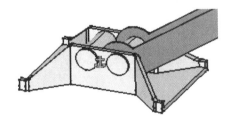

图 3.32 产生固定限制

使用三维罗盘移动刚才固定的零件,如图 3.33 所示,再单击【更新】图标 ,已经固定的零件将回到原来的位置,如图 3.34 所示。

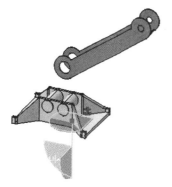

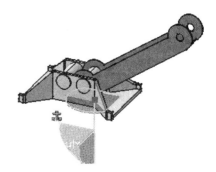

图 3.33　使用三维罗盘移动已经固定的零件　　　　图 3.34　已经固定的零件回到原来的位置

3.3.6　【固联(Fix Together)】功能

该功能将两个零件固定在一起。设计者可以根据需要选择多个零件固定在一起,但是所有选择的零件必须是处于激活状态的。单击【约束】工具栏内的【固联】图标 ✐ ,选中需要固联的所有零件,系统弹出【固联】对话框,如图 3.35 所示。可以在对话框内选择一个零件,将该零件从列表框内移走。在【名称】文本框内,可以对固定在一起的零件取一个新的名字,在本例中,输入新名字"FT1",单击【确定】按钮,两个零件即固联在一起了。同时在特征树中也加入了固联限制显示,如图 3.36 所示。

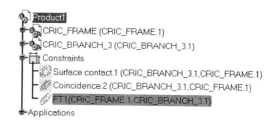

图 3.35　【固联】对话框　　　　　　　图 3.36　特征树中加入了固联限制显示

3.4　小　　　结

本章主要介绍了装配设计方面的基本功能及操作,大部分的产品均是装配体,是由多个零部件装配组成的,在零件的装配过程中,也可以分析它们之间的接口配合情况和干涉情况。对于包含有相对运动的机构,则可在定义好装配关系后,直接使用 DMU 运动机构模拟设计模块进行转换与分析工作。

在掌握了 CATIA 软件的基本功能操作,以及零件设计和装配设计之后,本书将分别以某型民用客机和军用飞机的设计为例,介绍初步总体设计方案及相应的三维外形设计过程。

3.5 习　　题

1. 如何调整特征树中各节点的显示顺序？
2. 如何实现按约束关系显示产品的爆炸图？
3. 相合约束(Coincidence Contraint)可以实现哪些类型元素之间的约束？
4. 如何获得一个产品的质量和重心位置？
5. 完成图 3.37 所示起落架零件的绘制及转配。

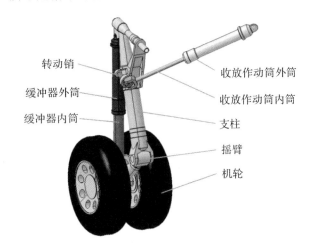

转动销
缓冲器外筒
缓冲器内筒

收放作动筒外筒
收放作动筒内筒
支柱
摇臂
机轮

(a)起落架结构组成

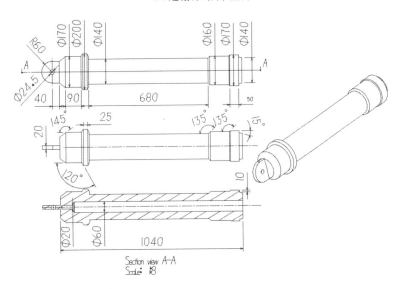

(b)收放作动筒外筒

图 3.37　起落架模型

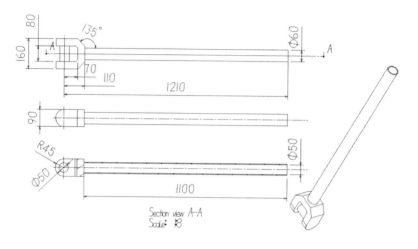

(c)收放作动筒内筒

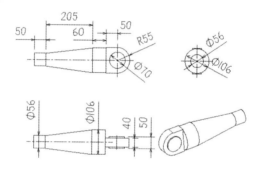

(d)转动销

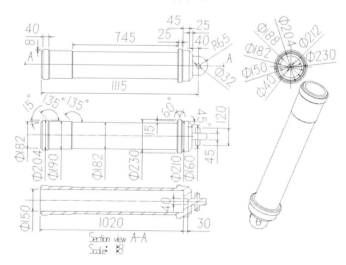

(e)缓冲器外筒

续图 3.37　起落架模型

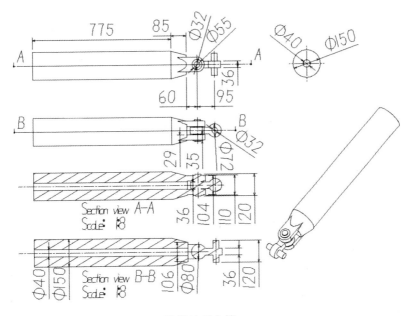

(f)缓冲器内筒

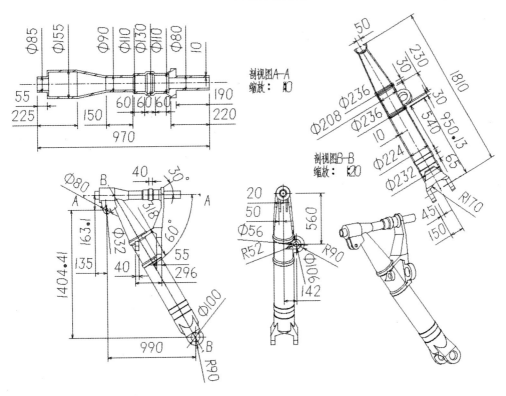

（g)支柱

续图 3.37 起落架模型

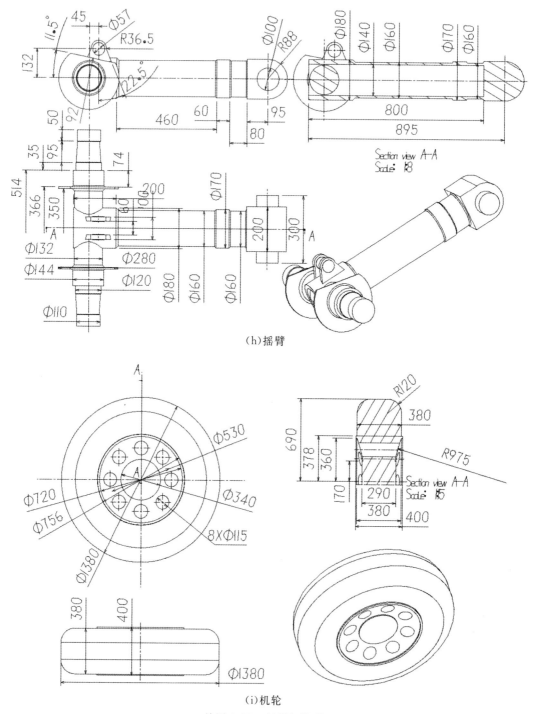

（h）摇臂

（i）机轮

续图 3.37　起落架模型

*6.如何快速实现螺栓、垫片、平键等标准件的装配？

*7.如何实现产品的剖切（Sectioning）显示？

第二部分　某型民机三维外形设计

第4章 某型民机初步总体设计方案

本章以某民用客机的三维外形设计为例,介绍使用 CATIA 软件进行辅助设计的方法。实际飞机设计过程是一个逐步迭代的过程,本章假设已进行了一轮的飞机概念设计,所需的几何外形参数均已知。下面对某型民机的总体设计方案进行简要的介绍。

4.1　总　体　布　局

常规布局是目前民机普遍采用的一种最为成熟的布局形式,这种布局在机翼失速时尾翼尚未失速,可以充分发挥机翼的升力特性,保持尾翼的操纵效率。方案草图如图 4.1 所示。

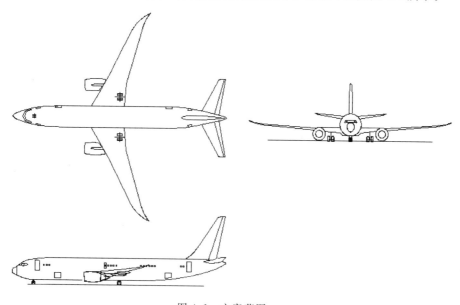

图 4.1　方案草图

4.2　机身设计方案

飞机客舱布置形式为混合型 156 座和全经济型 168 座,客舱总长度 29 220 mm。全机身的长径比 λ_F 取为 9.73,机头的长径比 λ_{Fr} 为 1.5,机身后体长径比 λ_{Fc} 为 3.0。机身当量直径 d_F 取 4 010 mm。

综合以上,确定机身尺寸为

$$l_F = (9.73 \times 4\,010)\ \text{mm} = 39\,017\ \text{mm}$$

取机身的长度为 128 in(1 in≈0.025 4 m),即 39.014 m。

$$l_{Fr} = (1.5 \times 4\,010)\ \text{mm} = 6\,015\ \text{mm}$$

$$l_{Fc} = (3.0 \times 4\,010)\ \text{mm} = 12\,030\ \text{mm}$$

飞机宽度选为 3.95 m,机身高度为 4.01 m。这样的综合考虑既增加了舱内宽度,又控制了机身质量。机身剖面形状如图 4.2 所示。

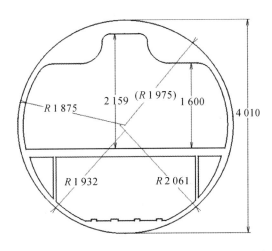

图 4.2　机身客舱段剖面设计

4.3　机翼设计方案

4.3.1　翼展

机翼相对于机身的位置为下单翼。机翼参考面积为 $S = 133\ \text{m}^2$。机翼展弦比定为 $A = 9.63$。机翼展长、面积和展弦比存在如下关系:$A = b^2/S$,可得到翼展为 $b = 35.8\ \text{m}$。

4.3.2　后掠角

机翼后掠角可以提高临界马赫数,延缓激波产生,但会导致升力线斜率降低、最大升力系数降低和升阻比降低,而且使得结构增重和空间降低。本方案后掠角选为 $\Lambda_{1/4} = 25°$。

4.3.3　尖削比

采用小尖削比(0.2~0.4)有利于增加气动效率和降低机翼质量,但考虑到翼尖必须有足够大的刚度为副翼提供铰链力矩,因此有一个结构上的下限,本方案取尖削比为 0.214。

4.3.4 平面形状

当代民机的机翼都是在简单的梯形机翼基础上,采用转折形式进行修型。本方案的机翼前后缘均采用转折,根据展弦比、尖削比和后掠角等参数,在保证机翼面积和考虑发动机吊挂等情况下获得如图4.3所示的机翼平面形状。图4.3中规则梯形为当量机翼,存在前后缘转折的即为经过协调的本方案机翼平面形状。

在发动机吊挂位置发生转折,内段采用较小的尖削比,外段采用较大的尖削比。这样的平面构型,保证了翼根弦长较大,具有较大的结构高度,又为起落架布置提供了充足的空间,同时使得前缘转折处存在涡,削弱了大展弦比机翼的气流分离。

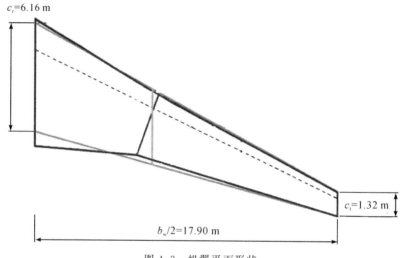

图 4.3 机翼平面形状

4.3.5 相对厚度

平均相对厚度的选取可参照图4.4,其选取与后掠角、马赫数和升力系数相关。

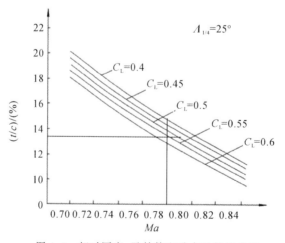

图 4.4 相对厚度、马赫数和升力系数的关系

飞机巡航马赫数为 0.78,1/4 弦线后掠角为 25°,设计升力系数取为 0.552,通过插值得出平均相对厚度可取为 13.5%。

4.3.6　翼型选择

超临界翼型阻力发散马赫数和激波分离马赫数显著超过临界马赫数和自由流马赫数,使得飞机获得较高的巡航马赫数或较大的厚度,因此本方案翼型选择超临界翼型。

本机翼方案采用三种翼型。机翼根部选用一种相对厚度为 15% 的超临界翼型,其上表面相对较平,但后缘下表面没有明显凹陷,后加载较小,减小了低头力矩;到转折处过渡为 NASA SC(2) 系列的超临界翼型,相对厚度为 12%,翼尖选用一种相对厚度为 10.5% 的 NASA SC(2) 系列翼型。这样就使机翼存在了气动扭转,有利于控制失速。翼型的剖面形状如图 4.5 所示。

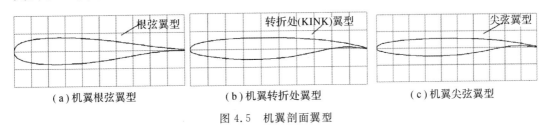

（a）机翼根弦翼型　　　（b）机翼转折处翼型　　　（c）机翼尖弦翼型

图 4.5　机翼剖面翼型

4.3.7　扭转角

飞机展弦比大,尖削比小,导致机翼沿展向发生扭转,增加了翼尖的迎角,导致翼尖先失速。因此在设计中需对机翼进行扭转设计。本方案几何扭转角初步定为:根部位置机翼扭转 $\varepsilon_t = 4°$,尖部位置机翼扭转 $\varepsilon_t = -2.5°$。

4.3.8　安装角

机翼安装角影响到巡航阻力、起飞性能和巡航状态客舱地板水平度。根据机翼剖面翼型的选择以及扭转设计,达到巡航升力系数时,根弦迎角在 5.8° 左右。如果取此角度定位安装角可以使巡航时地板接近水平,而正安装角也有利于起飞滑跑中获得足够的升力。考虑根部扭转角 4°,因此,取安装角为 $\Phi_w = 1.8°$。

4.3.9　上反角

上反角是机翼平面与水平面形成的角度。机翼上反可增加侧滑时飞机的横向稳定性,而且有利于控制翼下吊挂发动机布局的发动机离地间隙。

对于无后掠的梯形翼,下单翼通常取 3°~6° 的上反角,但由于本机后掠设计自然增加了飞机的偏航稳定性,因此上反可适当降低,本方案机翼上反角取为 $\Gamma = 3°$。

4.3.10　翼梢小翼

当前研究表明,在机翼翼尖加装小翼或帆板,可以降低飞机诱导阻力,提升飞机巡航性能,提升运营经济性。为了提高经济性,本方案选择融合的双弧形翼梢小翼,如图 4.6 所示。

根据以上设计和布置,给出带小翼的机翼平面形状如图 4.7 所示。

图 4.6 双弧形翼梢小翼

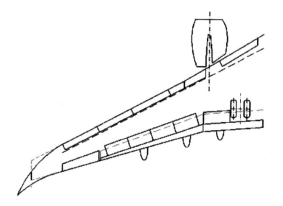

图 4.7 带小翼的机翼平面形状

4.4 尾翼设计方案

尾翼为常规布局尾翼、单垂尾、低置平尾。尾翼的平面形状设计为简单的梯形翼。尾翼设计中的安装角、后掠角等参数都可以参照现有飞机取值。

4.4.1 平尾设计

4.4.1.1 面积和尾力臂

初始方案设计阶段,应用尾容量计算平尾面积,有

$$C_{HT} = \frac{l_H S_H}{S c_A} \qquad (4.1)$$

式中 l_H ——尾力臂,根据本机布局,尺寸约为 17.5 m;

     S ——机翼面积,为 133 m²;

     c_A ——平均气动弦,4.26 m;

     C_{HT} ——尾容量,参考同类飞机的统计值,取 1.12。

解得平尾面积为

$$S_H = \frac{C_{HT} S c_A}{l_H} = 36.23 \text{ m}^2$$

4.4.1.2 展弦比

平尾展弦比的选取参考干线飞机的统计数据,取为

$$A_H = 5.44$$

4.4.1.3 平尾翼展

根据平尾面积和平尾展弦比,可以得到平尾展长为

$$b_H = \sqrt{A_H S_H} = 14.04 \text{ m}$$

4.4.1.4　后掠角

平尾后掠角的取值范围为 $18°\sim37°$,参照本机飞行速度及同类型民用飞机的取值,1/4 弦线位置的后掠角取为 $25°$。

4.4.1.5　尖削比

参考干线飞机的平尾尖削比取值范围,本机平尾尖削比取为

$$\lambda_H = 0.32$$

4.4.1.6　平尾平面形状

平尾平面为规则的梯形。根据已定的平尾面积、尾翼展、展弦比和后掠角,可以确定平尾的平面形状如图 4.8 所示。

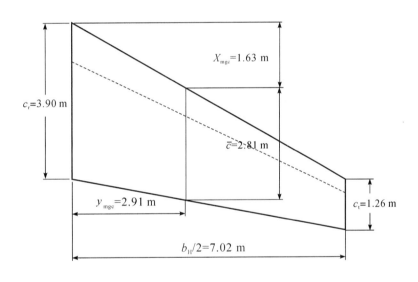

图 4.8　平尾平面形状

4.4.1.7　平均气动弦

从平尾尺寸与平面形状可以得到平尾平均气动弦长为 2.81 m。

4.4.1.8　安装角

现有的民用飞机中,干线飞机都设计为尾翼空中可变安装角,以扩大平尾配平范围,提高配平效率。初始安装角设计为 $5°$。

4.4.1.9　上反角

民用飞机中,干线飞机的平尾上反角范围从为 $-3°\sim11°$,而下单翼通常取正值。参考分析同类型飞机,结合本机机翼取值,本机平尾取上反角 $2°$。

4.4.1.10　平尾翼型

现代民用飞机多采用反弯翼型。在正迎角的情况下,反弯翼型通常具有正力矩,可以在

较小的平尾面积或配平角度情况下,提供理想的配平力矩。为简化设计,本方案选用一种相对厚度为 11.8% 的对称翼型作为说明,平尾布置方案如图 4.9 所示。

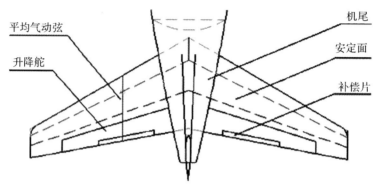

图 4.9　平尾布置

4.4.2　垂尾设计

4.4.2.1　面积的尾力臂

依然应用尾容量进行计算,有

$$C_{VT} = \frac{l_V S_V}{bS} \qquad (4.2)$$

式中　　l_V——尾力臂,根据本机布局,尺寸约为 16.57 m;

　　　　S——机翼面积,为 133 m^2;

　　　　b——机翼展长,35.8 m;

　　　C_{VT}——尾容量,参考同类飞机的统计值,取 0.095。

解得垂尾面积为

$$S_V = \frac{C_{VT} bS}{l_V} = 27.3 \text{ m}^2$$

4.4.2.2　展弦比

民机的垂尾展弦比范围为 0.7~2,在参考同类型飞机的数据并结合本方案进行分析之后,垂尾展弦比取为

$$A_V = 1.3$$

4.4.2.3　垂尾翼展

垂尾翼展实际为垂尾从根弦到尖弦的高度。根据垂尾面积和垂尾展弦比,可以得到垂尾翼展为

$$b_V = \sqrt{A_V S_V} = 5.96 \text{ m}$$

4.4.2.4　后掠角

本机将 1/4 弦线位置的后掠角取为 35°。

4.4.2.5　尖削比

参考民机的垂尾尖削比取值范围,垂尾尖削比取为

$$\lambda_H = 0.35$$

4.4.2.6　垂尾平面形状

垂尾平面也是规则梯形,根据以上参数得到垂尾平面形状如图 4.10 所示。

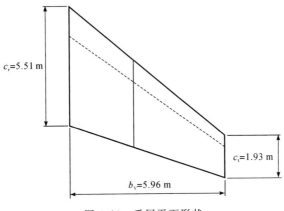

图 4.10　垂尾平面形状

4.4.2.7　安装角

垂尾的安装角取为 0°。

4.4.2.8　垂尾翼型

各种单垂尾飞机均采用常规的对称翼型,本机采用相对厚度为 11.8% 的对称翼型,如图 4.11 所示。

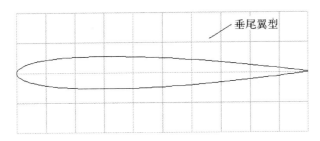

图 4.11　垂尾翼型

垂尾在机身上的总体布置如图 4.12 所示。

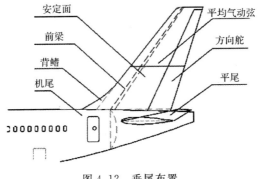

图 4.12　垂尾布置

4.5 小 结

本章介绍了某型民机的初步总体设计方案,限于篇幅,仅涉及了总体方案布局和机身设计及机翼尾翼设计。其他方面,诸如发动机选型和短舱设计、起落架设计、整流罩设计等未再展开叙述,在涉及时将直接给出设计的参数值。

根据设计方案,接下来使用 CATIA 软件分别进行机身三维外形设计、机翼三维外形设计、尾翼三维外形设计等具体设计过程以及最终的飞机三维外形装配与分析。

第5章　飞机机身三维外形设计

飞机三维外形主要包括机身、机翼、尾翼、整流罩、发动机短舱等 5 个部分。下面针对飞机的这 5 部分组成分别进行设计。

对于民机来说，飞机机身从设计角度来说可以分为三部分：机头、中机身和机尾。中机身部分为等直段，截面形状建好后，通过拉伸即可实现三维外形的设计。因此，建模时可以在建立机头外形过程中，创建等直段截面形状，在建立中机身时直接引用即可。

5.1　机 头 设 计

5.1.1　机头设计要求

机头是指机身等直段前外形，包括驾驶舱视窗（风挡与侧窗）、前起落架舱门、气象雷达罩和前登机门等外形。在进行机头设计时，需要满足以下要求。

5.1.1.1　使用要求

（1）驾驶舱布置：满足驾驶舱各种设备的布置和使用。

（2）前起落架布置：满足收起和放下过程的空间要求。

（3）气象雷达布置：满足安装和使用空间要求。

（4）下滑天线布置：满足安装和使用空间要求。

（5）不同身高的驾驶员在舱内都应感到舒适，并可获得清晰的外部视野。

（6）显示装置布置应能满足重要参数位于驾驶员最佳视界范围内。

（7）座椅可进行水平和垂直方向调节。

（8）驾驶员座椅的位置应保证驾驶员能对所有飞行操纵器件进行操作。

（9）舱内布置应具备一定的灵活性，以满足不同身高驾驶员操作飞机的需要。

5.1.1.2　结构要求

（1）为机头框、地板、壁板、雷达罩、主风挡、通风窗、观察窗骨架和内装饰设计提供足够空间。

（2）能够法向向内偏置一定厚度用于结构设计，一般 offset $>0.02D+25.4$ mm（D 为机身横截面当量直径），在此基础上能够再考虑内装饰高度，一般为 25.4 mm（1 in），满足结构和内装饰设计基准要求。

（3）各部分结构光滑过渡，没有零厚度部位，便于结构设计制造。

5.1.1.3　气动要求

（1）在全机中气动阻力尽量小。

（2）飞行速度范围内延迟点激波产生的进程和减缓激波强度。

（3）外形曲率方向一致（保凸）。

（4）顺气流方向曲线高阶连续，最低要求面内曲率连续，面边界切矢连续。

5.1.1.4　适航要求

（1）满足 FAR 25/JAR 25/CCAR 25 中关于驾驶舱视界、风挡和窗户、驾驶舱操纵器件等条款要求。

（2）满足其他咨询通告、标准中关于驾驶舱设计的要求。比如 ARP 4101/1，ARP 4101/2，AC 25.773-1，AS 580B—1994，HB 7496—1997 等。

5.1.2　机头形状参数

机头形状参数包括机头外形参数、等直段截面形状参数和风挡视窗参数等。机头外形参数主要包括机头长度、宽度和高度等，见表 5.1。其中低头角示意图如图 5.1 所示。

表 5.1　机头外形参数

参　数	取　值
长度 /mm	6 015
高度 /mm	4 010
宽度 /mm	3 950
低头角 /(°)	8
眼位距风挡水平距离 /mm	600
风挡垂直后掠角 /(°)	50
风挡水平后掠角 /(°)	24
设计眼位点的机体坐标 /mm	（2 300，−540，1 300）

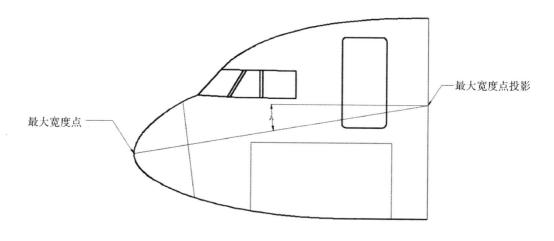

图 5.1　低头角示意图

民机机身的等直段截面形状一般有圆形和 8 字形，本方案采用 8 字形，参数主要包括最

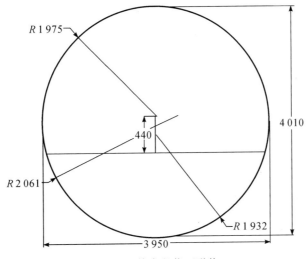

大宽度、最大高度和三个圆弧半径等,见表 5.2。其形状示意图如图 5.2 所示。

表 5.2　等直段截面形状参数

参　数	取　值
最大宽度 /mm	3 950
最大高度 /mm	4 010
上圆弧半径 /mm	1 975
中圆弧半径 /mm	2 061
下圆弧半径 /mm	1 932
地板距上圆弧中心距离 /mm	440

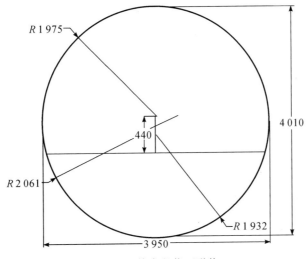

图 5.2　等直段截面形状

国外咨询通告 AC 25.773 - 1 和国内航标 HB 7496—1997 对驾驶舱的视界均提出了要求,驾驶员不同方位角的俯仰角度要求见表 5.3。在直角坐标系中其轮廓如图 5.3 所示。在设计风挡视窗时需要在考虑结构边框的前提条件下满足上述要求。

表 5.3　视界要求参数

点序号	方　位	俯　仰
1	右 20°	仰 15°
2	左 40°	仰 35°
3	左 80°	仰 35°
4	左 120°	仰 15°
5	左 120°	俯 15°
6	左 95°	俯 27°
7	左 70°	俯 27°
8	左 30°	俯 17°
9	右 10°	俯 17°
10	右 20°	俯 10°

注:在方位视角-俯仰视角的直角坐标系中,以上相邻视界控制点内俯仰视角随方位视角线性变化。

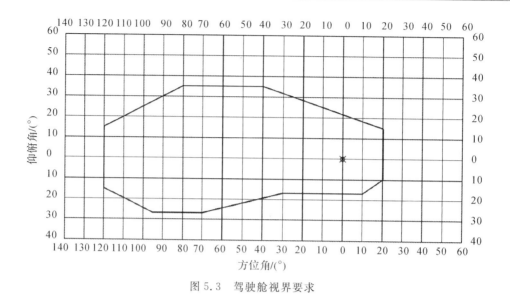

图 5.3　驾驶舱视界要求

根据上述参数,设计的某型民机的机头三维外形如图 5.4 所示。

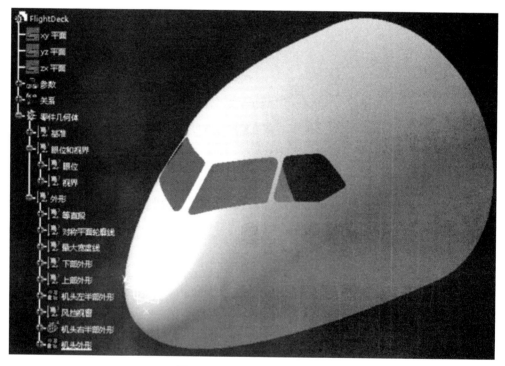

图 5.4　机头最终三维外形图

主要建模过程包括飞机基准、眼位和视界、等直段截面形状、对称平面控制轮廓、最大宽度线、下部外形、上部外形、风挡视窗等几个部分,如图 5.5 所示。下面对具体建模过程进行详细介绍。

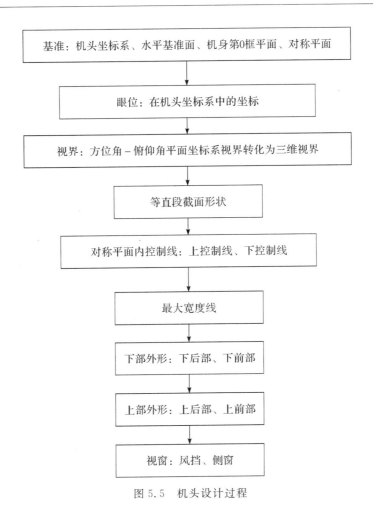

图 5.5　机头设计过程

5.1.3　飞机基准坐标系

坐标系选取可参照 HB 7756.2—2005,原点 O 位于机头前水平基准面与飞机对称面的交线上且距机头某一确定位置处;纵轴 X 为飞机水平基准面与对称面的交线,指向航向的后方;横轴 Y 位于飞机水平基准面内,垂直于纵轴 X,指向航向的右方;竖轴 Z 位于飞机对称面内,垂直于横轴 Y,指向上方,如图 5.6 所示。

使用菜单【插入】中的【几何图形集】命令,建立"基准"图形集合,如图 5.7 所示。为简洁起见,后续图形集合的创建将不再赘述。

为了能够明显地查看模型与全局坐标系之间的关系,首先使用【点】命令采用坐标方式建立 CATIA 坐标原点,X,Y,Z 值均为默认值 0 mm。

点击【确定】按钮创建 CATIA 原点,如图 5.8 所示,在特征树上鼠标右键点击此特征,选择属性,可修改特征名称。

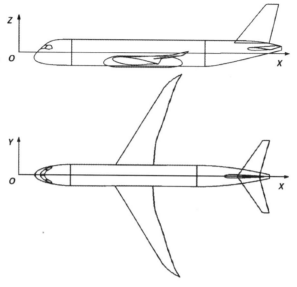

图 5.6 机体坐标系定义

图 5.7 插入基准图形集

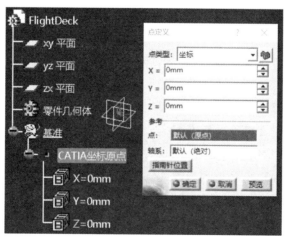

图 5.8 添加 CATIA 坐标原点

继续使用【点】命令,使用坐标方式添加点(2 700 mm,0 mm,0 mm)作为机头坐标系原点。参考点选择刚建立的 CATIA 坐标原点,如图 5.9 所示。

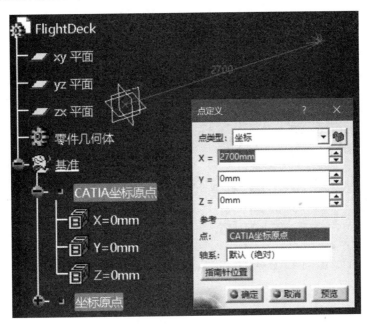

图 5.9　添加机头坐标原点

使用菜单【插入】中的【轴系】命令,添加机头参考坐标系,使用标准方式,原点选择机头坐标原点,取消在轴系统节点下选项,其他参数默认,如图 5.10 所示。

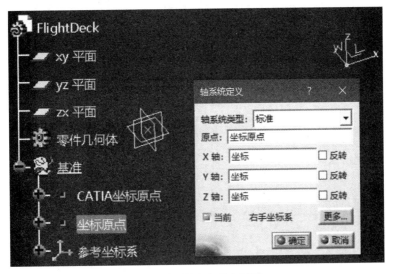

图 5.10　创建参考坐标系

使用【平面】命令,创建第 0 框平面,即机头所在站位,如图 5.11 所示。使用平行通过点方式,参考栏选择参考坐标系 YZ 平面,点栏中选择坐标原点。采用同样方式创建对称平面和客舱地板平面。

图 5.11　建立第 0 框平面

根据机头形状参数,可以计算得到飞机前点距离地板平面的距离为 6 015 mm×tan8°－440 mm≈405 mm。使用【点】命令坐标方式创建飞机前点,参考点选择坐标原点,坐标为 (0 mm,0 mm,－405 mm),如图 5.12 所示。

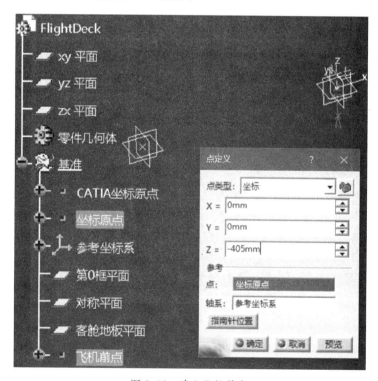

图 5.12　建立飞机前点

5.1.4　眼位和视界

设计眼位点的位置因不同的飞机布局而不同,主要受到雷达大小、驾驶舱内设备布置和地板高度的影响。本书假设在机头坐标系($2\,300$ mm,-540 mm,$1\,300$ mm)位置为左驾驶员眼位。x 眼位相对机身第 0 框平面距离,y 眼位相对对称面距离,z 眼位相对水平基准面距离。

使用【点】命令坐标方式创建设计眼位点。参考点为机头坐标原点,输入眼位点坐标,点击【确定】按钮生成设计眼位点,如图 5.13 所示。

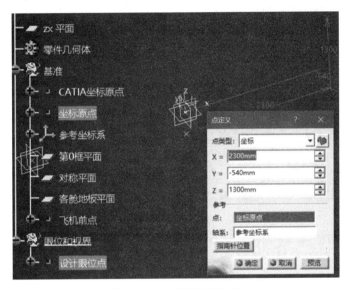

图 5.13　创建设计眼位点

在设计眼位点后 84 mm 处创建转动中心点。使用【点】命令坐标方式,参考点选择设计眼位点,输入坐标(84 mm,0 mm,0 mm),生成转动中心点,如图 5.14 所示。

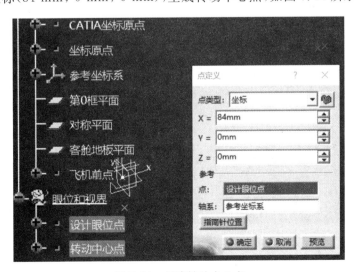

图 5.14　创建转动中心点

在转动中心点处创建转动中心轴。使用【直线】命令,采用点的显示顺序(注:有的汉化版本翻译为点-方向)方式,点栏中选择刚建立的转动中心点,方向栏中选择客舱地板平面,开始和结束栏中分别输入 600 mm 和−600 mm。点击【确定】按钮创建转动中心轴,如图5.15所示。

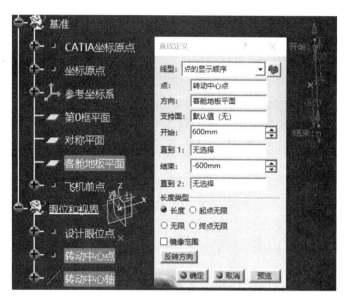

图 5.15 创建转动中心轴

在设计眼位点处分别创建眼位水平基准面和垂直基准面,后续用于分析的基准。采用【平面】命令平行通过点方式,眼位水平基准面参考为客舱地板平面,眼位垂直基准面参考为第 0 框平面,参考点为设计眼位点,如图 5.16 所示。

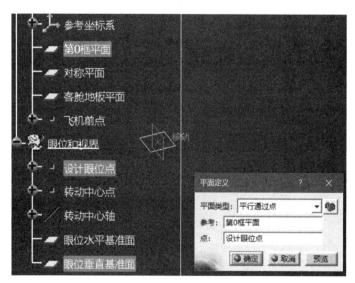

图 5.16 创建眼位水平基准面和垂直基准面

接下来创建在绕转动中心轴旋转时眼位所在的圆弧线。使用【圆】命令,采用中心和点方式,中心选择转动中心点,通过的点选择设计眼位点,支持面选择眼位水平基准面,开始栏中输入－45deg,结束栏中输入 180deg,点击【确定】按钮生成眼位线,如图 5.17 所示。

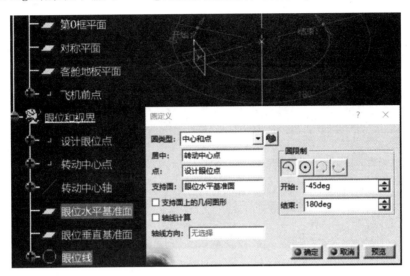

图 5.17　创建眼位线

在眼位水平基准面内,绕眼位转动中心轴作 8 个眼位方位基准点:方位右 20°、方位右 10°、方位左 30°、方位左 40°、方位左 70°、方位左 80°、方位左 95°和方位左 120°。使用【旋转】命令,采用轴线-角度方式,元素栏中选择设计眼位点,轴栏中选择转动中心轴,角度中输入相应的角度值,如图 5.18 所示。

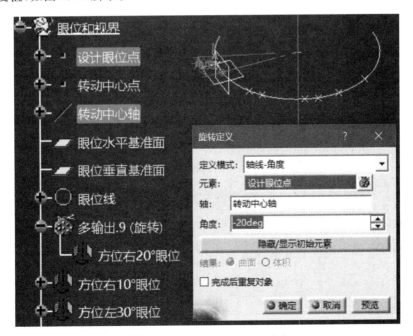

图 5.18　创建不同方位的眼位点

接下来创建视界曲面,根据视界要求,将二维角度转换为三维曲面。首先,创建右20°方位角俯仰界限。使用【平面】命令通过点和直线方式创建方位右20°参考面,点栏中选择方位右20°眼位,直线栏中选择转动中心轴,如图5.19所示。

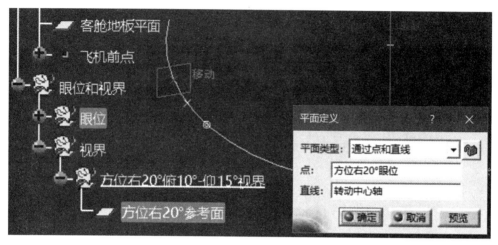

图 5.19　创建方位右 20°参考面

使用【直线】命令创建方位右20°处的俯仰视界线。采用曲线的角度/法线方式,曲线选择转动中心轴,点选择方位右20°眼位,角度分别输入−80deg(对应俯10°界限)和75deg(对应仰15°界限),结束栏输入2 000 mm,点击确定按钮分别创建方位右20°处的俯仰视界线,如图5.20所示。

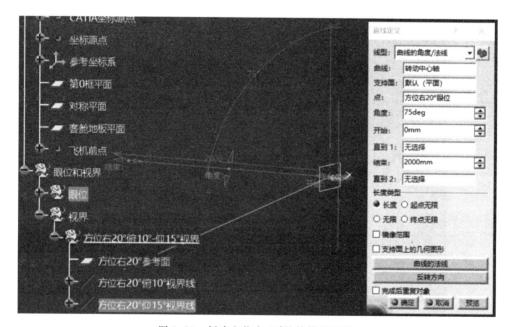

图 5.20　创建方位右 20°的俯仰视界线

使用【直线】命令的点-点方式将俯仰视界线的端点相连,形成封闭形状。然后使用【填充】命令,分别选择方位右 20°仰俯连线、方位右 20°俯 10°视界线和方位右 20°仰 15°视界线。点击确定按钮生成方位右 20°俯 10°-仰 15°视界,如图 5.21 所示。

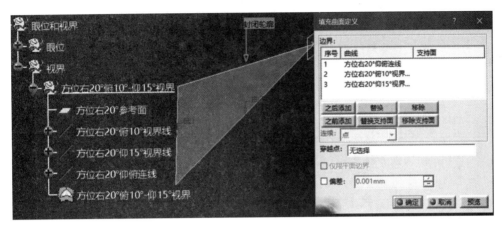

图 5.21　创建方位右 20°俯 10°-仰 15°视界

使用【扫掠】命令直线方式中的使用参考曲面,如图 5.22 所示,引导曲线 1 选择眼位线,参考曲面选择眼位水平基准面,长度 1 中输入 2 000 mm,边界 1 中选择方位右 20°眼位点,边界 2 中选择方位左 40°眼位,角度栏处鼠标单击右侧的【法则曲线…】按钮,弹出【法则曲线定义】对话框,如图 5.23 所示,法则曲线类型选择线性,开始值中输入 −15deg,端值中输入 −35deg,点击【关闭】按钮返回扫掠曲面定义对话框。点击【确定】按钮生成方位右 20°仰 15°-方位左 40°仰 35°视界。

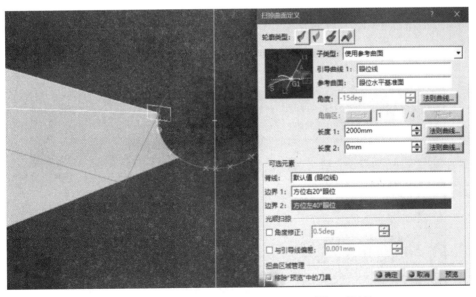

图 5.22　创建方位右 20°仰 15°-方位左 40°仰 35°视界

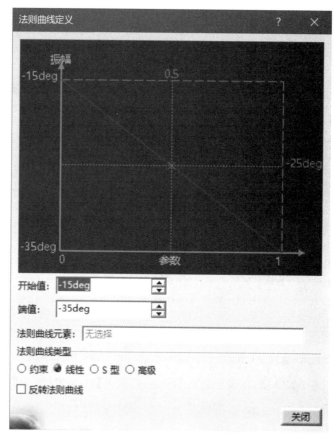

图 5.23　【法则曲线定义】对话框

　　采用上述方式创建其他方位角度的俯仰视界,最终使用【接合】命令,生成符合二维视界要求的三维曲面。此视界曲面将用于后期风挡视窗的创建参考,如图 5.24 所示。

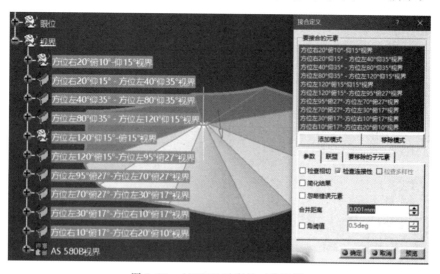

图 5.24　AS580B 对应的三维视界

5.1.5　机头三维外形绘制

5.1.5.1　等直段截面形状参数

等直段截面形状主体由上圆弧、下圆弧和中间过渡圆弧组成。使用【点】命令创建上圆弧中心,采用坐标方式,参考点选择坐标原点,输入坐标(6 015 mm,0 mm,440 mm),如图5.25 所示。

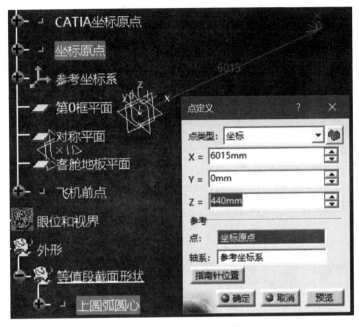

图 5.25　创建等直段截面上圆弧中心

使用【平面】命令创建等直段参考平面,使用平行通过点的方式,参考面选择第 0 框平面,参考点选择上圆弧圆心,如图 5.26 所示。

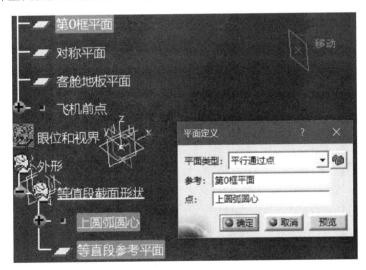

图 5.26　创建等直段参考平面

使用【圆】命令创建等直段上圆弧,使用中心和半径的方式,中心选择上圆弧圆心,支持面选择刚建立的等直段参考平面,半径中输入 1 975 mm,开始栏中输入 90deg,结束栏中输入 270deg。点击【确定】按钮创建等直段上圆弧,如图 5.27 所示。

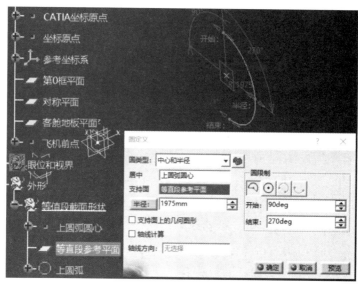

图 5.27　创建等直段上圆弧

使用【点】命令创建下圆弧中心。根据等直段上圆弧半径、下圆弧半径和高度可以得到下圆弧中心相对上圆弧中心的距离,即上下圆弧距离＝等直段上圆弧半径＋等直段下圆弧半径－最大高度。使用【点】命令采用坐标方式,参考点选择上圆弧中心,坐标输入(0 mm,0 mm,－103 mm),如图 5.28 所示。

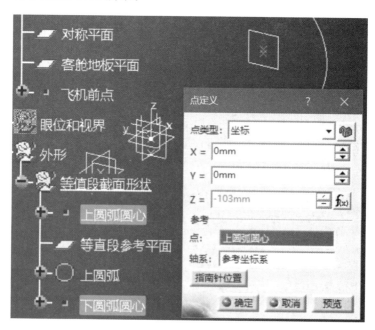

图 5.28　创建等直段下圆弧中心

再次使用【圆】命令创建等直段下圆弧，使用中心和半径的方式，中心选择下圆弧圆心，支持面选择等直段参考平面，半径中输入 1 932 mm，开始栏中输入 180deg，结束栏中输入 270deg。点击【确定】按钮创建等直段下圆弧，如图 5.29 所示。

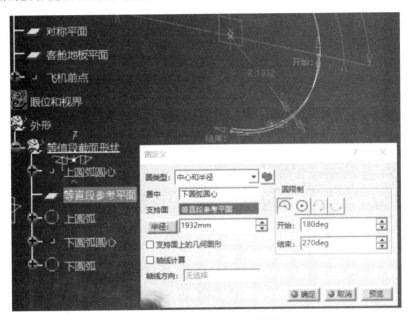

图 5.29　创建等直段下圆弧

再次使用【圆】命令创建等直段中圆弧，使用双切线和半径方式，元素 1 选择上圆弧，元素 2 选择下圆弧，半径栏中输入 2 061 mm，查看视图窗口中结果，如果计算的中圆弧中心位于外侧，则点击【下一个解法】按钮使用另外一个结果。点击【确定】按钮创建等直段中圆弧，如图 5.30 所示。

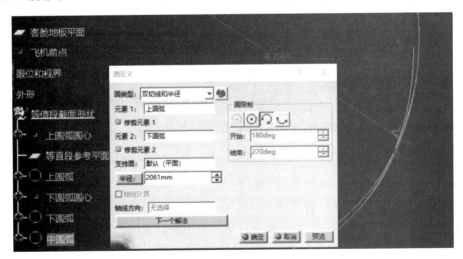

图 5.30　创建等直段中圆弧

中圆弧创建完成后,等直段轮廓即创建完毕,为后面使用方便,可使用【接合】命令创建等直段控制线,并进行发布,后期进行中机身建模时可链接使用,如图 5.31 所示。

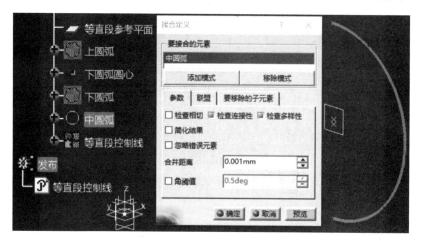

图 5.31　发布等直段控制线

通过【拉伸】命令创建部分等直段曲面,以备后期创建机头曲面时用于支持面。轮廓栏中选择等直段控制线,方向栏选择等直段参考平面,尺寸输入 1 000 mm,点击【确定】按钮创建等直段曲面,如图 5.32 所示。

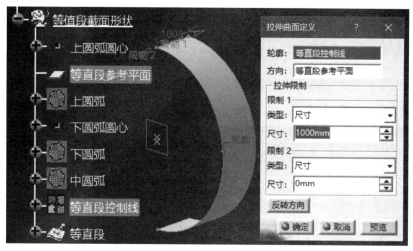

图 5.32　创建等直段曲面

5.1.5.2　对称平面轮廓线

在绘制对称平面轮廓线时,需要事先确定风挡的位置,而风挡的位置与设计眼位点有关。根据人机工效要求,驾驶员正常坐姿并且眼位处于设计眼位点时,水平视线与风挡的交点在设计眼位点前方 600 mm 左右比较合适。因此,首先建立眼位视线与风挡的交点。使用【点】命令,参考点选择设计眼位点,输入坐标(−600 mm, 0 mm, 0 mm),点击【确定】按钮生成眼位视线与风挡交点,如图 5.33 所示。

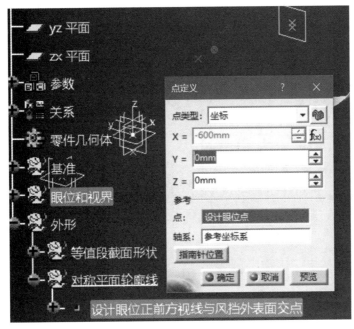

图 5.33　创建眼位视线与风挡交点

风挡脊线所在的水平线的参考点 X 方向位置与交点 X 方向位置之间的距离为 tan(风挡水平后掠角)×设计眼位点 Y 坐标值,其中风挡水平后掠角为 24°,设计眼位点 Y 坐标值为 540 mm。代入上述公式计算得值为 240.423 mm。使用【点】命令坐标方式,参考点选择视线与风挡交点,输入坐标(-240.423 mm,0 mm,0 mm),创建风挡脊线参考点,如图 5.34 所示。

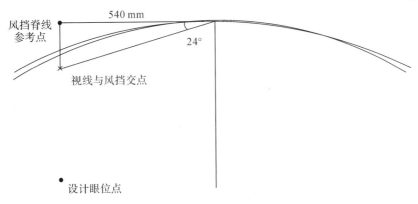

图 5.34　风挡脊线参考点示意图点

使用【直线】命令,创建脊线参考线。采用点的显示顺序方式,点栏中选择风挡脊线参考点,方向选择对称平面结束栏中输入 2 倍的设计眼位点 Y 坐标值。预览检查直线方向是否正确,点击【确定】按钮生成脊线参考线,如图 5.35 所示。

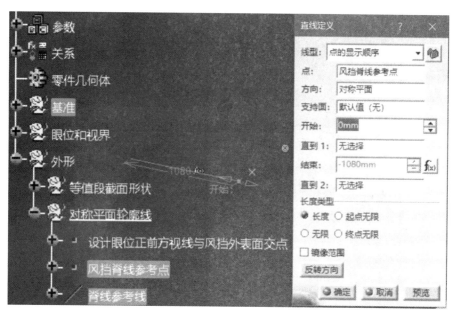

图 5.35　创建脊线参考线

使用【相交】命令,第一元素选择脊线参考线,第二元素选择对称平面,创建脊线参考线与对称平面的交点,如图 5.36 所示。此交点即为控制对称面内轮廓线在风挡处的关键点。

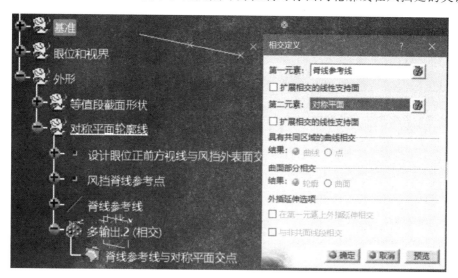

图 5.36　创建脊线参考线与对称平面交点

根据风挡垂直后掠角值 50°,创建风挡脊线。使用【直线】命令,采用曲线的角度/法线方式,曲线栏选择参考坐标系 Z 轴,点栏选择脊线参考线与对称平面交点,角度栏中输入50deg,结束栏中输入 500 mm,激活镜像范围,点击【确定】按钮生成风挡脊线,如图 5.37 所示。脊线用于控制对称面轮廓在此处的切矢方向。

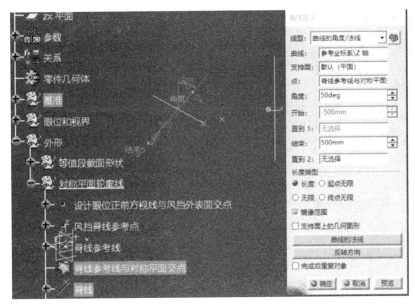

图 5.37　创建风挡脊线

使用【样条线】命令，创建上控制线。鼠标按序选择等直段控制线上侧顶点，参考坐标系 X 轴，脊线参考线与对称平面交点，脊线，飞机前点，参考坐标系 Z 轴。点击显示参数按钮，修改飞机前点处的切线张度为 0.6(参数可用于控制曲线形状)。点击【确定】按钮创建上控制线，如图 5.38 所示。

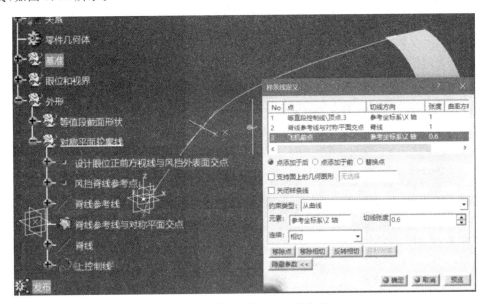

图 5.38　创建对称面内上控制线

使用同样方式，创建下控制线。鼠标按序选择等直段控制线下侧顶点，参考坐标系 X 轴，飞机前点，参考坐标系 Z 轴。点击显示参数按钮，修改飞机前点处的切线张度为 0.6(参数可用于控制曲线形状）。点击【确定】按钮创建下控制线，如图 5.39 所示。

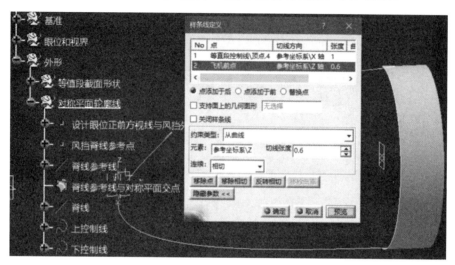

图 5.39 创建对称面内下控制线

使用【拉伸】命令分别创建上控制面和下控制面。轮廓分别选择上控制线和下控制线，方向选择对称平面，尺寸中输入 1 000 mm。点击【确定】按钮创建相应的控制面，用于后面控制外形曲面在对称面内的切矢方向，如图 5.40 所示。

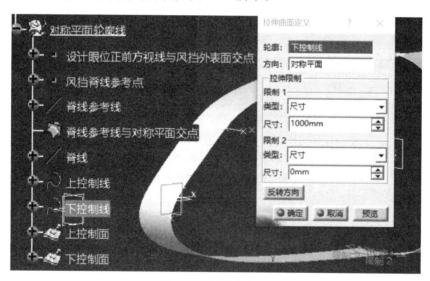

图 5.40 创建控制面

5.1.5.3 最大宽度线

由于机头存在着低头角，所以最大宽度线不是一条二维曲线，而是三维曲线。为了能够得到最大宽度线，需要使用【混合】命令来实现。而其前提是创建两个垂直方向的轮廓线。

建立等直段的最大宽度点。使用【极值点】命令，元素选择等直段控制线，方向选择参考坐标系 Y 轴，使用最小选项。点击【确定】按钮创建等直段最大宽度点，如图 5.41 所示。

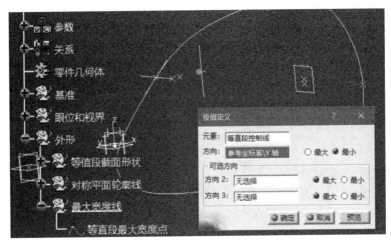

图 5.41 创建等直段最大宽度点

使用【投影】命令,将刚创建的最大宽度点投影到对称平面内,得到对称面投影点,如图 5.42 所示。

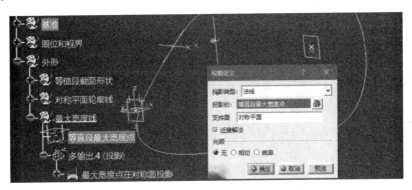

图 5.42 创建最大宽度点在对称面投影

使用【平面】命令,使用平行通过点方式创建最大宽度点所在的水平面。参考栏选择客舱地板平面,点栏选择最大宽度点在对称面的投影点,如图 5.43 所示。

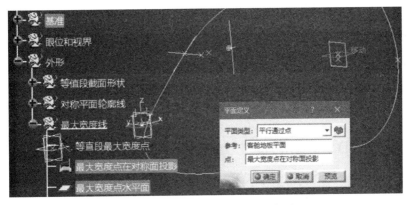

图 5.43 创建最大宽度点所在的水平面

使用【投影】命令,将刚机头前点投影到刚创建的水平面内,得到水平面投影点,如图 5.44 所示。

图 5.44 创建机头前点在水平面的投影

使用【样条线】命令,创建最大宽度线在对称面内的形状。鼠标分别选取最大宽度点在对称面投影,参考坐标系 X 轴,飞机前点。点击【确定】按钮完成对称面形状的创建,如图 5.45 所示。

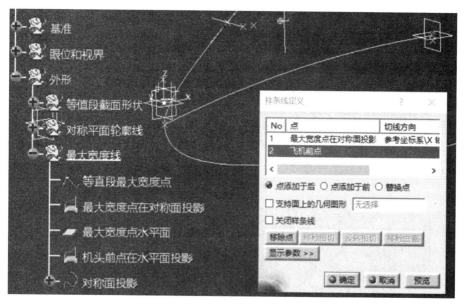

图 5.45 创建对称面投影

再次使用【样条线】命令,创建最大宽度线在水平面内的形状。鼠标分别选取等直段最大宽度点,参考坐标系 X 轴,机头前点在水平面投影,参考坐标系 Y 轴。修改张度参数为 0.6。点击【确定】按钮完成水平面形状的创建,如图 5.46 所示。

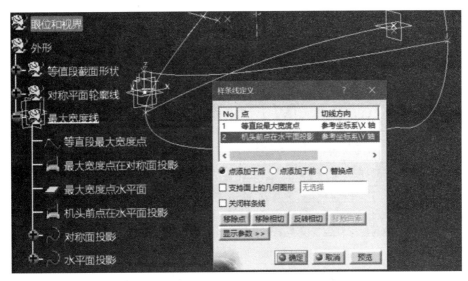

图 5.46　创建水平面投影

使用【混合】命令,选择对称面投影和水平面投影,得到最大宽度线,如图 5.47 所示。

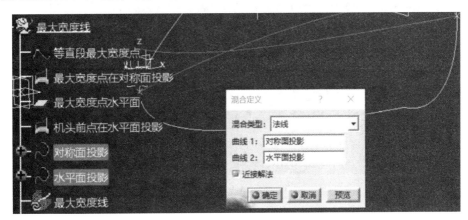

图 5.47　创建最大宽度线

相应的,使用【拉伸】命令,创建最大宽度面。选择对称面投影和水平面投影,得到最大宽度面,如图 5.48 所示。

5.1.5.4　下部外形

下部外形将使用多截面曲面创建,首先创建各截面控制曲线,引导线分别为对称面下控制线和最大宽度线。

使用【平面】命令创建第一个截面的站位,使用从平面偏移方式,参考栏选择第 0 框平面,偏移距离输入 250 mm,此值可根据机头雷达空间要求确定,此处为假设值。点击【确定】按钮创建前点后平面,如图 5.49 所示。

使用【相交】命令分别创建前点后平面与最大宽度线和下控制线的交点。第一元素选择刚创建的前点后平面,第二元素分别选择最大宽度线和下控制线,如图 5.50 所示。

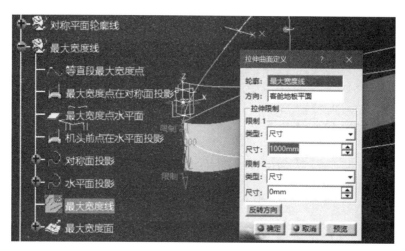

图 5.48　创建最大宽度面

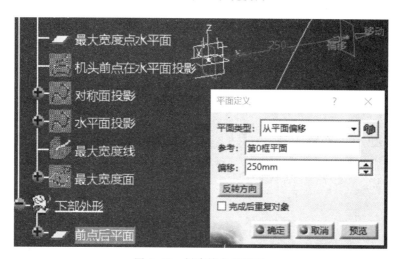

图 5.49　创建前点后平面

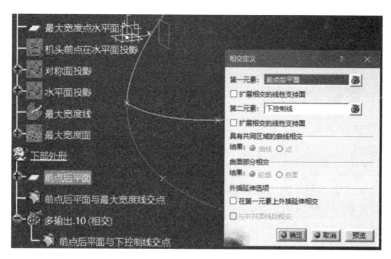

图 5.50　创建前点后平面与最大宽度线和下控制线的交点

使用【二次曲线】命令创建前点后平面内的下控制线。支持面选择前点后平面,开始点选择前点后平面与最大宽度线交点,结束点选择前点后平面与下控制线交点,相应的切线分别选择参考坐标系 Z 轴和 Y 轴。参数输入 $\sqrt{2}-1=0.414\ 2$,近似为圆弧线,如图 5.51 所示。

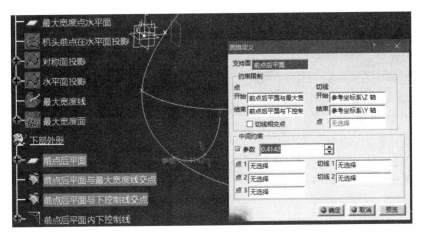

图 5.51 创建前点后平面内下控制线

重复上述方法,分别建立眼位平面与最大宽度线的交点、眼位平面与下控制线的交点和眼位平面内下控制线,如图 5.52 所示。

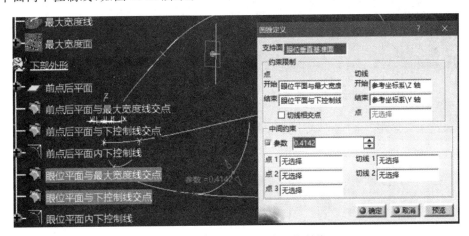

图 5.52 创建眼位平面内下控制线

使用【分割】命令,要切除的元素选择等直段控制线,切除元素选择等直段最大宽度点,激活保留双侧选项,点击【确定】按钮创建等直段下半控制线和上半控制线,如图 5.53 所示。

使用【多截面曲面】命令,依次选择等直段下半控制线,等直段,眼位平面内下控制线,前点后平面内下控制线,作为截面。鼠标点击引导线列表空白处,依次选择最大宽度线,最大宽度面,下控制线和下控制面,点击【确定】按钮创建下后部外形,如图 5.54 所示。

在机头位置还剩下一个三角面片,可使用【填充】命令,依次选择前点后平面内下控制线,下后外形,最大宽度线,最大宽度面,下控制线和下控制面。点击【确定】按钮创建下前部外形,如图 5.55 所示。

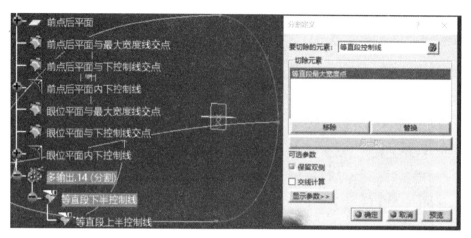

图 5.53　创建等直段下控制线

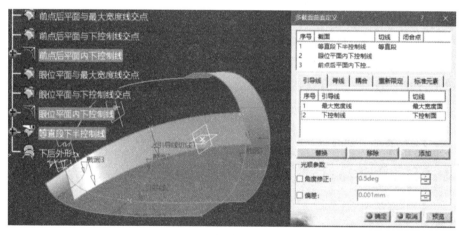

图 5.54　创建下后部外形

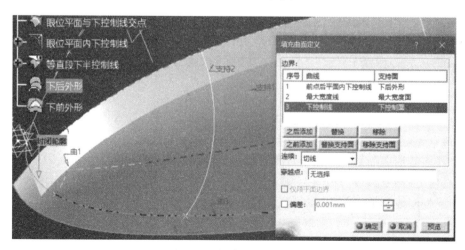

图 5.55　创建下前部外形

5.1.5.5　上部外形

上部外形的绘制与下部外形类似,为简化起见,本书只在眼位点平面位置添加了控制线,通过【相交】命令创建眼位平面与上控制线的交点,使用【二次曲面】命令创建眼位平面内上控制线,通过【多截面曲面】命令创建上后部外形曲面,通过【填充】命令创建上前部外形曲面,如图5.56所示。

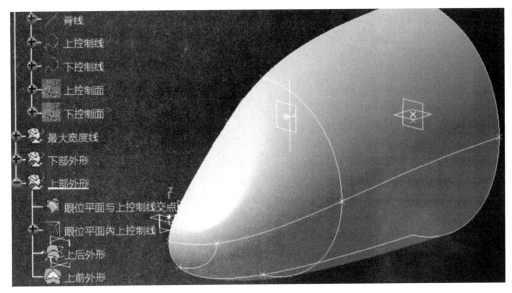

图 5.56　创建上部外形

5.1.5.6　机头左半部外形

使用【接合】命令,鼠标分别选择上后外形、上前外形、下后外形和下前外形,点击【确定】按钮创建机头左半部外形曲面,如图5.57所示。

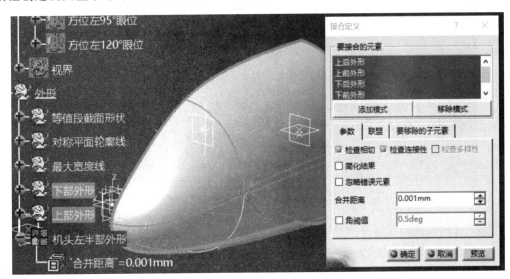

图 5.57　创建左半部外形

5.1.5.7　风挡视窗

　　风挡视窗的创建依据是前面创建的三维视界,首先使用【相交】命令,创建视界与机头外形的交线。第一元素选择 AS 580B 视界,第二元素选择刚创建的机头左半部外形,点击【确定】按钮创建视界交线,如图 5.58 所示。

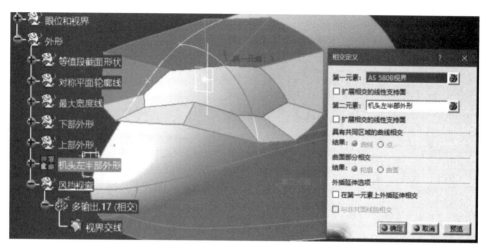

图 5.58　创建视界交线

　　根据视界交线的位置,可以创建风挡视窗的最小轮廓,此外,这个轮廓还需考虑窗户安装时的压边对视界的影响,因此还需要创建更大的轮廓,以保证最终的外视野能满足视界要求,如图 5.59 所示。

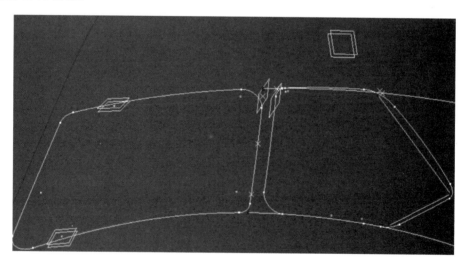

图 5.59　风挡视窗与视界的关系

　　创建风挡和视窗在满足视界要求前提下的边界线。使用【平面】命令,创建风挡右边界平面,采用从平面偏移方式,参考平面选择对称平面,偏移值根据左右风挡间立柱的宽度来确定,假设立柱宽度为 128 mm,则此处输入 64 mm。点击【确定】按钮创建风挡右边界平面,如图 5.60 所示。

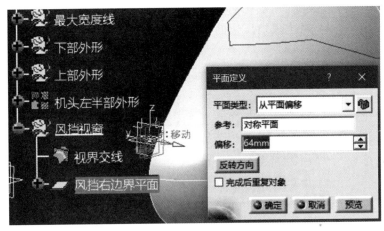

图 5.60　创建风挡右边界平面

使用【相交】命令，第一元素选择刚创建的风挡右边界平面，第二元素选择机头左半部外形，点击【确定】按钮创建风挡右边界，如图 5.61 所示。

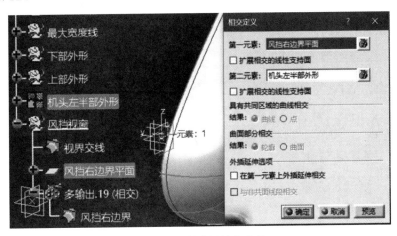

图 5.61　创建风挡右边界

使用【平面】命令的通过三点方式创建风挡上边参考平面，分别选择视界交线最上面的三个点来创建此平面，如图 5.62 所示。

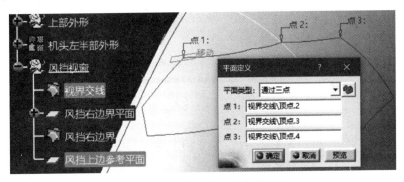

图 5.62　创建风挡上边参考平面

在此使用【平面】命令,采用从平面偏移方式,参考栏选择刚创建的风挡上边参考平面,偏移值输入 15 mm,用于考虑风挡压边的影响。点击【确定】按钮创建风挡上边界平面,如图 5.63 所示。

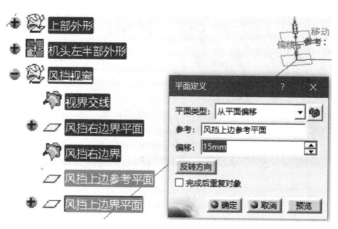

图 5.63　创建风挡上边界平面

使用【相交】命令创建风挡上边界,第一元素选择刚创建的风挡上边界平面,第二元素选择机头左半部外形,如图 5.64 所示。

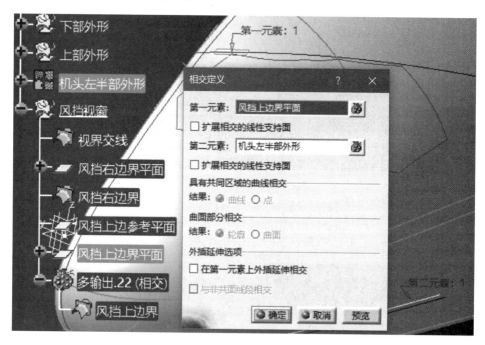

图 5.64　创建风挡上边界

重复上述过程,创建风挡下边参考平面、风挡下边界平面和风挡下边界曲线,如图 5.65 所示。

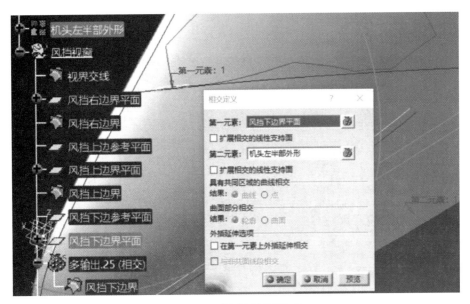

图 5.65　创建风挡下边界

风挡右边界的位置是与现有制作加工工艺水平相关的,以前机型的风挡是平面形状的,但平面形状的风挡的气动阻力是较大的;后来可以制作单曲面形状,即圆锥曲面,气动阻力有所降低。上述两种风挡均需要在现有机头三维外形曲面基础上进行局部修型。因篇幅限制,本书假设风挡要求为双曲面形状,通风窗和观察窗为同一块视窗。

使用【点】命令的在曲线上方式,创建左边界上参考点。曲线栏选择视界交线,参考点选择方位左 40°仰 35°位置的顶点(可使用鼠标在视图窗口中选择),默认使用曲线上的距离选项,长度栏中输入 120 mm,此值可在创建完风挡视窗后进行调整,使风挡视窗的尺寸满足相应的要求。点击【确定】按钮创建风挡左边上参考点,如图 5.66 所示。

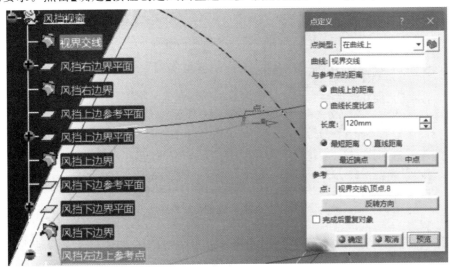

图 5.66　创建风挡左边上参考点

使用同样的方式创建风挡左边下参考点,参考点选择方位左 30°俯 17°处的顶点,长度输入 80 mm,如图 5.67 所示。

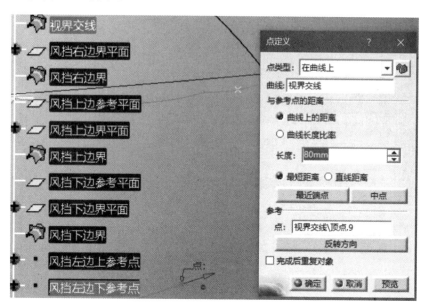

图 5.67   创建风挡左边下参考点

继续使用【点】命令,使用之间方式,点 1 选择风挡左边上参考点,点 2 选择风挡左边下参考点,比率栏中输入 0.5,即两点之间的中点。需要注意的是,此处需要将机头左半部外形选中为支持面,点击【确定】按钮后创建位于曲面上的中点,如图 5.68 所示。

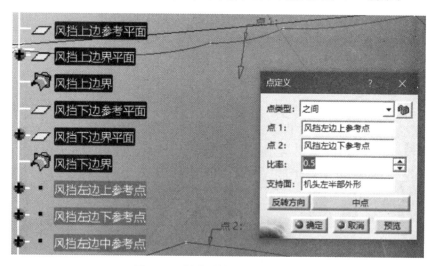

图 5.68   创建风挡左边中参考点

使用【平面】命令创建风挡左边平面,使用通过三点方式,分别选择建立的风挡左边三个参考点,点击【确定】按钮创建风挡左边平面,如图 5.69 所示。

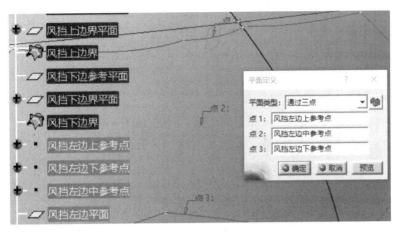

图 5.69　创建风挡左边平面

　　使用【相交】命令，第一元素选择风挡左边平面，第二元素选择机头左半部外形，点击【确定】按钮创建风挡左边界，如图 5.70 所示。

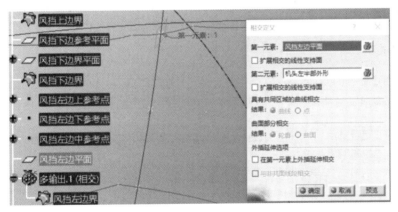

图 5.70　创建风挡左边界

　　到目前为止，风挡的四条边界均已绘制完成，接下来，开始创建侧窗的边界。首先，使用【平面】命令的从平面偏移方式，参考栏选择风挡左边平面，偏移距离输入 64 mm，此值为风挡视窗的典型结构宽度。点击【确定】按钮完成创建侧窗前边平面，如图 5.71 所示。

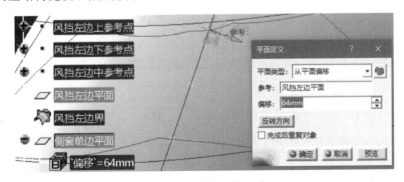

图 5.71　创建侧窗前边平面

使用【相交】命令,第一元素选择侧窗前边平面,第二元素选择机头左半部外形。点击【确定】按钮生成侧窗前边界,如图 5.72 所示。

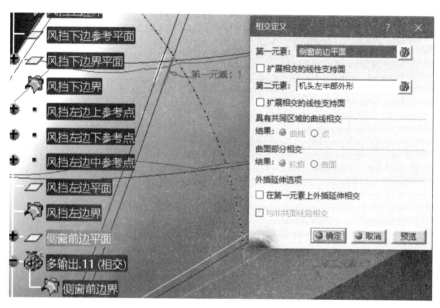

图 5.72　创建侧窗前边界

使用【直线】命令的点-点方式,点 1 和点 2 分别选择视图窗口中方位左 120°仰 15°-俯 15°视界的两个端点,其他默认,点击【确定】按钮创建视窗后上边参考线,如图 5.73 所示。

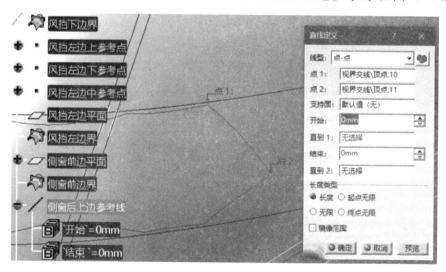

图 5.73　创建侧窗后上边参考线

使用【平面】命令,使用角度/平面法线的方式,旋转轴选择刚建立的侧窗后上边参考线,参考栏选择机头的对称平面,角度栏中输入 90deg,点击【确定】按钮创建侧窗后上边参考平面,如图 5.74 所示。

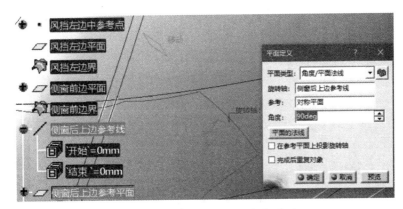

图 5.74　创建侧窗后上边参考平面

使用【平面】命令创建侧窗后上边界平面,选择从平面偏移方式,参考栏选择侧窗后上边参考平面,偏移距离此处可先输入一个数值,比如 30 mm,下一步创建出侧窗后上边界后,通过测量视界曲线与边界之间的最小距离来确定此处的数值,如图 5.75 所示。

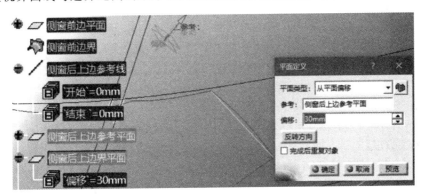

图 5.75　创建侧窗后上边界平面

使用【相交】命令创建侧窗后上边界,第一元素选择侧窗后上边界平面,第二元素选择机头左半部外形,如图 5.76 所示。

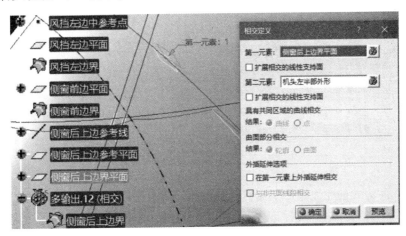

图 5.76　创建侧窗后上边界

侧窗后上边界创建完成后,需要使用【测量】命令量一下视窗边界和侧窗后上边界之间的最小距离,根据最小距离值调整侧窗后上边界平面中偏移的距离。使侧窗边界与视窗边界之间的最小距离满足 15 mm 以上的结构压边要求。如图 5.77 所示,测量的最小距离约为 11 mm,因此需要调整侧窗后上边界平面中的偏移距离为 34 mm 才能满足要求。

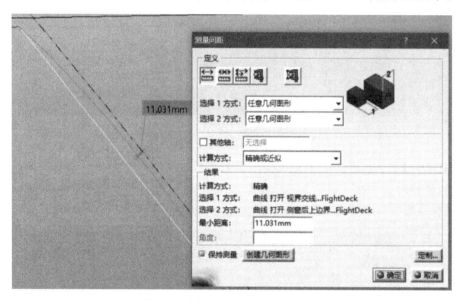

图 5.77　侧窗后上边界与视界曲线之间的最小距离测量

鼠标双击特征树中侧窗后上边界节点,弹出【平面定义】对话框,将偏移距离修改为 34 mm,点击【确定】按钮关闭对话框。此时可看到测量的最小距离也随着进行了更新,如图 5.78 所示。如果没有更新的话,鼠标右键点击特征树总测量间距节点或者视图窗口中测量数据标识,在弹出的上下文菜单中选择本地更新命令,进行强制更新操作。

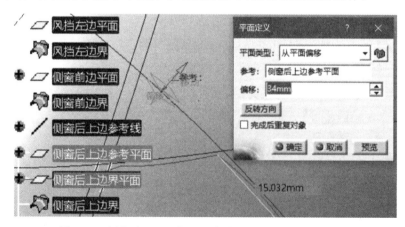

图 5.78　侧窗后上边界与视界曲线之间更新后的最小距离

采用同样的方式创建侧窗后下边界,如图 5.79 所示。其中风挡和视窗的上边界和下边界共用一条曲线,因此需要将它们先进行分割,然后再创建风挡和视窗的边界圆角。

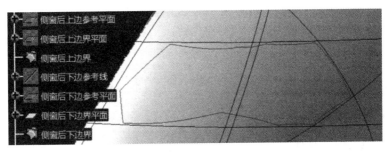

图 5.79　风挡与侧窗的边界线

使用【分割】命令,要切除的元素栏中选择风挡上边界,切除元素选择风挡左边界,激活保留双侧选项,点击【确定】按钮分别创建侧窗部分上边界和风挡部分上边界,如图 5.80 所示。使用相同方式创建侧窗部分下边界和风挡部分下边界。

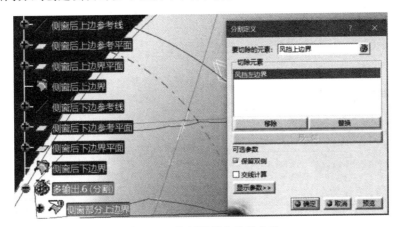

图 5.80　分割风挡上边界曲线

接下来开始创建风挡和侧窗的边界圆角,使用【圆角】命令,采用支持面上圆角类型,元素 1 选择风挡右边界,元素 2 选择风挡部分上边界,分别激活修剪元素 1 和修剪元素 2,支持面选择机头左半部外形,半径输入 80 mm,查看视图窗口中的结果,使圆角结果即高亮显示的结果位于风挡区域内部,根据提示可使用【下一个解法】按钮选择正确的结果,也可使用鼠标在视图窗口中直接选择正确的结果序号,如图 5.81 所示。

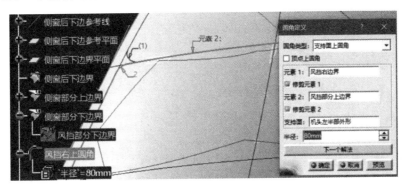

图 5.81　创建风挡右上圆角

继续使用【圆角】命令,元素 1 选择刚创建的风挡右上圆角,元素 2 选择风挡部分下边界,其他选择与上一步相同,点击【确定】按钮创建风挡右下圆角,如图 5.82 所示。

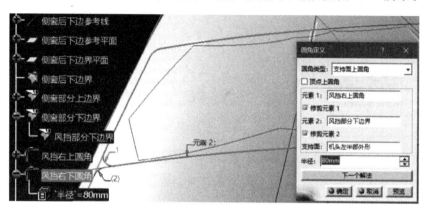

图 5.82 创建风挡右下圆角

重复上述步骤创建风挡左下圆角,但需要注意的是取消修剪元素 2 选项,如图 5.83 所示。

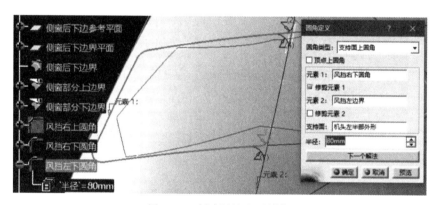

图 5.83 创建风挡左下圆角

创建左上圆角时则需继续激活修剪元素 2,由于风挡左边界在上一步时被自动隐藏,可在特征树中找到相应的节点进行选择,如图 5.84 所示。

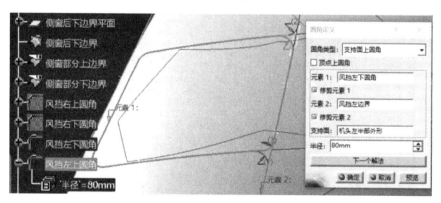

图 5.84 创建风挡左上圆角

至此,风挡的四个圆角均已完成,但在左下角位置还多出一部分曲线,如图 5.85 所示,此时可使用【分割】命令将多余的部分去掉。

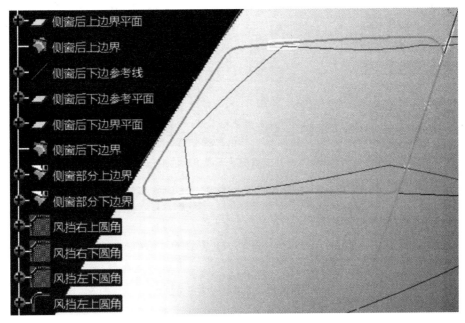

图 5.85　风挡左上圆角创建完成后风挡边界的形态

使用【分割】命令,要切除的元素选择风挡左上圆角,切除元素选择曲线中多余部分的端点,点击【确定】按钮创建风挡视区边界,如图 5.86 所示。

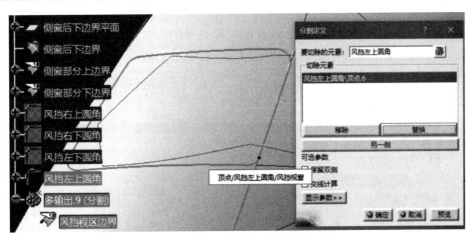

图 5.86　分割去掉风挡边界多余的曲线

采用同样方式,可以创建侧窗视区边界。需要注意的是,在创建侧窗下圆角时,圆角半径输入 300 mm,如图 5.87 所示。生成侧窗下圆角后,侧窗视区曲线会出现交叉点。此时如果继续使用【圆角】命令创建侧窗后下圆角,会弹出警告对话框,如图 5.88 所示。因此,在进行侧窗右后圆角创建之前需要对现有视区边界进行处理。

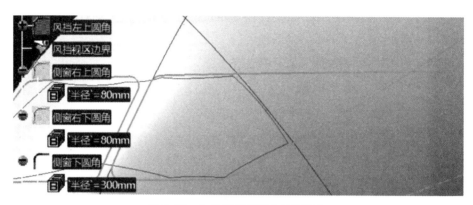

图 5.87　生成侧窗下圆角后的形态

图 5.88　生成侧窗后下圆角时的无解警告

　　使用【分割】命令将视区边界多余部分去掉,要切除的元素选择侧窗下圆角,切除元素选择侧窗后上边界。点击确定按钮创建侧窗主要部分曲线,如图 5.89 所示。

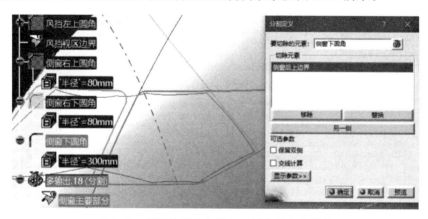

图 5.89　使用分割命令确定视区曲线多余部分

　　至此,风挡和侧窗的视区边界创建完毕。最终生成的风挡和侧窗视区边界如图 5.90 所示。

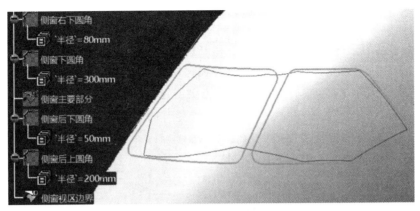

图 5.90　最终生成的风挡和侧窗视区边界

使用【分割】命令,要切除的元素选择机头左半部外形,切除元素选择风挡视区边界,激活保留双侧选项,点击【确定】按钮生成风挡视区及机头剩余部分外形,如图 5.91 所示。

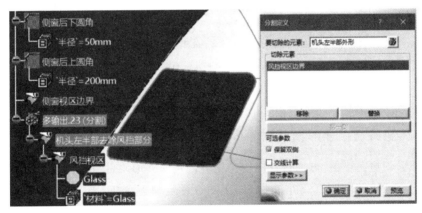

图 5.91　机头左半部去除风挡视区

继续使用【分割】命令,要切除的元素选择机头左半部外形,切除元素选择侧窗视区边界,激活保留双侧选项,点击【确定】按钮生成侧窗视区及机头剩余部分外形,如图 5.92 所示。

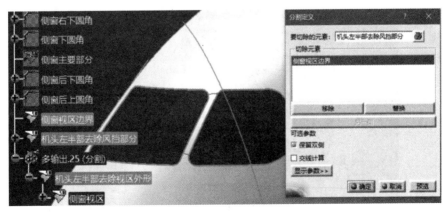

图 5.92　机头左半部去除风挡侧窗视区后的外形

5.1.5.8　机头外形

机头左半部风挡视区、侧窗视区和剩余部分三维外形已经创建完毕。接下来使用【对称】命令创建机头右半部分相应曲面。首先激活【对称】命令,弹出【对称定义】对话框,点击在元素栏右侧的【组】图标,然后鼠标依次选择风挡视区、侧窗视区和机头左半部去除视区外形。参考栏选择对称平面,然后点击【确定】按钮创建机头右半部分相应曲面,如图 5.93所示。

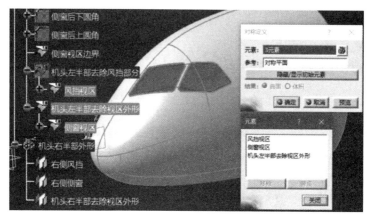

图 5.93　对称创建机头右半部外形

使用【接合】命令将相关曲面全部接合成一个完整曲面,用于后期分析使用。

5.1.6　机头三维外形曲面质量分析

机头外形创建完毕后,可通过视图窗口检查创建的外形质量,也可通过一些曲面质量分析功能进行定性或者定量的分析。比较常用的有环境映射分析、高光分析、高光线分析、曲面曲率分析和切面曲率分析等,如图 5.94~图 5.98 所示。这些分析功能一般在自由造型模块中可以访问。通过这些质量分析功能,可以看出机头三维外形曲面的切矢连续性比较好。各处均满足曲率半径为正的要求。

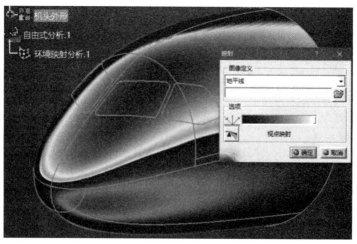

图 5.94　环境映射分析

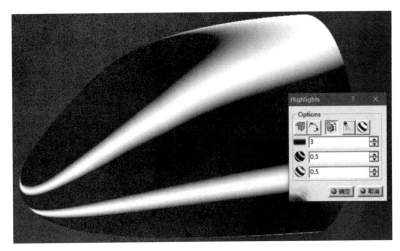

图 5.95　高光分析

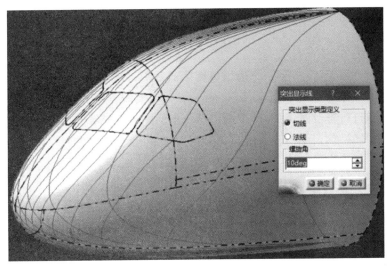

图 5.96　高光线分析

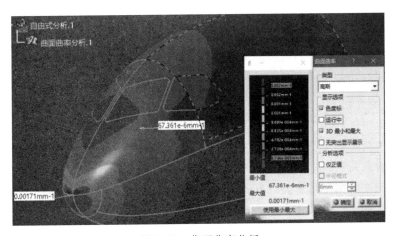

图 5.97　曲面曲率分析

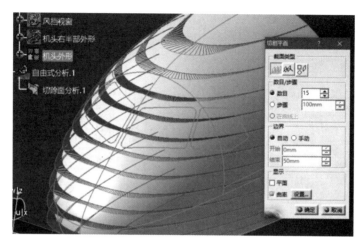

图 5.98　切面曲率分析

5.2　机身机尾设计

在进行机头外形设计过程中,曾根据等直段的截面形状参数进行了绘制。等直段参数见表 5.2,绘制的等直段控制线如图 5.31 所示。为了实现参数化建模,在对机头外形模型中的等直段形状进行修改时,机身的截面形状及机尾的外形能够同步更新,需要通过装配设计模块实现它们之间的关联。首先介绍机身设计要求;接下来,介绍进行关联的方法;最后,介绍中机身和机尾的设计过程。

5.2.1　机身设计要求

民用飞机机身设计要同时兼顾气动外形和内部装载,设计主要考虑以下几点。

5.2.1.1　使用要求

(1)机身阻力尽可能低。机身阻力占全机零升阻力的 $20\%\sim40\%$,机身直径增大 10%,全机总阻力将增大 $1.5\%\sim3\%$。

(2)机身气动外形以流线型为最佳,以期望获得最小阻力。但圆柱形中段最为常用,“8”字形(由两个半圆构成,上大下小或上小下大)是圆柱形的发展。这种设计能简化结构,降低制造难度,充分利用内部空间,增大座位布置的灵活性,又便于机身拉长与缩短的系列化发展。

(3)机身长径比(长度/直径)影响机身阻力、尾翼面积以及机身刚度,实际上机身最佳外形取决于重量而非阻力。只要气动力允许,长径比不宜过大,通常不超过 20。

(4)在满足内部舒适性安排具有相当竞争力的前提下,尽可能保持机身小而紧凑以降低成本。

(5)蒙皮对载荷的包容应使机身在空气中的浸润面积最小,并尽可能避免气流过早分离,由此获得最小的机身宽度和最有效的载荷空间。

5.2.1.2　机身剖面设计要求

(1)机身剖面应为单圆或多段圆弧相切过渡。

（2）靠窗户座位上的乘客与侧壁应留有一定的间隙，以保证乘客身体各部位，特别是头部具有一定的活动空间，此间隙在头部不小于 50 mm，在肩部不小于 25 mm。

（3）在乘客过道处，从站立的标准人头顶到客舱天花板之间应留有一定的间隙，此间隙一般不小于 75 mm。

5.2.1.3　客舱布置要求

客舱布置的基本要求是给乘客提供一个安全和舒适的乘坐环境，并提供相应的餐饮和娱乐服务，舱门和应急出口布置（包括形式、数量及位置）应符合安全性要求，乘客服务设施（如厨房、盥洗室、衣帽间等）应布置合理。

5.2.1.4　货舱布置要求

（1）货舱的设计应保证在满足设计装载的要求的前提下，还应留有一定的余量，以便增加货运能力。

（2）货舱的设计应使其空间的有效利用率最高。

（3）货舱若采用集装箱或货物托盘装载时，其布置应有一定的灵活性，以便兼容两种以上规格的集装箱或货物托盘。

5.2.1.5　适航要求

驾驶舱与客货舱布置时需要满足 CCAR 25 部、CCAR 31 部等适航规章，设计时需要考虑相关要求。

5.2.2　机头外形与机身外形之间的更新关联

选择【开始】→【机械设计】→【装配设计】模块，进入装配设计环境，可以在特征树的根节点上点击鼠标右键，选择【属性】命令，在弹出的【属性】对话框中设置装配体的名称，点击【确定】按钮，可得装配设计环境如图 5.99 所示。具体方法囿于篇幅限制，这里不再赘述。

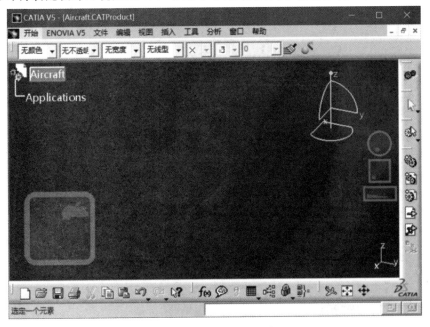

图 5.99　装配设计环境

点击【现有部件】命令图标,弹出【文件选择】对话框,找到先前建立好的机头三维外形数模,点击【打开】按钮,软件将载入机头模型,如图 5.100 所示。

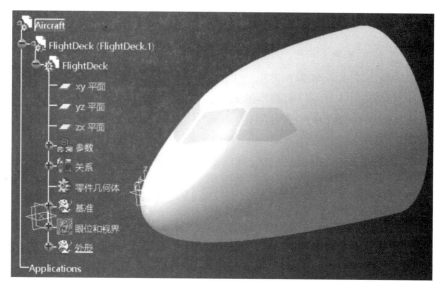

图 5.100　装配环境下载入机头三维外形数模

鼠标左键双击特征树上的 FlightDeck 节点,软件切换到零件设计模块,同时 FlightDeck 节点变为蓝色高亮显示。展开特征树,使用 Ctrl 按键和鼠标左键,在特征树中选择坐标原点、参考坐标系、第 0 框平面、对称平面、客舱地板平面和等直段控制线等,然后选择菜单【工具】→【发布】命令,弹出发布对话框,并提示是否将选择的特征进行发布,点击【是】按钮进行发布,如图 5.101 所示。

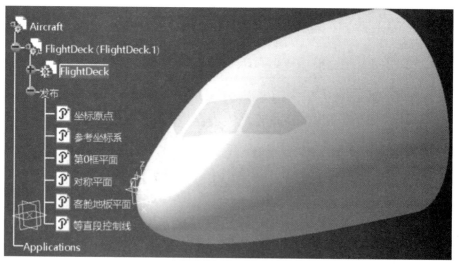

图 5.101　发布需要进行参考的特征对象

鼠标左键双击特征树根节点 Aircraft,软件返回到装配设计模块。使用【零件】命令新建一个 Part,弹出定义新建零件原点对话框,点击【否】按钮,软件在装配体中插入一个新的零件。将零件名称改为 Cabin,如图 5.102 所示。

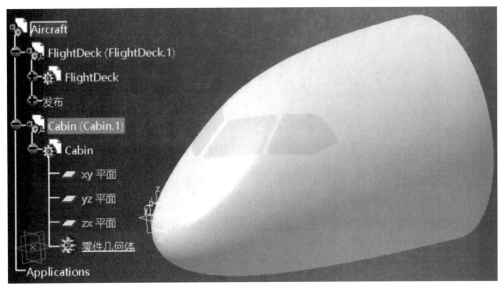

图 5.102　装配体中插入一个新的零件

鼠标双击特征树中的 Cabin 节点,软件进入零件设计模块。使用【插入】菜单中的【几何图形集】命令创建基准图形集节点。使用 Ctrl 或 Shift 按键和鼠标左键在特征树上选择刚建立的 6 个特征对象的发布节点,点击【编辑】菜单中的【复制】命令,或者点击鼠标右键使用上下文菜单的【复制】命令,或者使用 Ctrl+C 快捷键,复制这些发布对象,然后点击【编辑】菜单中的【选择性粘贴】命令,或者在刚建立的基准图像集上点击鼠标右键,在弹出的上文菜单中点击【选择性粘贴】命令,弹出【选择性粘贴】对话框,如图 5.103 所示。

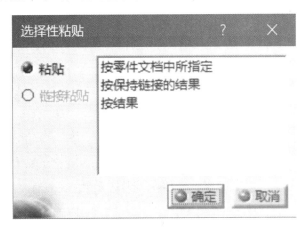

图 5.103　【选择性粘贴】对话框

选择按保持链接的结果选项,点击【确定】按钮,软件创建对机头特征对象发布的链接,如图 5.104 所示。

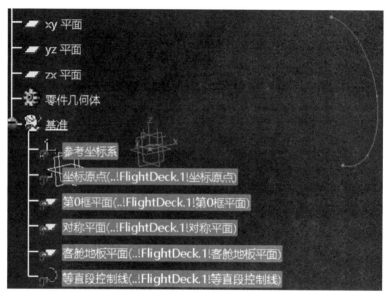

图 5.104　在中机身模型中创建机头部分特征的发布链接

点击【文件】菜单中的【保存管理】命令,弹出【保存管理】对话框,可以看到,其中机头三维外形数模文件 FilghtDeck 的状态为已修改,装配模型 Aircraft 和中机身模型 Cabin 文件的状态为新建,选择 Aircraft.CATProduct 项,点击【另存为】按钮保存装配体模型数据,如图 5.105 所示。

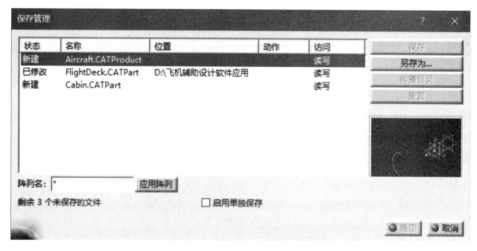

图 5.105　【保存管理】对话框

接下来,即可根据中机身和机尾的形状参数开始建立机尾三维外形模型工作。

5.2.3　机身机尾形状参数

根据飞机总体概要设计结果,机身和机尾的参数见表 5.4。

表 5.4　机身机尾外形参数

参　数	取　值
中机身长度 /mm	20 969
中机身截面形状	与机头等直段截面形状相同
机尾长度 /mm	12 030
尾部上翘角 /(°)	6.2
擦地角 /(°)	13.0
尾部端面高度 /mm	680
尾部端面宽度 /mm	500

5.2.4　中机身三维外形绘制

使用【拉伸】命令,轮廓栏选择等直段外形,方向栏中选择第 0 框平面,尺寸中输入 20 969 mm,点击【确定】按钮创建中机身左半部外形,如图 5.106 所示。

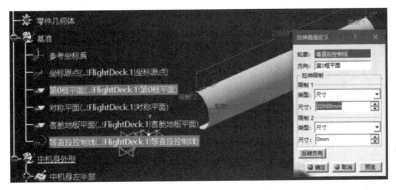

图 5.106　创建中机身左半部外形

使用【对称】命令创建中机身右半部外形,元素栏中选择刚创建的中机身左半部外形,参考栏中选择对称平面,如图 5.107 所示。

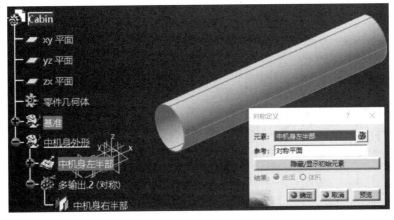

图 5.107　创建中机身右半部外形

使用【接合】命令可将中机身的左半部和右半部外形接合在一起。至此，中机身创建完毕。接下来可以创建机尾的三维外形模型。

5.2.5 机尾三维外形绘制

5.2.5.1 创建机尾基准

机尾三维外形的建立类似于机头三维外形的建立过程。在开始建立机尾三维外形时，需要关联中机身后端。首先，在中机身零件中使用【边界】命令提取中机身等直段控制线，可使用边界选项限定仅提取其中一般的边界曲线。然后使用【工具】菜单中的【发布】命令进行发布，供创建机尾外形时参考，如图 5.108 所示。

图 5.108 创建中机身等直段控制线并发布

在特征树中双击 Aircraft 节点，软件返回装配设计模块，使用【零件】命令添加机尾零件，打开属性对话框将名字改为 AfterBody。双击 AfterBody 节点，进入零件设计模块，现在开始进行机尾三维外形设计。

首先创建机尾基准，包括在创建机头外形时建立的坐标原点、参考坐标系、第 0 框平面、对称平面、客舱地板平面和创建中机身时建立的中机身等直段控制线。分别复制各个特征的发布节点，然后在机尾模型中基准集合节点点击鼠标右键，在弹出的上下文菜单中点击【选择性粘贴】命令，选择按保持链接的结果选项，点击【确定】按钮分别建立对这些特征发布的链接，如图 5.109 所示。

图 5.109 创建机尾基准

5.2.5.2　创建机尾参考

分别建立外形图像集和机尾参考图像集,然后使用【平面】命令,使用通过平面曲线方式,曲线栏中选择中机身等直段控制线,点击【确定】按钮创建机尾前部参考面,如图 5.110所示。

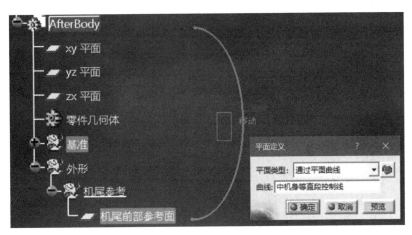

图 5.110　创建机尾前部参考面

再次使用【平面】命令,选择从平面偏移方式,参考栏选择机尾前部参考面,偏移距离输入 12 030 mm。点击【确定】按钮创建机尾后部参考面,如图 5.111 所示。

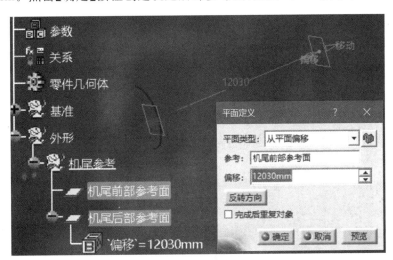

图 5.111　创建机尾后部参考面

机尾前部和后部参考面创建好后,使用【极值点】命令创建最大宽度线的前部端点,元素栏选择中机身等直段控制线,方向选择对称平面,激活最小选项,点击【确定】按钮创建最大宽度前点,如图 5.112 所示。

使用【投影】命令,选择法线方式,选择最大宽度前点作为投影的元素,支持面选择对称平面,其他默认,点击【确定】按钮创建机尾前部参考点,如图 5.113 所示。

图 5.112　创建最大宽度前点

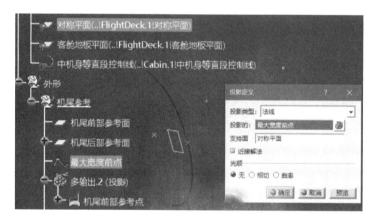

图 5.113　创建机尾前部参考点

使用【点】命令,采用在平面上方式,平面栏选择对称平面,参考点选择机尾前部参考点, H 方向输入－12 030 mm,负号代表方向与选择参考平面 H 方向相反,V 方向输入"tan(尾部上翘角)×机尾长度",如图 5.114 所示。

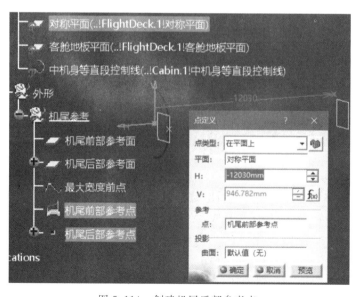

图 5.114　创建机尾后部参考点

5.2.5.3　创建尾部端面

接下来绘制尾部端面的轮廓。首先使用【点】命令,采用坐标方式,参考点选择机尾后部参考点,轴系选择参考坐标系,输入坐标(0 mm,0 mm,340 mm),点击【确定】按钮创建尾部上控制点。采用相同的方式分别创建尾部下控制点(0 mm,0 mm,−340 mm)和最大宽度厚点(0 mm,−250 mm,0 mm),如图 5.115 所示。

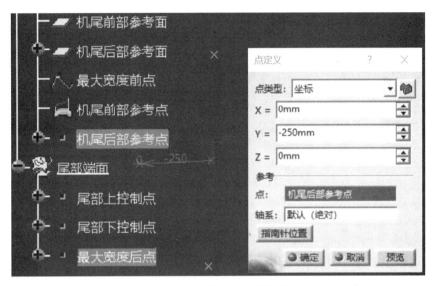

图 5.115　创建尾部端面控制点

使用【二次曲线】命令创建尾部端面上控制线和下控制线,支持面选择机尾后部参考面,开始点和结束点分别选择刚创建的机尾后部参考点,并选择相应的切矢方向,调整参数使曲线形状满足尾部轮廓要求。点击确定按钮创建尾部端面轮廓线,如图 5.116 所示。

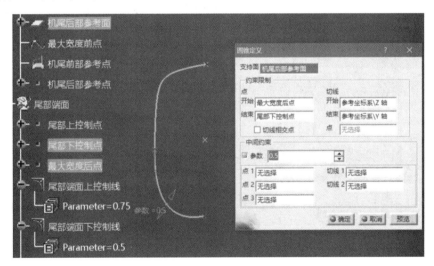

图 5.116　创建尾部端面轮廓线

使用【接合】命令将尾部端面的上控制线和下控制线接合为一条曲线,如图 5.117 所示。

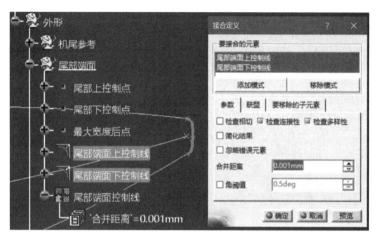

图 5.117　创建尾部端面控制线

5.2.5.4　创建承力面

接下来创建尾部客舱增压承力框处控制轮廓,设计参数未给出承力框位置,本书先假设距离机尾前部参考面 2 000 mm,承力框为圆形,半径与机身等直段上圆弧半径相同为 1 975 mm。首先使用【平面】命令采用创建采用从平面偏移方式创建承力框参考面,然后使用【投影】命令创建承力框上部参考点,其中投影类型选择法线方式,投影的特征选择中机身等直段控制线的上部顶点,支持面选择承力框参考面,如图 5.118 所示。

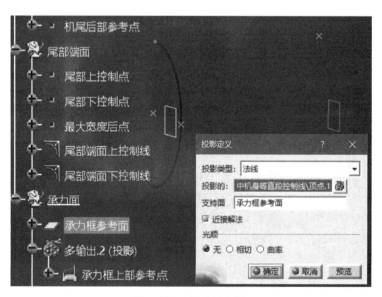

图 5.118　创建承力框

使用【点】命令坐标方式,参考点选择承力框上部参考点,参考轴系选择参考坐标系,输入坐标(0 mm,0 mm,−1 975 mm)。点击【确定】按钮创建承力框圆心,如图 5.119 所示。

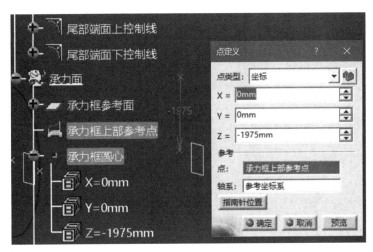

图 5.119 创建承力框圆心

使用【圆】命令创建承力框控制线,类型选择中心和点方式,中心选择承力框圆心,点选择承力框上部参考点,支持面选择承力框参考面,开始栏输入－180deg,结束栏输入 0deg,点击【确定】按钮创建承力框控制线,并在视图窗口中查看创建的图形是否正确,如图 5.120所示。

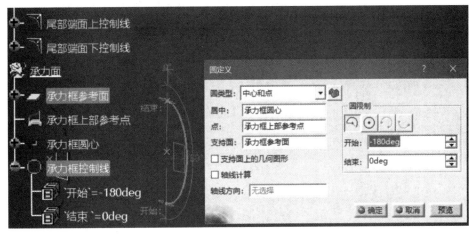

图 5.120 创建承力框控制线

至此,机尾的前部、后部和承力框处的轮廓已创建完毕。接下来创建对称面控制线和最大宽度线。

5.2.5.5 创建对称面外形

使用【样条线】命令创建对称面控制线。分别选择中机身等直段控制线的上部顶点、承力框上部参考点和尾部上控制点。其中前两个点选择切矢方向,分别选择机尾前部参考面和承力框参考面,如图 5.121 所示。

使用同样方式,创建对称面下控制线,分别选择中机身等直段控制线的下部端点、承力框控制线的下部端点和尾部下控制点。第一个点选择切矢方向，其他不选，如图 5.122 所示。

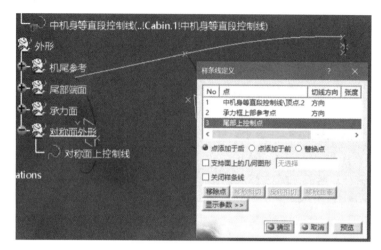

图 5.121　创建对称面上控制线

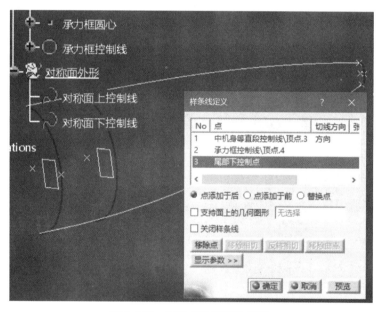

图 5.122　创建对称面下控制线

5.2.5.6　创建最大宽度线

接下来创建最大宽度线，首先在承力面集合中创建承力面的最大宽度点。使用【投影】命令采用沿某一方向方式，投影的对象选择承力框圆心，支持面选择承力框控制线，方向栏选择对称平面，点击【确定】按钮创建承力框最大宽度点，如图 5.123 所示。

使用【样条线】命令，分别选择最大宽度前点、承力框最大宽度点和最大宽度后点，其中第一个点和第三个点选择切线方向为机尾前部参考面，第三个点的张度设置为 0.5，调节尾部曲线形状。点击【确定】按钮创建最大宽度线,如图 5.124 所示。

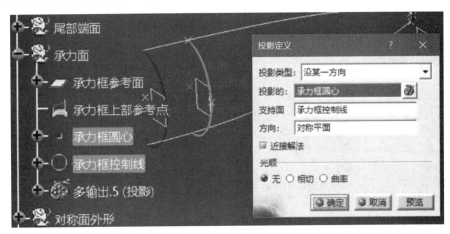

图 5.123　创建承力框最大宽度点

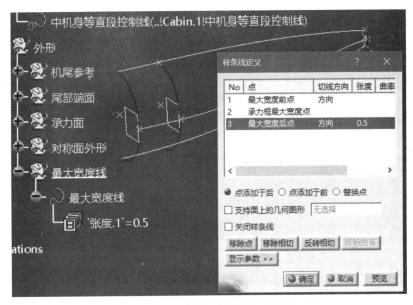

图 5.124　创建承力框最大宽度点

5.2.5.7　创建机尾外形

使用【拉伸】命令分别创建上控制线切面、下控制线切面、最大宽度线切面和等直段切面。然后使用【多截面曲面】命令创建机尾三维外形,在截面栏中分别选择中机身等直段控制线、承力框控制线和尾部端面控制线,其中第一个截面选择等直段切面作为切线方向;在引导线栏分别选择对称面上控制线、对称面下控制线和最大宽度线,切线分别选择上控制线切面、下控制线切面和最大宽度面。其他选项默认,点击【确定】按钮创建机尾左半部外形曲面,如图 5.125 所示。

最后使用【对称】命令创建机尾右半部外形,使用【接合】命令创建机尾三维外形,如图

5.126 所示。

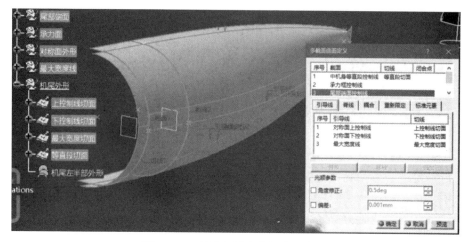

图 5.125　创建机尾左半部外形曲面

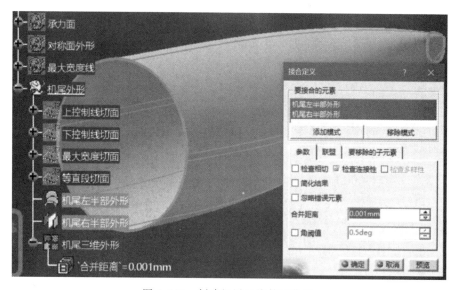

图 5.126　创建机尾三维外形曲面

5.3　小　　结

实际机身设计过程中为了满足内部机载设备和任务载荷装载的需求，以及减少尾翼和机尾之间的气动干扰阻力，相应关键位置的控制轮廓要求比较细致，本书为简化演示创建机头和机尾三维外形的过程，只使用了最少的关键站位的控制轮廓来控制三维外形形状。

第6章 飞机机翼三维外形设计

飞机机翼是提供飞机升力的主要部件,机翼主要包括基本翼和翼尖小翼两部分。在进行机翼的三维外形设计时,机翼展向不同关键位置的翼型已经通过气动设计确定下来,如何正确地将确定的翼型导入并生成三维外形是非常关键的步骤。绘制好的三维机翼将用于进行三维气动分析。

6.1 机翼形状参数

机翼关键参数众多,主要包含平面形状参数、翼型参数和各类控制布局的相关参数。在确定这些参数后,即可进行机翼三维外形设计。

6.1.1 平面形状参数

机翼主要平面形状参数见表 6.1,根据这些参数,可以绘制基本机翼平面形状。

表 6.1 机翼平面形状数据

参　数	取　值
根弦长 /mm	7 253
尖弦长 /mm	1 320
半翼展 /mm	17 900
1/4 弦后掠角 /(°)	25.0
内翼前缘后掠角 /(°)	30.5
内翼后缘后掠角 /(°)	4.541
外翼前缘后掠角 /(°)	27.514
外翼后缘后掠角 /(°)	16.134
前缘转折点位置(展向)/mm	7 430
后缘转折点位置(展向)/mm	6 105

根据以上参数,可以确定基本机翼的 6 个控制点的坐标(坐标系如图 6.1 所示,坐标原点在 0 点):

0(0.000，0.000)　　　　　1(0.000，7 253)

2(6 105，7 738)　　　　　3(17 900，11 150)

4(17 900，9 830)　　　　　5(7 413，4 377)

其中 0,1,2,3,4,5 为机翼控制点的点号。

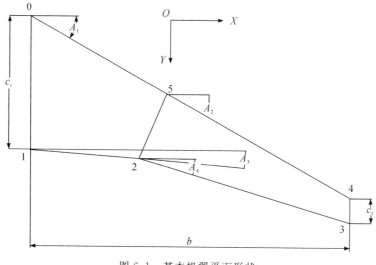

图 6.1　基本机翼平面形状

图 6.1 中：A_1,A_2,A_3 和 A_4 分别表示内翼前缘后掠角、外翼前缘后掠角、内翼后缘后掠角和外翼后缘后掠角；c_r 和 c_t 分别表示根弦长和尖弦长；b 表示半翼展长。

6.1.2　翼型参数

机翼设计时需要多个不同展向站位的翼型数据，此处仅给出机翼根部、尖部和转折处的翼型，其他站位翼型从略。机翼根部选用一种相对厚度为 15％ 的超临界翼型；转折处过渡为 NASA SC（2）系列的超临界翼型，相对厚度为 12％，翼尖选用一种相对厚度为 10.5％ 的 NASA SC（2）系列翼型。翼型的剖面形状如图 6.2 所示。

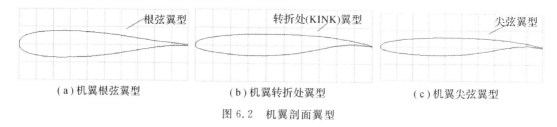

（a）机翼根弦翼型　　　（b）机翼转折处翼型　　　（c）机翼尖弦翼型

图 6.2　机翼剖面翼型

6.1.3　其他参数

除机翼平面形状参数和翼型参数外，还有机翼的相对安装姿态，即扭转角、安装角和上反角等重要参数，以及翼尖设计参数，具体参数见表 6.2。

表 6.2　机翼其他数据

参　数	取　值
机翼面积 /m²	133
展弦比	9.636
尖削比	0.182
平均相对厚度/(%)	13.5
内段机翼扭转角 /(°)	−3
外段机翼扭转角 /(°)	−1
安装角 /(°)	3
上反角 /(°)	5
半翼展(含翼尖) /mm	18 850
翼尖展向长度 /mm	3 102
翼尖前缘水平面投影半径 /mm	7 238
翼尖前缘横剖面投影半径 /mm	7 646
翼尖翼型弦长 /mm	33

6.2　翼型导入方法

CATIA 软件中翼型导入方法主要有三种：基于 DXF 文件导入翼型方法、基于 "Digitized Shape Editor"工作台导入翼型方法和基于宏命令导入翼型方法，下面分别予以介绍。此外，不同的导入方法对翼型数据的文件的格式要求也不相同，需要特别注意。

6.2.1　翼型数据文件

机翼的翼型一般是设计人员根据飞机气动分析与设计过程确定的，如果未进行翼型设计过程，则可以选用 Profili 软件翼型库中的现有翼型，使用 Profili 软件导出的文件格式可选择 ∗.dxf 或 ∗.txt 两种格式，需要注意的是 Profili 软件导出数据为二维数据，当使用 "Digitized Shape Editor"工作台或宏命令方式导入翼型时，需要将二维数据转换为三维数据。

6.2.2　基于 DXF 文件导入翼型方法

常见的翼型设计与分析软件有 Profili、MSES、DesignFoil、XFoil、JavaFoil 和 Pablo 等。其中 Profili 软件是一款专业的飞机机翼设计软件，拥有 2 200 多种机翼翼型数据库，可进行翼型设计、空气动力特性分析、绘制翼肋、合并两个机翼和新的机翼处理等，内置 2 200 多种空气动力学特性的翼型，可以轻松制作出不同的机翼。

接下来以软件中内置的 CLARK Y 翼型为例，介绍基于 DXF 文件导入翼型的方法。在 Profili 软件环境下点击左上角翼型图标，如图 6.3 所示，打开翼型库。

图 6.3　Profili 软件

在弹出的翼型库窗口中,找到【按名字过滤】按钮和其右侧的文本框,在文本框中输入"CLARK",软件将自动过滤出名称中包含"CLARK"的所有翼型。从左侧选择框中找到"CLARK Y",单击使其选中,如图 6.4 所示,点击【开始用所选翼型打印翼肋或模板】,打开【开始打印】对话框。

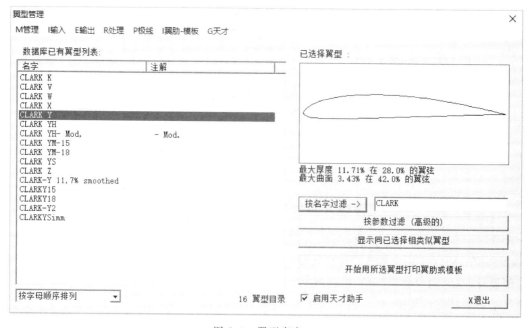

图 6.4　翼型库窗口

在【开始打印】对话框中,只在"绘出弦线"前打钩,选择确定,如图 6.5 所示。

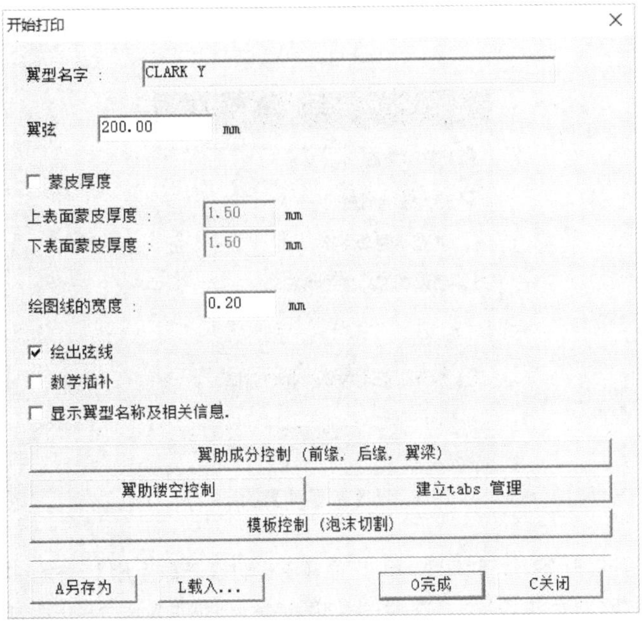

图 6.5　【开始打印】对话框

在翼型模板生成后,点击【DXF 导出】按钮,将翼型导出为 DXF 文件,如图 6.6 所示。

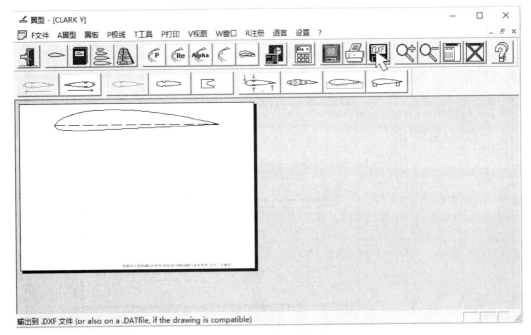

图 6.6　DXF 格式文件导出

翼型文件导出成功后,打开 CATIA 软件,通过菜单【开始】→【形状】→【创成式外形设计】命令进入零件设计模块。弹出【新零件】对话框,如图 6.7 所示。输入零件名称,也可采用默认值,后期进行修改。【启用混合设计】选项用于设置实体特征集合中能否包含几何图形集。

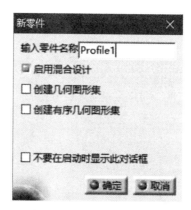

图 6.7　【新零件】对话框

下面利用草图工具开始绘制翼型,单击菜单【文件】→【打开】命令,找到从 Profili 软件中导出的 DXF 格式翼型数据文件。这时 CATIA 会自动进入工程图绘制模式,并打开指定的 DXF 文件,如图 6.8 所示。按下鼠标左键,拖出选择框选择整个翼型曲线,当全部曲线变成橙色显示时,则表示选择成功。按下键盘"Ctrl ＋ C"快捷键,或者单击菜单【编辑】→【复制】命令以将翼型存入剪贴板。

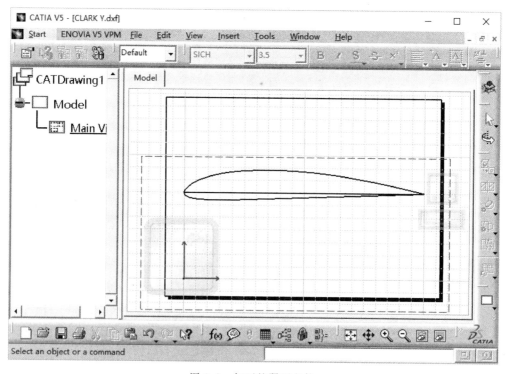

图 6.8　打开的翼型文件

单击菜单【窗口(Window)】,找到刚才创立的曲面文件,单击回到曲面造型界面,如图 6.9 所示。

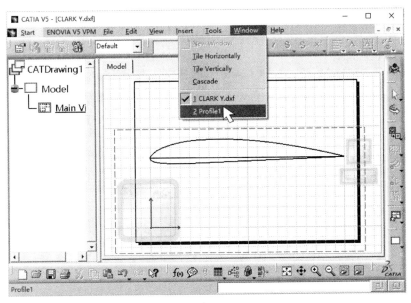

图 6.9 窗口切换

用鼠标左键单击左侧特征树下的"zx plane"将其置于高亮,单击工具栏上草图绘制工具,如图 6.10 所示。

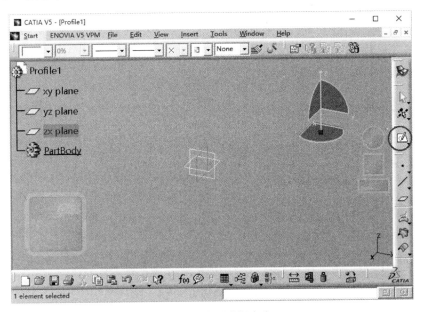

图 6.10 草图编辑命令

按下"Ctrl+V"快捷键或者点击菜单【编辑】→【粘贴】命令将刚才工程图模块中复制的

翼型曲线复制过来。在粘贴的过程中，可能会遇到一个问题，按下粘贴键后，并没有看到翼型显示在屏幕中。主要原因是翼型没有位于原点，可使用菜单【视图】→【适应全部】命令显示出来。这时，不需要对曲线进行任何处理，单击"退出工作台"图标完成基本翼型的导入，如图6.11 所示。

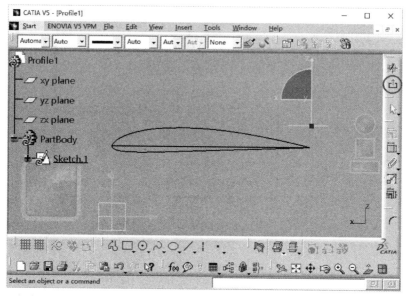

图 6.11　导入的翼型

再次单击左侧特征树下的"zx plane"，单击草图工具栏上【草图】图标。这时可以看到上一张草图已经成为了现在的背景。现在点击上一张草图中的曲线将其置于高亮，按下工具栏【投影三维元素】图标，可以把背景中的翼型曲线投影到当前草图中。如果投影成功，则曲线会显示为黄色，如图 6.12 所示。

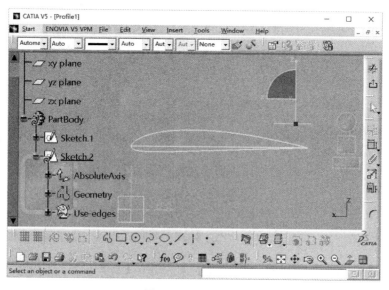

图 6.12　投影翼型

选择翼型表面曲线和翼弦线,点击【构造/标准元素图标】图标,将其转化为虚线,如图 6.13 所示。虚线即"构造元素",一旦退出当前草图,所有虚线将不再显示,相当于作图时的辅助线。对虚线再次点击"构造/标准元素图标"图标,又可以把它改变为标准元素。

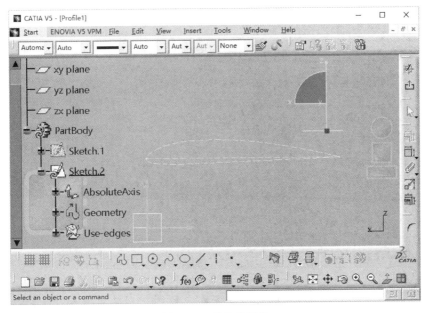

图 6.13　构造线转换

放大当前投影的翼型曲线,可以看到"CLARK‐Y"翼型的后缘并不是尖点,为了作图准确,需要采用一定的辅助线方法。点击工具栏上【直线】工具,并移动鼠标到翼型后缘端点。这时鼠标箭头边会显示出端点捕捉的图标,如图 6.14 所示。

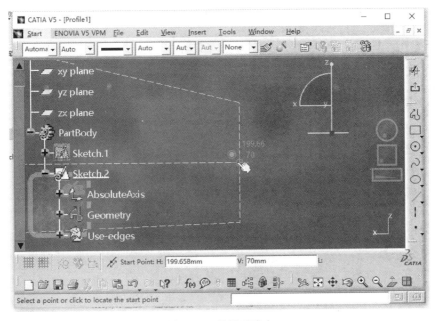

图 6.14　捕捉后缘点

从后缘点处单击鼠标左键后向上移动鼠标,随着鼠标位置的变化系统会自动绘制出一条直线。移动鼠标至后缘点正上方处,直线会变成蓝色,表示捕捉到垂直方向。再次单击左键完成直线的创建。如果直线显示为粗实线,点击"构造/标准元素"将其转化为虚线,如图6.15 所示。

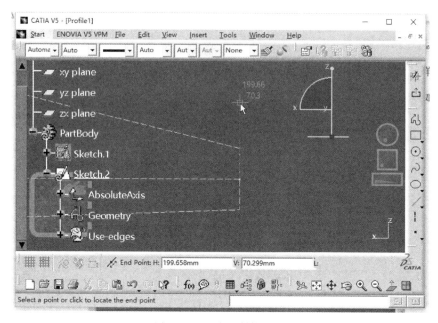

图 6.15　后缘绘制辅助线

这时,可以看到一条绿色的虚线,旁边有一个"V"字。绿色表示该直线约束完备,"V"表示这条直线与草图"竖直"方向平行,如图 6.16 所示。

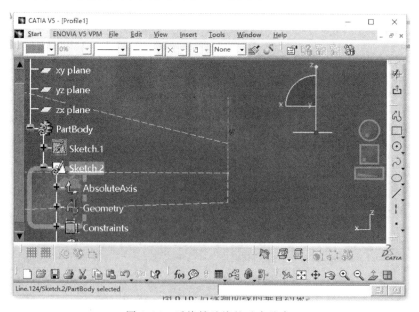

图 6.16　后缘辅助线的垂直约束

下面,选择工具栏上的【样条线】图标,在捕捉到前缘端点后,间隔一定距离依次捕捉曲线上各点绘制翼型上表面曲线。由于前缘部分曲率变化较大,所以需要适当将点的数量增加。越靠近后缘,翼型表面曲线越发接近直线,曲率变化越小需要的控制点数也就越少。在绘制翼型表面曲线的过程中,不需要将曲线的控制点取得太密,这样既节省时间,又可以提高软件运行的速度,如图 6.17 所示。另外需要注意的是,在样条线绘制过程中不能进行"构造/标准元素"的转化。

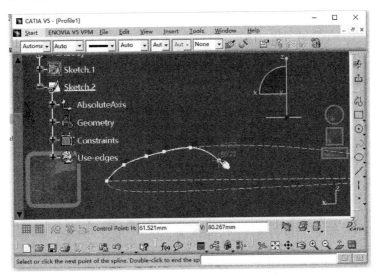

图 6.17　绘制样条线

在连接后缘点的时候,有两种方法。一种最简单的方法是直接利用捕捉,将鼠标端点移动至后缘处翼型曲线与绘制的竖直线相交点处,当图标显示捕捉信号,并且翼型曲线和直线都变为橙色时,点击鼠标左键就可以捕捉到合适的坐标点,如图 6.18 所示。然后连续两次按下键盘 Esc 键完成曲线绘制。

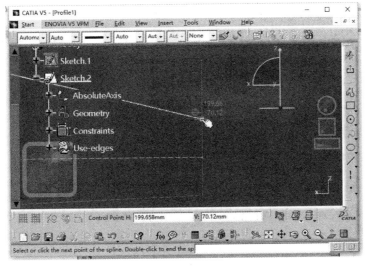

图 6.18　第 1 种方法完成样条线绘制

另一种方法是将鼠标移动至任意一点,双击鼠标完成曲线绘制,如图 6.19 所示。之后,单击选择曲线最后生成的端点,在按住键盘 Ctrl 键同时选择刚画的那条竖直线。接下来点击约束定义图标,在弹出的对话框中选择"相合"并单击确定。这时会发现,刚才选择的点自动移动到了直线上。同时,其旁边出现了一个"○"表示与另一元素具有相合约束。接下来,再次选择这一点和上一层投影下来的翼型曲线,创建一个相合约束。两种方法效果完全一样,在完成约束创建后可以发现,端点变成了绿色,表示该元素被完全约束了。

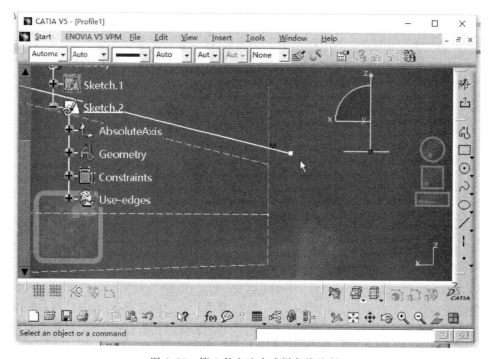

图 6.19　第 2 种方法完成样条线绘制

按照上面方法同理可以完成翼型下表面曲线的绘制。需要注意的是,如果一个点在某条线段的延长线上,即使该点没有落在线段内部,CATIA 仍然认为该点与线段"相交"。也就是说,绘制下表面后缘点时,没必要再绘制一条向下的参考竖直线,只需利用之前那条即可。最后,利用一条直线连接上下曲线在后缘处的端点,单击退出草图图标,完成整个翼型的绘制,如图 6.20 所示。

上面步骤完成后,可以看到描点得到的新翼型草图。为了后面使用过程中不至于混淆,可将原始翼型草图隐藏起来,如图 6.21 所示。

不直接利用导入粘贴过来的翼型,而要重新绘制曲线的原因是:直接导入的翼型在 CATIA 里面被认为是一条多段折线,因为它的控制点数很多,因此看上去接近于曲线。在它的上面用样条线描一遍,使其成为一条真正的光滑曲线。光滑曲线的控制点数量远少于多段折线,在生成后面的整体模型时运行速度能够快很多。

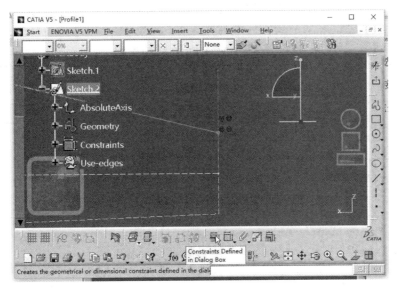

图 6.20 完成翼型绘制

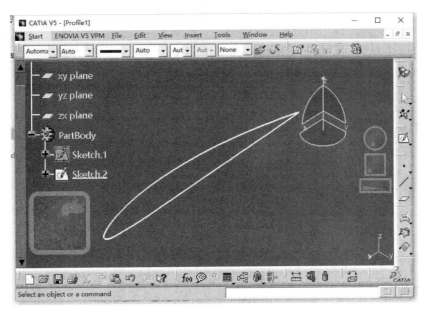

图 6.21 通过 DXF 文件导入的翼型

6.2.3 基于"Digitized Shape Editor"工作台导入翼型方法

"Digitized Shape Editor"工作台亦叫数字曲面编辑器,是 CATIA 软件中专用于点云数据处理的模块。因此,可使用此模块将翼型点云文件导入到 CATIA 软件中。气动设计提供的翼型数据一般为二维点坐标,在导入操作前,需要对翼型数据进行处理,转换成包含三维点坐标的点云数据。

以 NACA 0010 翼型为例,介绍使用"Digitized Shape Editor"工作台导入翼型的方法。翼型数据见表 6.3。

表 6.3　NACA 0010 翼型数据

X/mm	Y/mm	Z/mm	X/mm	Y/mm	Z/mm
1	0.001 05	0	0.012 5	−0.015 78	0
0.95	0.006 72	0	0.025	−0.021 78	0
0.9	0.012 07	0	0.05	−0.029 62	0
0.8	0.021 87	0	0.075	−0.035 00	0
0.7	0.030 53	0	0.1	−0.039 02	0
0.6	0.038 03	0	0.15	−0.044 55	0
0.5	0.044 12	0	0.2	−0.047 82	0
0.4	0.048 37	0	0.25	−0.049 52	0
0.3	0.050 02	0	0.3	−0.050 02	0
0.25	0.049 52	0	0.4	−0.048 37	0
0.2	0.047 82	0	0.5	−0.044 12	0
0.15	0.044 55	0	0.6	−0.038 03	0
0.1	0.039 02	0	0.7	−0.030 53	0
0.075	0.035 00	0	0.8	−0.021 87	0
0.05	0.029 62	0	0.9	−0.012 07	0
0.025	0.021 78	0	0.95	−0.006 72	0
0.012 5	0.015 78	0	1	−0.001 05	0
0	0.000 00	0			

将此翼型数据转换为文本文件,并且仅包含 3 列数据,分别为每个点的三维坐标。文件内容及格式如图 6.22 所示。

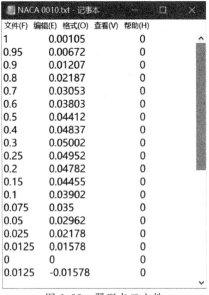

图 6.22　翼型点云文件

首先启动 CATIA 软件,选择【开始】→【Shape】→【Digitized Shape Editor】命令,如图 6.23所示,进入数字曲面编辑器工作台。

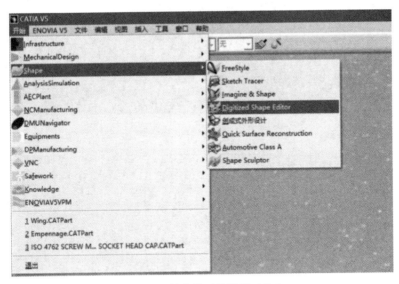

图 6.23　数字曲面编辑器工作台

点击【插入】→【Import】菜单,弹出【Import】对话框,如图 6.24 所示。选择点云文件,格式为 Ascii free,如果点云数据较少,则【Sampling】项输入 100%;如果点云数据较多,则可使用此选项仅导入部分数据。因标准翼型数据的弦长为 1 个单位,故可在【Scale factor】项内输入一个比较大的值用于放大翼型数据,或者修改文件单位为 m,以防止导入数据过程中因数据较小而产生显示误差问题。

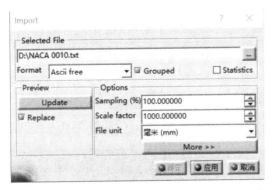

图 6.24　【Import】对话框

点击【应用】按钮,即在 CATIA 软件的三维空间中载入了翼型点云数据,如图 6.25 所示。

点击【插入】→【Operations】→【Cloud/Points...】菜单项,如图 6.26 所示,激活从点云直接创建点功能对话框,如图 6.27 所示。

在元素栏中直接鼠标选择刚导入的点云特征,点击【应用】按钮,软件自动生成有序集合图像集及其相应的非参点,如图 6.28 所示。

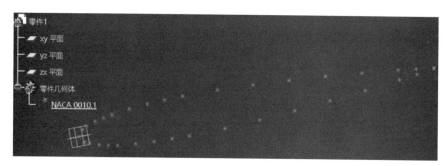

图 6.25 导入的点云数据

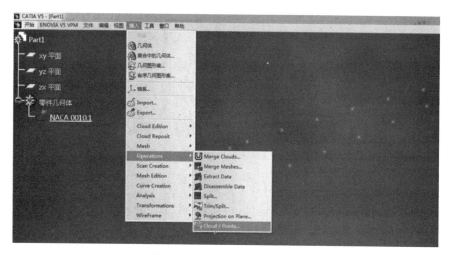

图 6.26 【Cloud/Points】功能

图 6.27 【Cloud/Points】对话框

图 6.28 从点云转换的非参点

接下来,进入创成式曲面设计模块,点击【直线】命令,使用"点-方向"方式创建前缘点的切线,根据翼型数据的坐标,选择翼型的前缘点和切线方向的法面,如图 6.29 所示。

图 6.29　创建翼型前缘点切线

点击【样条线】命令,创建翼型的上缘曲线,在激活此命令前,可在特征树上先预选创建翼型上缘曲线的所有点,则弹出样条线定义对话框时,所有预选的点将直接加入到列表框中,在列表框中选中翼型前缘点,然后鼠标选中刚创建的前缘切线,可点击【显示参数>>】按钮修改张度参数以修改电源点附件曲线形状。点击【确定】按钮创建翼型上缘曲线,如图 6.30 所示。

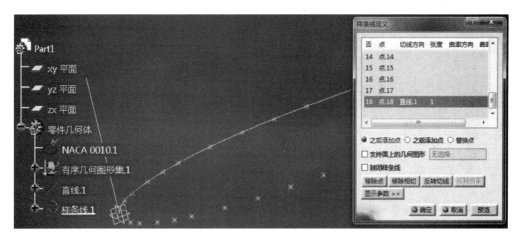

图 6.30　创建翼型上缘曲线

采用相同的方式创建翼型下缘曲线。然后使用【接合】命令创建翼型上缘曲线和下缘曲线接合为一条曲线,如图 6.31 所示。

至此翼型曲线创建完毕,此时可使用曲线曲率分析功能,分析创建的翼型曲线形状是否曲率连续,以及曲率变化情况,如图 6.32 所示,如果气动设计对翼型曲率有设计要求,则可调整前面创建翼型上缘曲线和下缘曲线时前缘点切线张度以满足设计要求。

这种方法适用于批量输入大量的数据点,且形成的是简单曲线(自身不交叉)的情况,缺点是形成的翼型曲线是非参的。

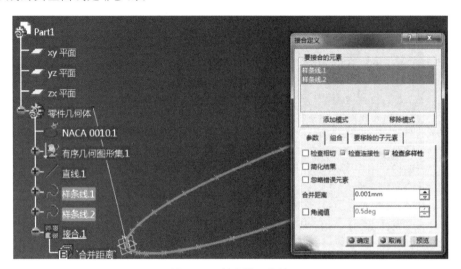

图 6.31　创建翼型曲线

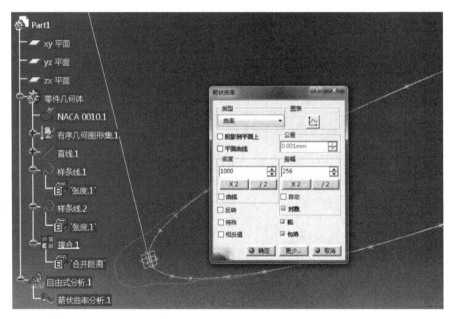

图 6.32　曲线曲率分析

6.2.4　基于宏命令导入翼型方法

本书仍以 NACA 0010 翼型为例,介绍使用宏命令导入翼型的方法。将数据排成三列,去掉表头,只保留数据,保存为"∗.xls"格式,如图 6.33 所示。

打开 CATIA 软件的安装目录,32 位版本为 intel_a,64 位版本为 win_b64,然后分别打开 code 和 command 文件夹,找到 GSD_PointSplineLoftFromExcel.xls 文件,如图 6.34 所示。

图 6.33　NACA 0010 翼型文件

图 6.34　GSD_PointSplineLoftFromExcel. xls 文件位置

将此文件拷贝到其他的文件夹下，双击打开后，会弹出"宏已被禁用"的安全提示，如图 6.35 所示。如果未弹出此提示，可在 Excel 软件中的选项里找到信任中心的宏设置选项，检查是否已设置为"禁用所有宏，并且不通知"，如果已设置为此选项，则修改为其他任意一个选项，从计算机安全角度来讲，建议设置为"禁用所有宏，并发出通知"，如图 6.36 所示。关闭 Excel 软件并重新打开 GSD_PointSplineLoftFromExcel. xls 文件，鼠标单击安全警告条目上的"启用内容"按钮。

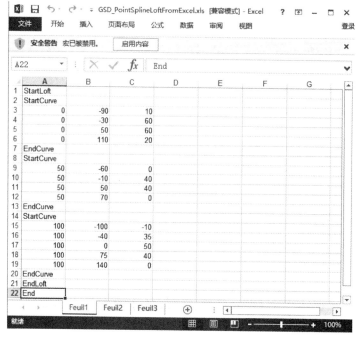

图 6.35　GSD_PointSplineLoftFromExcel. xls 文件内容

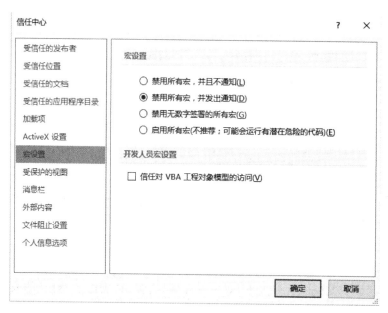

图 6.36　Excel 软件的宏设置选项

　　文件中有三组 StartCurve 和 EndCurve,每组中的数据对应一条样条线控制点,如果只生成一条翼型曲线,则可删除其他两组的标志及相应数据。然后使用 NACA 0010 翼型文件中的数据替换掉 StartCurve 与 EndCurve 之间的所有数据。替换数据后文件的内容如图6.37 所示。

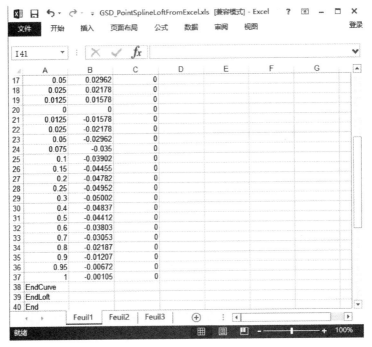

图 6.37 使用翼型数据替换后的 GSD_PointSplineLoftFromExcel.xls 文件内容

在 Excel 软件中的视图菜单中,可以看到【宏】命令,如图 6.38 所示。

图 6.38 【宏】命令菜单

点击【查看宏】命令,弹出【宏】对话框,如图 6.39 所示。

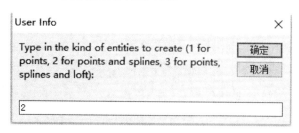

图 6.39 【宏】对话框

对话框中包含有四个宏命令,其中 Feuil1. Main 为命令执行入口,此宏需要 CATIA 软件处于 Part 文档编辑环境,已打开"Part Design""Wireframe and Surface Design"或"Generative Shape Design"等工作台,选中"Feuil1. Main"宏命令,鼠标点击"执行"按钮,激活宏命令。弹出执行选项对话框,如图 6.40 所示,输入"1"时,将在 CATIA 软件中生成点,输入"2"时将在 CATIA 软件中同时生成点和样条曲线,输入"3"时,将在 CATIA 软件中同时生成点、样条曲线和多截面曲面,由于 Excel 文件中只包含一组曲线数据,所以无法使用第 3 种方法,选择第 2 种方法,直接生成翼型曲线。

图 6.40 "Feuil1. Main"宏执行选项

宏命令执行完成后,在 CATIA 软件中将生成相应的点和样条曲线,如图 6.41 所示。由于标准的翼型数据弦长一般为 1 个单位,所以导入到 CATIA 软件中后,生成的样条曲线在显示时,可能产生与点分离的现象,这是 CATIA 软件的显示精度引起的,可以通过修改

CATIA 的"Performance"选项卡中的"Accuracy"选项修改显示精度。也可以不用处理,因后期使用时需要放大所需的翼型。

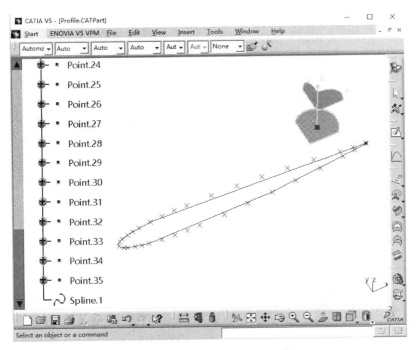

图 6.41 CATIA 软件中导入的翼型

如图 6.42 所示,从翼型的曲率分析结果可以看出,翼型仍然是曲率连续的。

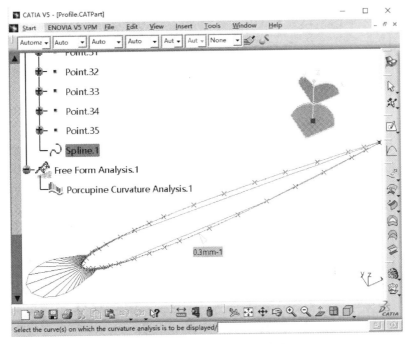

图 6.42 翼型的曲率分析结果

6.3 机 翼 设 计

机翼三维外形如图 6.43 所示。主要建模过程包括机翼基准、机翼平面形状、机翼翼型、机翼翼面、翼尖装置几个部分,下面对具体建模过程进行详细介绍。

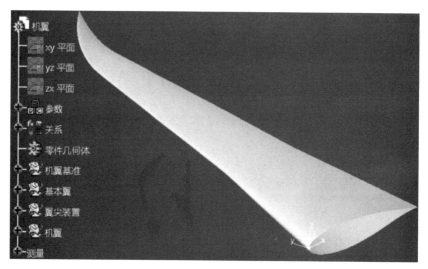

图 6.43 机翼三维外形模型

6.3.1 创建机翼基准

首先使用机身机尾设计部分的方法建立全机坐标原点及参考坐标系等索引特征。然后在此基础上建立机翼基准,以机翼根弦前缘点为局部参考原点,假设机翼局部参考原点在飞机坐标系中的坐标为(12 520 mm,0 mm,-550 mm),首先使用【点】命令创建参考原点,参考点选坐标原点,输入坐标值生成机翼坐标系原点;然后使用【插入】菜单的【轴系】命令建立机翼参考坐标系,坐标系采用标准类型创建,原点选择刚建立的机翼坐标系原点,三个坐标轴分别选择参考坐标系相应的轴向标识。将名称分别修改为"机翼坐标系原点"和"机翼坐标系",如图 6.44 所示。

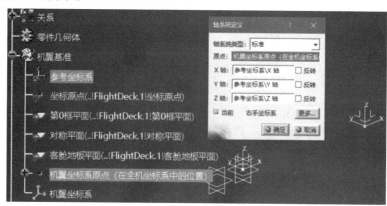

图 6.44 创建机翼坐标系原点及参考坐标系

6.3.2 平面形状绘制

机翼基准创建好后,即可使用草图功能创建机翼的平面形状。首先基于 XY 平面创建草图,然后绘制机翼基本形状。根据机翼设计参数,根弦长度为 7 253 mm,尖弦长度为1 320 mm,半翼展长 17 900 mm,1/4 弦线后掠角为 25°,前缘转折点展向位置 7 430 mm,后缘转折点展向位置 6 105 mm,内翼前缘后掠角 30.5°。根据这些设计参数,可对机翼平面形状草图进行完全约束,如图 6.45 所示。因机翼不同展向位置翼型的扭转角各不相同,故在绘制机翼三维曲面时,平面形状仅作为参考使用。囿于篇幅限制,平面形状具体建立步骤此处不再赘述,可参考 CATIA 软件基本教程。此外,还可直接使用直线等命令建立平面形状,此方法将在尾翼平面形状的创建方法中予以介绍。

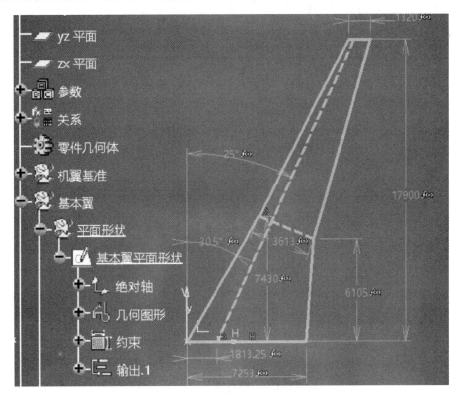

图 6.45 创建机翼平面形状

6.3.3 翼型绘制

6.3.3.1 导入原准翼型

机翼平面形状创建好后,接下来导入不同站位处的翼型曲线,具体方法参见 6.2 节翼型导入方法。分别导入根弦位置、不同站位位置(11.6%,18.5%,49%,70%,85%)、尖弦位置和转折位置的翼型,导入后的翼型如图 6.46 所示。所有翼型弦长为 1 000 mm。

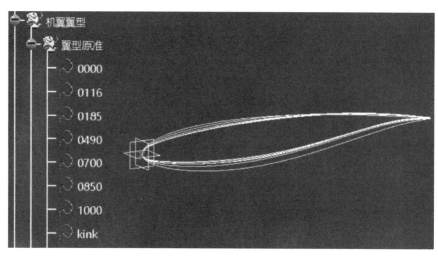

图 6.46　导入的不同站位处的机翼翼型

如果 CATIA 软件当前未在创成式曲面设计模块,则切换到创成式曲面设计模块,使用【极值点】命令创建翼型前缘点,元素选择 0000 翼型曲线,方向根据翼型在 CATIA 中的姿态选取,此处选择 YZ 平面,并求得其最小值作为翼型前缘点,如图 6.47 所示。

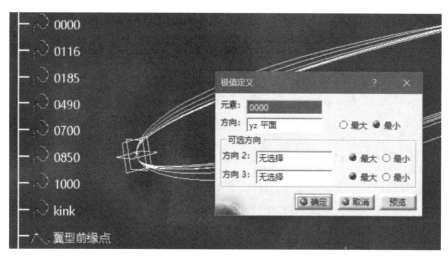

图 6.47　创建翼型前缘点

6.3.3.2　创建翼型站位平面

根据翼型站位参数,分别创建不同翼型站位平面,使用【平面】命令,采用从平面偏移方式,参考栏选择机翼坐标系的 ZX 平面,偏移距离分别为半翼展长的 11.6%,18.5%,49%,70%,85% 和 100%,其中 100% 即为尖弦所在的平面,如图 6.48 所示,根弦所在的平面为机翼坐标系的 ZX 平面,因此不需要建立此站位平面。

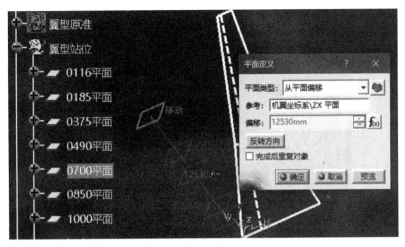

图 6.48　创建翼型站位平面

机翼转折处所在的平面建立方式与前面的不同,在建立此平面之前,需要先将机翼平面形状草图中的各条直线段,特别是前后缘转折处直线段,转换为输出特征,供后面创建其他特征时作为输入使用,否则只能将整个机翼平面形状草图当作一个整体作为输入。

鼠标双击建立好的机翼平面形状草图特征,进入草图编辑器模块,在需要输出特征的对象上单机鼠标右键,弹出上下文菜单,选择对象输出特征,如图 6.49 所示,输出的特征会添加到特征树上此草图的"输出.1"节点下,并且视图窗口中的对象会加粗显示。将输出的前后缘转折线特征名称修改为"KINK 弦线"。

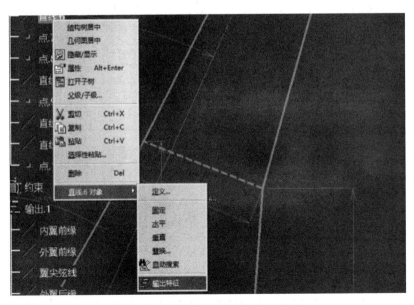

图 6.49　机翼平面形状特征输出方法

使用上述方法,最终输出如下机翼平面形状特征:内翼前缘、外翼前缘、内翼后缘、外翼后缘、翼根弦线、翼尖弦线、1/4 弦线和 KINK 弦线，如图 6.50 所示。

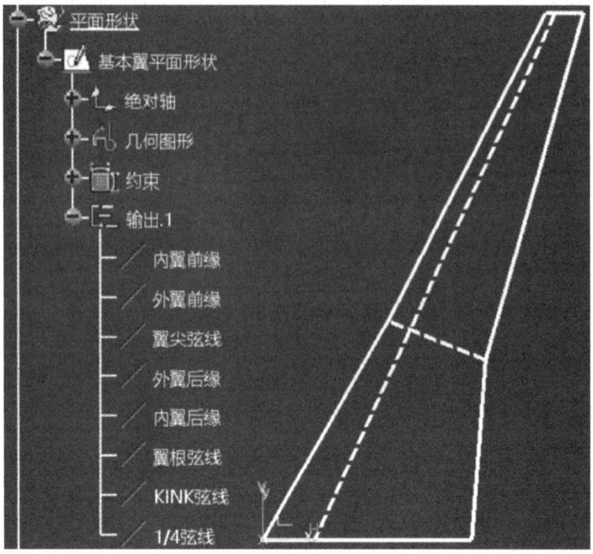

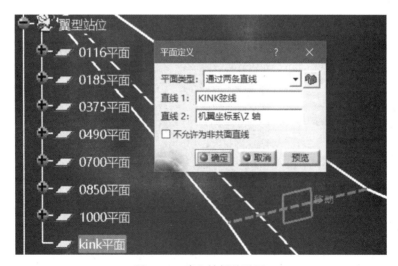

图 6.50　最终输出的机翼平面形状特征

机翼转折处弦线特征输出好后，使用【平面】命令的通过两条直线方式，建立转折处平面，直线 1 栏选择刚输出的 KINK 弦线，直线 2 栏选择机翼坐标系的 Z 轴，点击【确定】按钮创建 kink 平面，如图 6.51 所示。

图 6.51　建立转折处平面

6.3.3.3　建立不同站位处的基本翼型

放大导入的原准翼型后缘，可以发现，在后缘处翼型未封闭，如图 6.52 所示，因此需要先对翼型进行封闭处理，当然，也可以放到建立好不同站位处的翼型之后再实现翼型封闭操作。

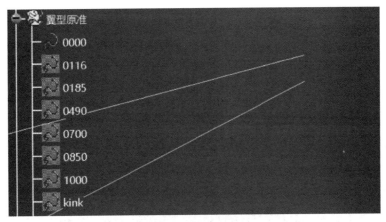

图 6.52　放大后的原准翼型后缘

使用【直线】命令的点-点方式，点 1 和点 2 分别选择翼型后缘的上下两个顶点，建立翼型的后端线。使用同样方式建立其他站位处翼型的后端线，如图 6.53 所示。

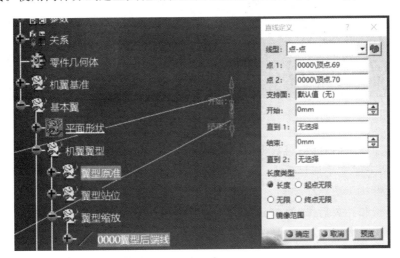

图 6.53　创建翼型后端线

由于导入的为标准翼型，不同站位处的翼型弦长均为 1 000 mm，因此，需要通过缩放或平移等操作实现不同站位处的翼型。对标准翼型进行缩放操作，使翼型弦长缩放至设计要求。不同站位翼型弦长见表 6.4。不同站位弦长亦可以通过机翼平面形状参数计算得到。

表 6.4　不同站位翼型弦长参数

参　　数	取　值
根弦长 /mm	7 253
11.6% 站位弦长 /mm	6 194.879
18.5% 站位弦长 /mm	5 565.480
49% 站位弦长 /mm	3 434.116

续 表

参　数	取　值
70％站位弦长 /mm	2 563.598
85％站位弦长 /mm	1 941.799
尖弦长 /mm	1 320
KINK 弦长 /mm	3 613

使用【缩放】命令,元素栏中选择 0000 翼型和相应的后端线,参考栏中选择翼型前缘点,缩放比例根据翼型弦长 7 253 mm 输入 7.253,点击【确定】按钮生成缩放后的翼型,如图 6.54所示。采用同样的方式创建其他站位处所需大小的翼型曲线。

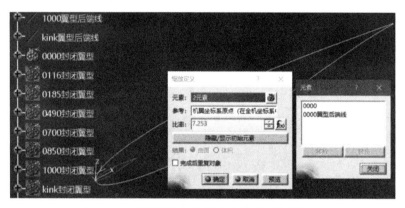

图 6.54　根据不同站位翼型弦长缩放翼型大小

翼型尺寸缩放好后,即可将翼型曲线平移到到相应的站位处,平移方法一般采用点到点方式,因此需要先建立平移目标点。平移目标点可使用翼型前缘点,此点可通过不同站位平面和机翼平面形状草图相交得到。使用【相交】命令,第一元素选择机翼平面形状草图输出的特征外翼前缘和外翼后缘,第二元素选择前面建立好的不同站位平面,重复使用此命令分别建立不同站位处的翼型弦点,如图 6.55 所示。

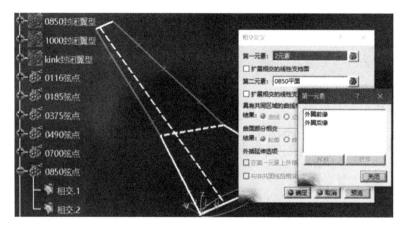

图 6.55　创建不同站位处翼型前缘和后缘弦点

使用【平移】命令的点到点方式,元素栏中选择缩放好的封闭翼型,起点选择缩放好的封闭翼型的前缘点,终点选择刚建立的不同站位处翼型前缘弦点。重复此方法分别将不同站位处缩放好的封闭翼型平移至相应站位处,重命名为站位处的无扭转翼型,如图 6.56 所示。

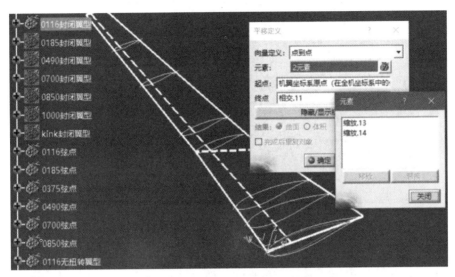

图 6.56　创建不同站位处的翼型

在所有不同站位处的无扭转翼型中,机翼转折处的翼型还需要进一步处理,将其旋转到机翼转折弦线所在的平面内,如图 6.57 所示。因此,需要定义旋转轴线。

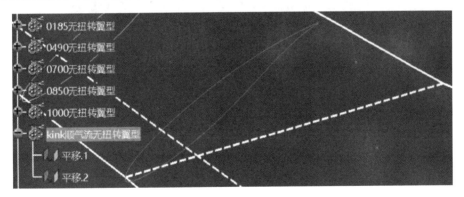

图 6.57　机翼转折处的翼型

使用【直线】命令,采用曲面的法线方式,曲面选择机翼坐标系的 XY 平面,即机翼的平面形状草图所在的平面,点选择机翼平面形状草图输出的特征 KINK 弦线前缘端点,结束栏输入 500 mm,点击【确定】按钮创建旋转轴,如图 6.58 所示。

使用【旋转】命令,采用轴线-角度方式,元素栏中选择 kink 顺气流无扭转翼型,旋转轴选择上一步刚建立的 KINK 点旋转轴,旋转角度为 $-21.514\mathrm{deg}$,此度数值可在机翼平面形状草图中测量得到。至此,不考虑机翼扭转的翼型转换到了相应的站位位置,如图 6.59 所示。

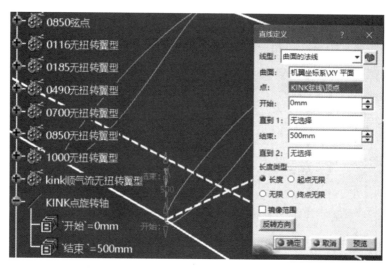

图 6.58　建立转折处旋转轴

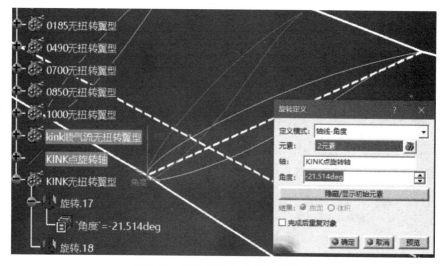

图 6.59　建立转折处的无扭转翼型

6.3.3.4　建立不同站位处的扭转翼型

使用【直线】命令,采用曲面的法线方式,曲面选择机翼坐标系的 ZX 平面、对称平面或者各翼型站位平面均可,直线起点选择前面使用【相交】命令创建的不同站位处弦线的前缘点,结束栏中输入 500 mm,点击【确定】按钮创建扭转轴,如图 6.60 所示。

机翼转折处的旋转轴注意在选择曲面时只能选择翼型转折处站位平面作为参考曲面,如图 6.61 所示。

接下来,根据机翼气动设计给出的各站位处翼型扭转角(见表 6.5),对所有无扭转翼型进行旋转操作。

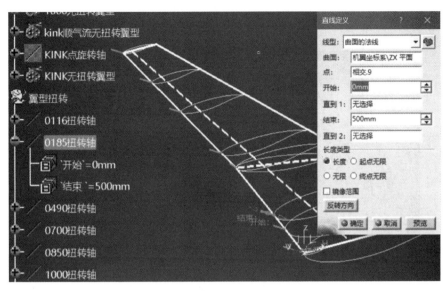

图 6.60　建立不同站位处翼型扭转轴线

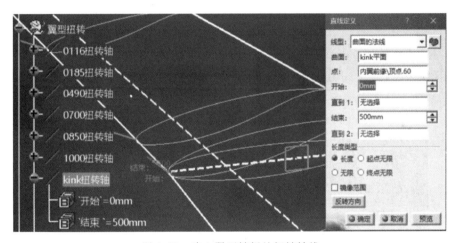

图 6.61　建立翼型转折处扭转轴线

表 6.5　机翼不同站位处翼型扭转角

参　　数	取　　值
根部翼型扭转角 /(°)	4
11.6%站位翼型扭转角 /(°)	3
18.5%站位翼型扭转角 /(°)	2.2
49%站位翼型扭转角 /(°)	−0.7
70%站位翼型扭转角 /(°)	−1.2
85%站位翼型扭转角 /(°)	−1.7
尖部翼型扭转角 /(°)	−2.5
KINK 位置翼型扭转角 /(°)	−0.4

使用【旋转】命令,采用轴线-角度方式,元素栏选择无扭转翼型,旋转轴选择刚建立的扭转轴线,根据表 6.5 中不同站位处翼型扭转角度值进行翼型旋转操作,如图 6.62 所示。

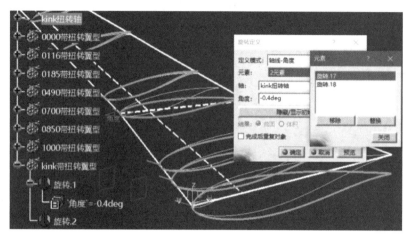

图 6.62　建立不同站位处的扭转翼型

6.3.4　基本翼翼面绘制

6.3.4.1　建立翼面控制曲线

使用【样条线】命令,分别选择 0000 带扭转翼型、0116 带扭转翼型、0185 带扭转翼型和 kink 带扭转翼型后缘上端点,点击【确定】按钮创建内翼后缘上引导线,如图 6.63 所示。采用同样的方式分别创建外翼后缘上引导线、内翼后缘下引导线和外翼后缘下引导线。

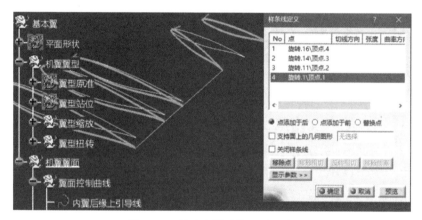

图 6.63　创建内翼后缘上引导线

继续使用【样条线】命令创建机翼前缘引导线,从根部翼型到尖部翼型共选择 8 个前缘点对象,同时选择相应的切线方向,机翼转折点以内的翼型选择机翼平面形状草图输出的特征内翼前缘,机翼转折点以外的翼型选择机翼平面形状草图输出的特征外翼前缘。

创建好机翼前缘和后缘的引导线后,需要创建机翼前缘的切面。因各个站位处的翼型已经过扭转,所以各站位处的翼型前缘切线方向不再相同。在建立前缘切面之前,需要将各个站位处的翼型前缘切线创建出来。

　　使用【直线】命令,采用曲线的切线方式,曲线选择各站位处的带扭转翼型,元素 2 栏选择翼型前缘点,长度输入 500 mm,其他默认,点击【确定】按钮创建各站位处翼型的前缘切线,如图 6.64 所示。

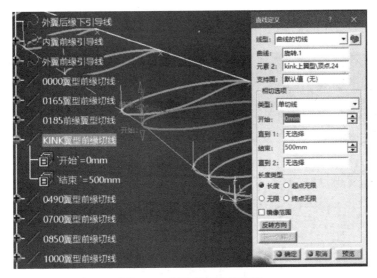

图 6.64　创建翼型前缘切线

　　使用【多截面曲面】命令创建内翼前缘切面,截面列表框中分别选择 0000 翼型前缘切线、0116 翼型前缘切线、0185 翼型前缘切线和 KINK 翼型前缘切线,引导线列表框中选择内翼前缘引导线,点击【确定】按钮创建内翼前缘切面,如图 6.65 所示。采用同样方式创建外翼前缘切面。

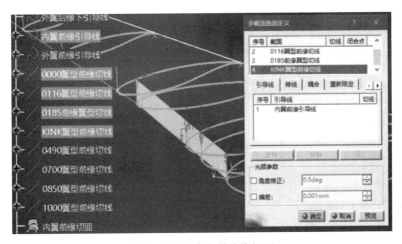

图 6.65　创建内翼前缘切面

6.3.4.2　翼型分割

机翼所有关键站位的翼型曲线和前后缘的引导线创建好后,即可进行翼面绘制,如果直接使用多截面曲面功能进行翼面创建的话,创建的翼面曲面形状可能会发生局部变形误差过大,因此一般采用上翼面和下翼面分别绘制的方法。因此,需要先将整体翼型分割为上半部翼型和下半部翼型两部分。

以 KINK 翼型为例,使用【分割】命令,要切除的元素栏选择 KINK 带扭转翼型,切除元素选择 KINK 弦线前缘点,激活保留双侧选项,点击【确定】按钮后将 KINK 带扭转翼型分割为上半部翼型和下半部翼型,如图 6.66 所示。

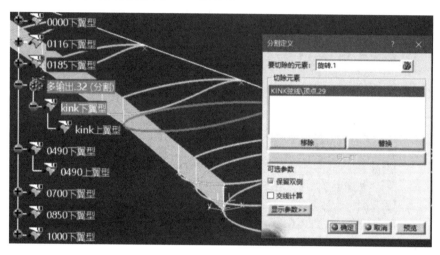

图 6.66　分割翼型曲线

6.3.4.3　建立基本翼翼面

接下来开始创建各个翼面曲面,使用【多截面曲面】功能,截面列表框中分别选择 0000 上翼型、0116 上翼型、0185 上翼型和 kink 上翼型,引导线栏分别选择内翼前缘引导线和内翼后缘上引导线,其中内翼前缘引导线选择内翼前缘切面作为曲面前缘边界的方向约束,如图 6.67 所示。

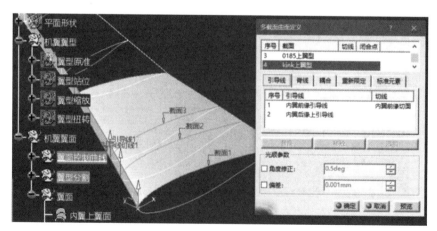

图 6.67　创建内翼上翼面

使用相同的方式分别创建内翼下翼面、外翼上翼面和外翼下翼面。然后使用【接合】命令,将四部分翼面接合为整体,重命名为基本翼面,如图 6.68 所示。

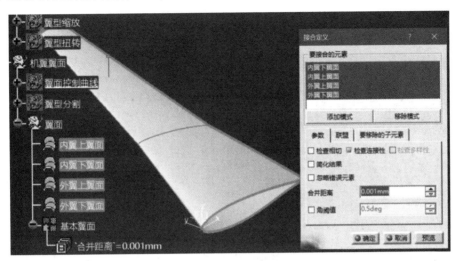

图 6.68 创建右机翼基本翼面

至此,机翼的基本翼面创建完毕,接下来需要绘制翼尖小翼外形。

6.3.5 翼尖小翼绘制

根据设计方案,增加翼尖小翼后,半翼展增加到 18 850 mm,翼尖长度为 3 102 mm,翼尖外点处弦长为 33 mm,这些参数是通过基本翼的参考面积换算得到的。为简化绘制,假设翼尖外点处翼型与基本翼翼尖处的翼型相同。

因翼尖外形为双圆弧形式,并且已知前缘曲线在水平面和横剖面投影曲线为圆弧曲线,半径分别为 7 238 mm 和 7 646 mm,因此,可先进行翼尖前缘绘制,然后绘制翼尖外点处的翼型,进而绘制翼尖后缘曲线。所有翼尖控制曲线绘制完毕后,即可进行翼尖曲面绘制。下面对翼尖的具体设计过程进行介绍。

使用【平面】命令,采用从平面偏移方式,参考栏选择机翼坐标系的 ZX 平面,偏移距离输入 18 850 mm,点击【确定】按钮创建翼尖外点位置平面,如图 6.69 所示。

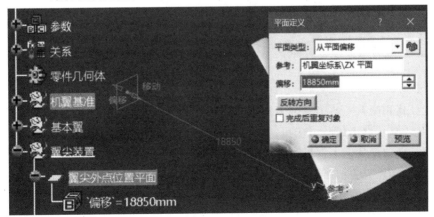

图 6.69 创建翼尖外点位置平面

继续使用【平面】命令,采用从平面偏移方式,参考栏选择机翼坐标系的 ZX 平面,偏移距离输入(18 850－3 102) mm＝15 748 mm,点击【确定】按钮创建翼尖内点位置平面,如图 6.70 所示。

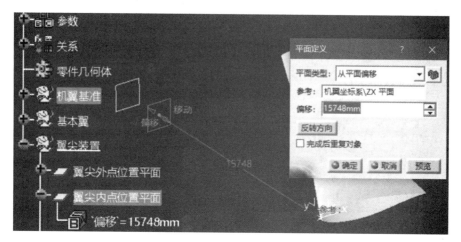

图 6.70　创建翼尖内点位置平面

使用【相交】命令,第一元素选择翼尖内点位置平面,第二元素选择外翼前缘引导线,点击【确定】按钮创建翼尖内点前缘点。使用同样的方式,第二元素分别选择外翼后缘上引导线和外翼后缘下引导线,创建翼尖内点后缘上端点和翼尖内点后缘下端点,如图 6.71 所示。

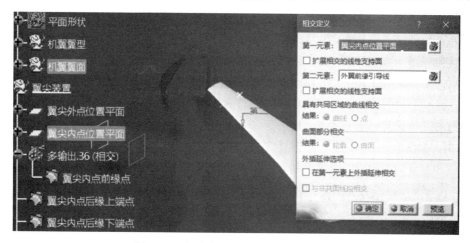

图 6.71　创建翼尖内点位置前后缘端点

继续使用【相交】命令,第一元素选择翼尖内点位置平面,第二元素选择外翼上翼面(可在特征树上选取),点击【确定】按钮创建翼尖内点上翼型。使用同样的方式,第二元素选择外翼下翼面,创建翼尖内点下翼型,如图 6.72 所示。

现在开始创建翼尖前缘曲线,首先创建前缘水平面投影轮廓。使用【直线】命令,采用曲线的角度/法线方式,曲线选择外翼前缘引导线,支持面选择机翼坐标系的 XY 平面(即水平面),起点选择翼尖内点前缘点,角度输入 90deg,结束栏输入 7 238 mm,点击【确定】按钮创建前缘水平面投影半径,如图 6.73 所示。

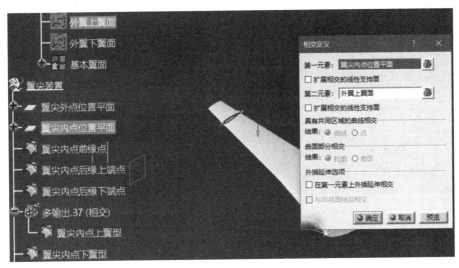

图 6.72　创建翼尖内点位置翼型

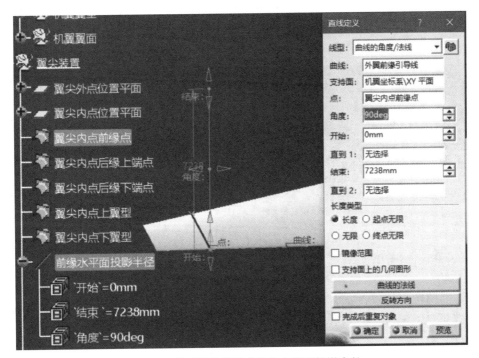

图 6.73　创建翼尖前缘曲线的水平面投影半径

　　使用【圆】命令,采用中心和半径方式,圆心选择前缘水平面投影半径直线段远离前缘的端点,支持面选择机翼坐标系的 XY 平面,半径输入 7 238 mm,输入圆弧的开始和结束角度,角度值可根据视图窗口显示的关系来确定,要求包含前缘切点和翼尖外点位置,如图 6.74所示。

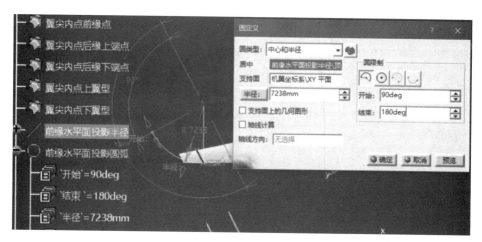

图 6.74   创建翼尖前缘曲线的水平面投影圆弧

此时创建的圆弧曲线两端均超出了翼尖范围,因此需要将多余的部分切除掉。使用【分割】命令,要切除的元素选择刚建立的前缘水平面投影圆弧,切除元素分别选择翼尖内点前缘点和翼尖外点位置平面,点击【预览】按钮,根据视图窗口显示的计算结果,可能需要使用另一侧按钮进行切换,当计算结果为翼尖范围的曲线部分时,点击【确定】按钮关闭对话框,如图 6.75 所示。

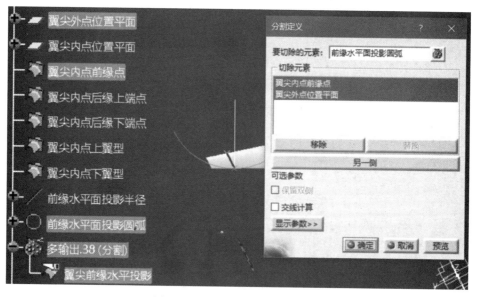

图 6.75   创建翼尖前缘水平投影

重复上述步骤,分别建立翼尖前缘横剖面投影半径、前缘横剖面投影圆弧和翼尖前缘横剖投影,如图 6.76 所示。注意投影半径为 7 646 mm。

翼尖前缘的水平投影和横剖投影轮廓创建好后,使用【混合】命令创建翼尖前缘引导线,混合类型选择法线方式,如图 6.77 所示。

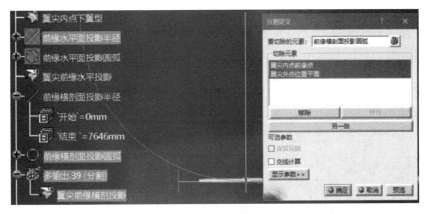

图 6.76　创建翼尖前缘横剖投影

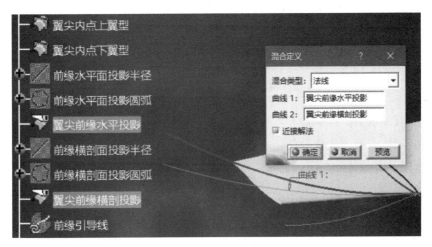

图 6.77　创建翼尖前缘导引线

使用【相交】命令,第一元素选择翼尖外点位置平面,第二元素选择前缘引导线,点击【确定】按钮创建翼尖外点前缘点,如图 6.78 所示。

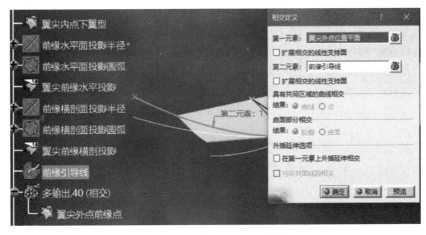

图 6.78　创建翼尖外点前缘点

翼尖外点位置的翼型采用与基本翼翼尖处翼型相同，因此，首先使用【平面】命令的点到点方式，将 1000 翼型平移至翼尖外点处，起点选择翼型前缘点（即 1000 原始翼型的前缘点），终点选择翼尖外点前缘点，如图 6.79 所示。

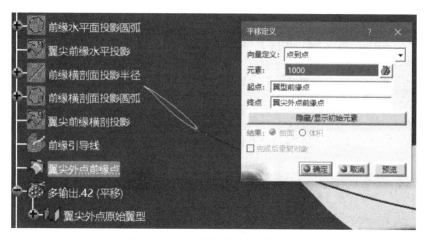

图 6.79　创建翼尖外点原始翼型

然后使用【缩放】命令，缩放元素选择刚建立的翼尖外点原始翼型，缩放参考点选择翼尖外点前缘点，因翼尖外点处翼型的弦长为 33 mm，因此比率输入 0.033，点击【确定】按钮创建翼尖外点缩放翼型，如图 6.80 所示。

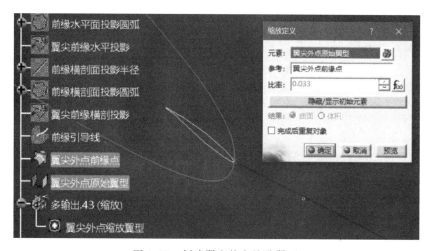

图 6.80　创建翼尖外点缩放翼型

后续在使用翼型进行外形曲面绘制时，需要分别绘制上翼面和下翼面，因此，需要将翼尖翼型分割为上、下两部分，使用【分割】命令，要切除的元素选择翼尖外点缩放翼型，切除元素选择翼尖外点前缘点，激活保留双侧选项，点击【确定】按钮创建翼尖外点上翼型和下翼型，如图 6.81 所示。

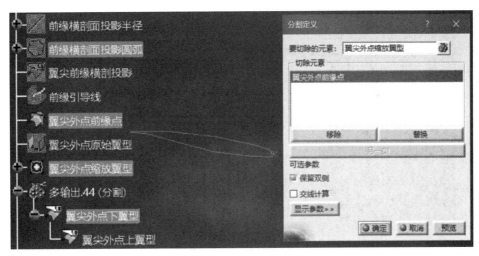

图 6.81　分割翼尖外点翼型

此时,翼尖外点的后缘位置已经确定,接下来创建后缘的引导线。使用【样条线】命令,分别选择翼尖内点后缘上端点和翼尖外点缩放翼型后缘上端点创建后缘上引导线,其中选择翼尖内点后缘上端点时,同时选择外翼后缘上引导线为切线方向。采用相同方式,分别选择翼尖内点后缘下端点和翼尖外点缩放翼型后缘下端点创建后缘下引导线,其中选择翼尖内点后缘下端点时,同时选择外翼后缘下引导线为切线方向,如图 6.82 所示。

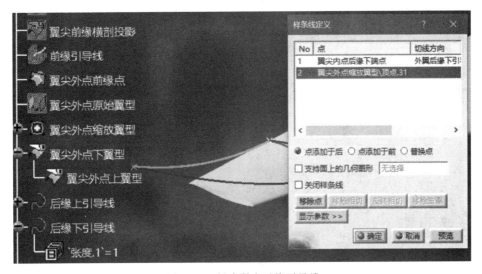

图 6.82　创建翼尖后缘引导线

翼尖轮廓创建好后,下面开始创建翼尖前缘的切面。首先,使用【直线】命令的曲线的切线方式,曲线选择翼尖内点上翼型或下翼型,切点选择翼尖内点翼型的前缘点,支持面选择外翼前缘切面,长度输入 500 mm,点击【确定】按钮创建翼尖内点前缘切线,如图 6.83 所示。采用类似方式创建翼尖外点前缘切线,但支持面使用默认方式。

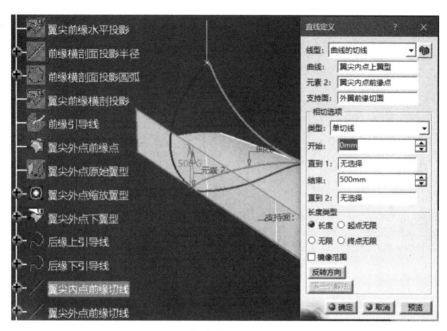

图 6.83 创建翼尖内点前缘切线

接下来使用【多截面曲面】功能创建翼尖前缘切面,截面列表框中分别选择翼尖内点前缘切线和翼尖外点前缘切线,其中,选择翼尖内点前缘切线时,同时选择外翼前缘切面作为切线方向;引导线列表框中选择前缘引导线,如图 6.84 所示。

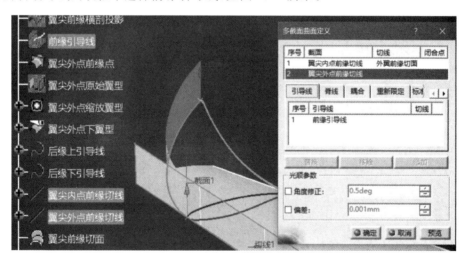

图 6.84 创建翼尖前缘切面

继续使用【多截面曲面】命令,截面列表框中首先选择翼尖内点上翼型,同时选择外翼上翼面作为切线方向,然后选择翼尖外点上翼型;引导线列表框中首先选择前缘引导线,同时选择翼尖前缘切面作为切线方向,然后选择后缘上引导线。点击【确定】按钮创建翼尖上翼面,如图 6.85 所示。采用同样的方式创建翼尖下翼面。

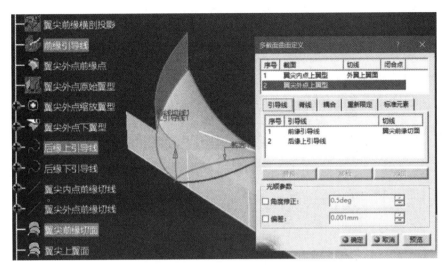

图 6.85　创建翼尖上翼面

最后使用【接合】命令，分别选择翼尖上翼面和翼尖下翼面，创建翼尖翼面曲面外形，如图 6.86 所示。

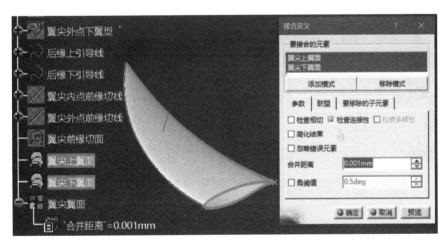

图 6.86　创建翼尖翼面

6.3.6　机翼绘制

上述已对基本翼翼面和翼尖翼面绘制完毕，但翼尖翼面和基本翼翼面之间还有部分多余曲面需要去掉，如图 6.87 所示。此外，机翼的后缘端面和翼尖的侧端面尚未绘制，还需要对机翼相对机身的姿态进行调整等工作尚未完成。

使用【分割】命令，要切除的元素选择基本翼面，切除元素选择翼尖内点位置平面，根据视图中的结果，保留基本翼面的内侧部分曲面，如图 6.88 所示。

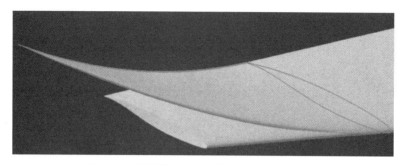

图 6.87　机翼翼尖与基本翼之间多出部分曲面

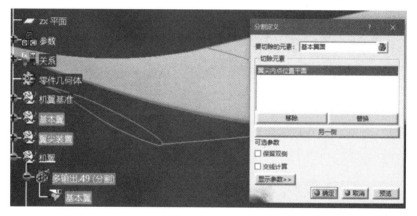

图 6.88　分割基本翼翼面

现在,建立机翼后缘端面和翼尖外点端面,可使用【填充】命令来实现。以翼尖后缘端面为例,使用填充命令,分别按序选择翼尖内点后缘端线、后缘上引导线、翼尖外点后缘端线和后缘下引导线,选中翼尖内点后缘端线,使其高亮显示,然后选择机翼后缘端面(已在机翼后缘端面前创建好)作为支持面,然后点击【确定】按钮生成翼尖后缘端面,如图 6.89 所示。

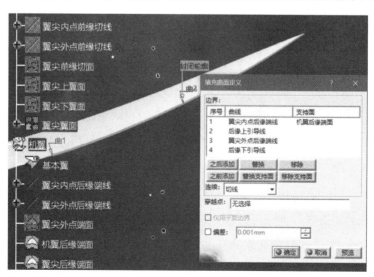

图 6.89　创建翼尖后缘端面

使用【接合】命令，分别选择基本翼、翼尖翼面、翼尖外点端面、内翼后缘端面、外翼后缘端面和翼尖后缘端面，生成右半部机翼外形曲面，如图 6.90 所示。

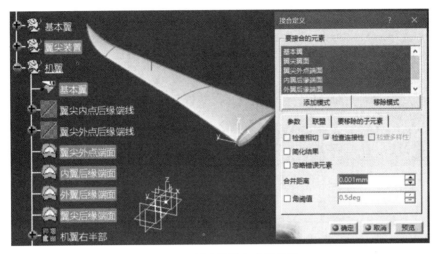

图 6.90　创建机翼右半部曲面

根据飞机设计方案，已知机翼上反角为 3°。使用【旋转】命令，采用轴线-角度方式，元素栏选择刚创建的机翼右半部曲面，旋转轴选择机翼坐标系的 X 轴，角度输入 3deg，点击确定按钮生成带上反的机翼右半部曲面，如图 6.91 所示。

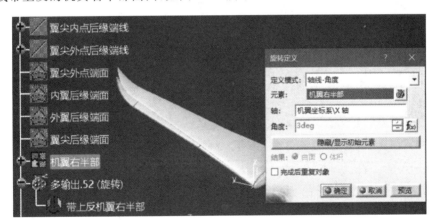

图 6.91　机翼上反角旋转操作

机翼安装角为 1.8°，继续使用【旋转】命令，元素栏选择刚生成的带上反机翼右半部曲面，旋转轴选择机翼坐标系的 Y 轴，角度输入 1.8deg，点击【确定】按钮生成带上反和安装角的机翼右半部曲面，如图 6.92 所示。

因涉及多次旋转操作，在进行上反角和安装角旋转操作时需要注意与设计人员沟通确定两个角度的定义方式，以及旋转参考轴使用的是静态坐标系还是动态坐标系。两次旋转的顺序不同，参考坐标系定义不同，得到的结果也不同。

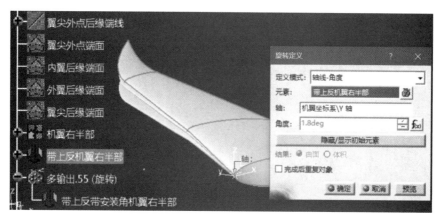

图 6.92　机翼安装角旋转操作

使用【对称】命令,元素栏选择刚生成的带有上反和安装角的机翼右半部曲面,参考面选择机翼坐标系的 ZX 平面,生成机翼左半部曲面,如图 6.93 所示。

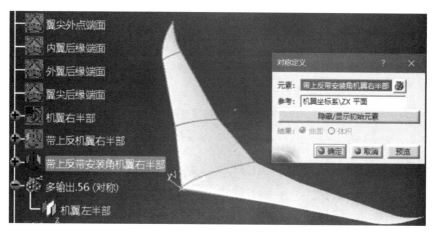

图 6.93　对称生成机翼左半部曲面

6.3.7　机翼三维外形曲面质量分析

机翼创建完毕后,可以进行环境映射分析、高光分析、高光线分析、曲面曲率分析和切面曲率分析等定性或定量分析。

环境映射分析如图 6.94 所示,在转折点位置,翼面有不连续的地方,这主要是因为在创建内翼和外翼时,转折处未考虑曲面切矢连续问题。

上述问题需要对建立的机翼曲面进行修正,修正主要有两种方法:一种为无参修正,另一种为有参修正。无参修正主要使用自由造型模块中的曲面编辑功能,建立的曲面为 NURBS 曲面,但与前面建立的机翼曲面之间没有关联关系,无法进行参数化修改。有参修正为在前面建立曲面过程中的一些关键步骤里使用其他方法来生成关键控制曲面。下面以转折处曲面的有参修正为例,介绍曲面修正的过程。需要注意的是,曲面修正的方法有很多种,本书介绍的不是唯一的方法,限于篇幅限制,其他方法感兴趣的读者可参考 CATIA 软件的专用教程。

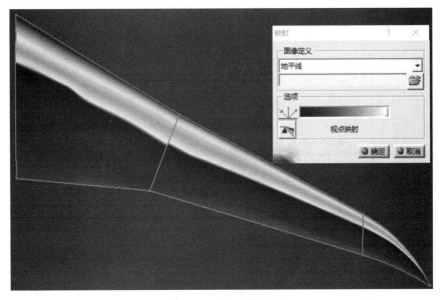

图 6.94　环境映射分析

将最终的机翼曲面隐藏,在特征树中找到内翼上翼面、内翼下翼面、外翼上翼面、外翼下翼面和 kink 平面等特征并显示出来,如图 6.95 所示。

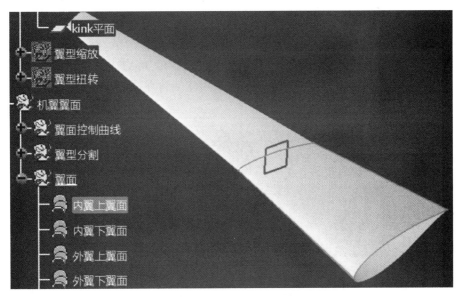

图 6.95　基本翼面及 kink 平面

在特征树中的翼面集合节点上点击鼠标右键,在弹出的上下文菜单中选择定义工作中的对象,此时,翼面集合节点上显示有下横线,代表新创建的特征将添加到此集合中,如图6.96 所示。

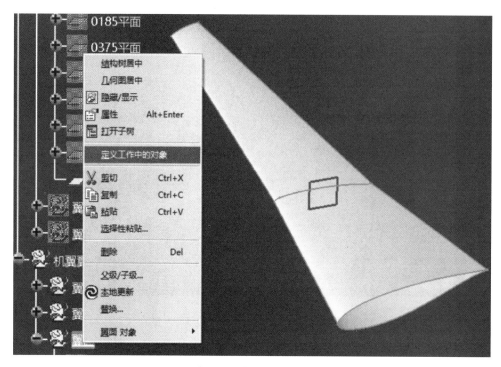

图 6.96　定义工作对象

机翼转折处曲面不连续问题可通过将转折处附近的曲面切割掉,然后使用桥接曲面的方法将两个曲面连接起来。

使用【平面】命令,采用从平面偏移方式,参考面选择 kink 平面,偏移距离此处先输入100 mm,后期可根据曲面生成质量进行调节。采用相同的方式,在 kink 平面的另外一个方向再偏移一个平面,如图 6.97 所示。

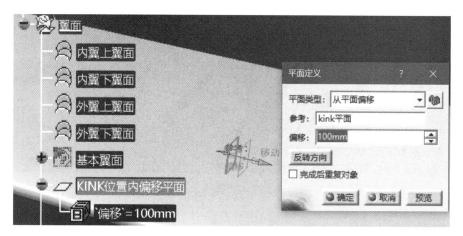

图 6.97　创建转折位置平面的偏移面

　　使用【切割】命令，要切除的元素选择内翼上翼面，切除元素选择刚建立的 KINK 位置内偏移平面，保留主要翼面，如图 6.98 所示。

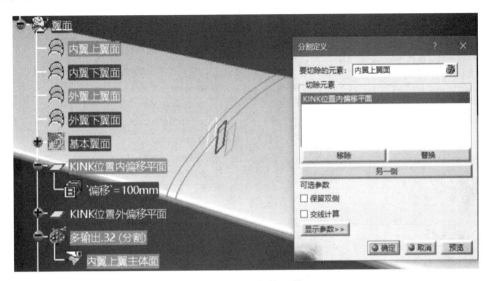

图 6.98　切割内翼上翼面

　　采用类似方法，继续建立内翼下翼主体面、外翼上翼主体面和外翼下翼主体面。最终的结果如图 6.99 所示。

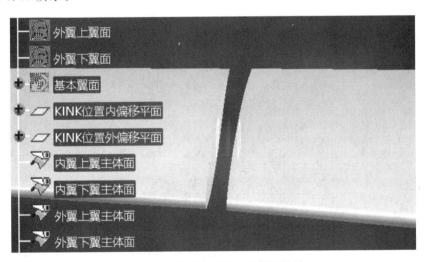

图 6.99　创建好的四个主体面结果

　　使用【桥接】命令，第一曲线选择内翼上翼主体面的边线，第一支持面选择内翼上翼主体面，第二曲线选择外翼上翼主体面的边线，第一支持面选择外翼上翼主体面，基本页中的第一连续和第二连续方式均选择曲率连续，耦合/脊线页中选择相切然后曲率方式，其他参数默认，点击【确定】按钮创建 KINK 过渡上翼面，如图 6.100 所示。采用相同的方式创建 KINK 过渡下翼面。

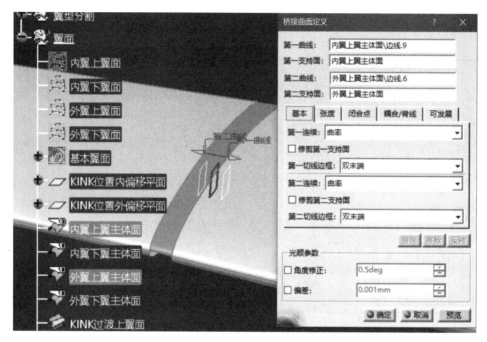

图 6.100　桥接创建 KINK 过渡上翼面

最后使用【接合】命令,创建调整后的基本翼面曲面,如图 6.101 所示。

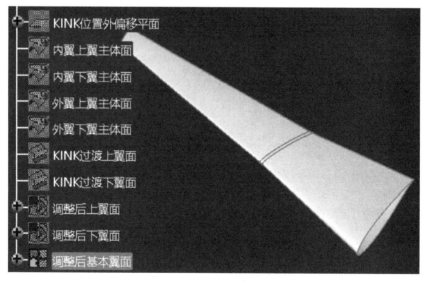

图 6.101　创建调整后的基本翼面

由于已经创建好最终的机翼外形,而调整后的基本翼面并未与最终的机翼外形关联起来,也就是说,此时最终的机翼外形并未改变,还是原来的形状。将机翼右半部曲面显示出来,与刚建立的调整后的基本翼面对比,也可以发现它们之间存在偏差,如图 6.102 所示。

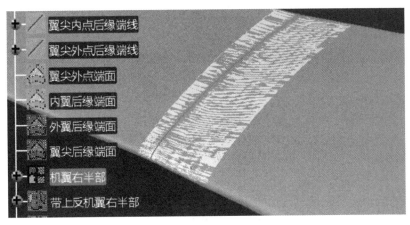

图 6.102　最终机翼外形未更新

可使用特征替换的方法快速地将原来的特征结果替换为新的特征结果,从而不需要手动修改后面所有以此特征为输入的特征。在特征树中找到基本翼面,在节点上单击鼠标右键,弹出上下文菜单,点击【替换】功能,弹出【替换】对话框,如图 6.103 所示。

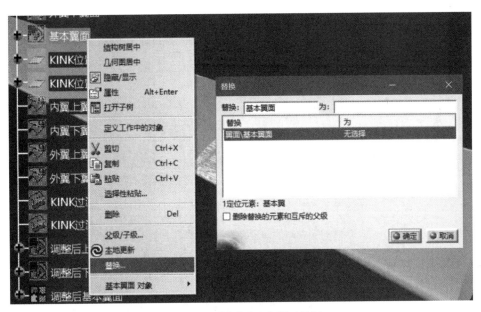

图 6.103　【替换】基本翼面特征

在特征树中选择调整后基本翼面,然后点击【确定】按钮实现特征的替换,如图 6.104所示。

再次进行环境映射分析,可以看到在机翼转折处,曲面的不连续问题得到了解决,如图6.105 所示。如果对调整后的曲面结果不满意的话,可以调整 KINK 位置平面处的两个偏移面的偏移距离。

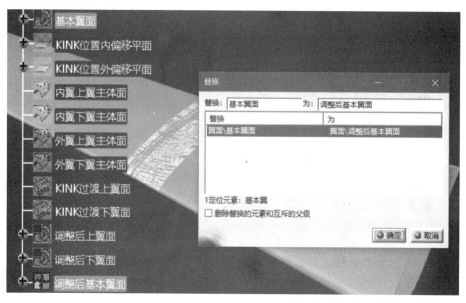

图 6.104　将基本翼面替换为调整后基本翼面

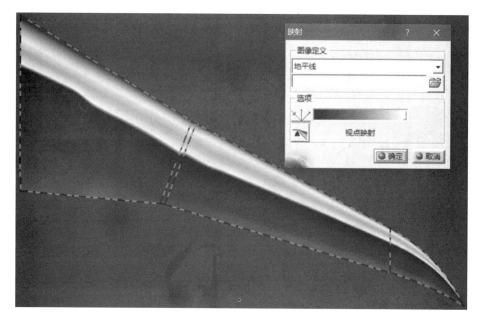

图 6.105　调整后的机翼环境映射分析

　　调整后的机翼切面曲率分析结果如图 6.106 所示,可以看出机翼三维外形曲面在顺气流方向的切矢连续性比较好,而外翼部分前缘点处曲率变化较大。此外,后缘处曲率为负值,这表明曲面表面有部分内凹。这些特性与导入的翼型曲线形状有关,如需进一步优化曲面,需要与气动设计人员协调进行。

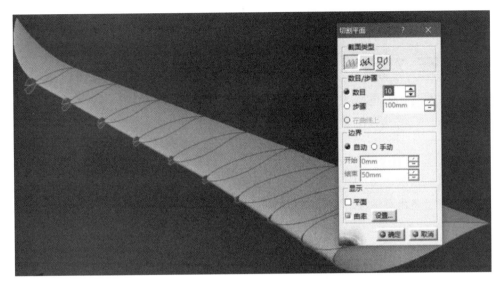

图 6.106　切面曲率分析

6.4　小　　结

　　本章介绍了飞机机翼的三维外形设计方法,对机翼和尾翼设计中涉及的翼型导入方法也做了简要的介绍。实际飞机机翼设计过程非常复杂,本书仅对机翼基准、平面形状绘制、基本翼翼面绘制、翼尖小翼绘制和机翼曲面质量检查等主要设计过程进行了简单介绍。此外,机翼设计方法也有很多种方法,可通过各种方法实现相同的目的,感兴趣的读者可自行探索研究。

第7章 飞机尾翼三维外形设计

飞机尾翼包括垂尾和平尾两部分,垂尾用于控制飞机航向稳定性,平尾用于控制飞机纵向稳定性。通过飞机总体设计,可以得到飞机尾翼的平面形状参数和翼型参数。在此基础上,即可进行三维外形设计。

7.1 垂尾设计

垂尾三维外形如图 7.1 所示。主要建模过程包括垂尾基准、垂尾平面形状、垂尾翼型、垂尾翼面、垂尾翼尖几个部分,本节对具体建模过程进行详细介绍。

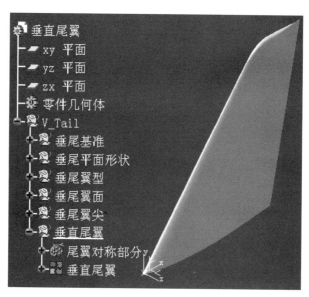

图 7.1 垂尾最终三维外形图

7.1.1 垂尾形状参数

垂尾形状参数包括平面形状参数和翼型数据两部分,平面形状参数见表 7.1,平面形状如图 7.2 所示。垂尾根部翼型和尖部翼型选取对称翼型,本书假设翼型数据及曲线已有,如图 7.3 所示。

表 7.1　垂尾平面形状参数

参　　数	取　　值
参考面积 /m²	27.3
展长 /mm	5 960
根弦长 /mm	5 510
尖弦长 /mm	1 930
展弦比	1.3
尖削比	0.35
1/4 弦线后略角 /(°)	35

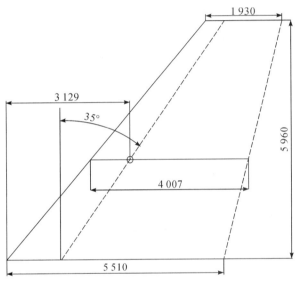

图 7.2　垂尾平面形状(单位:mm)

图 7.3　垂尾对称翼型

7.1.2　垂尾三维外形绘制

7.1.2.1　创建垂尾基准

首先采用与机身机尾设计类似的方法建立参考基准,将机头模型中发布的坐标原点和参考坐标系以带链接的方式粘贴到垂尾模型特征树节点下。

建立垂直尾翼基准,以尾翼根弦前缘点为参考原点,假设垂尾参考原点在飞机坐标系中的坐标为(32 000 mm,0 mm,1 850 mm),首先使用【点】命令创建参考原点,参考点选择坐标原点;然后使用【插入】菜单的【轴系】命令建立垂直尾翼参考坐标系,坐标系采用标准类型创建,原点选择刚建立的垂尾参考原点,三个坐标轴分别选择参考坐标系的三个轴。将名称分别修改为"垂尾坐标系原点"和"垂尾坐标系",如图 7.4 和图 7.5 所示。

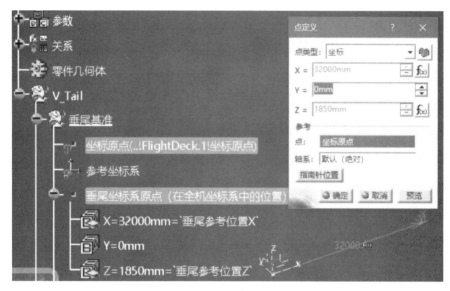

图 7.4　建立垂尾坐标系原点

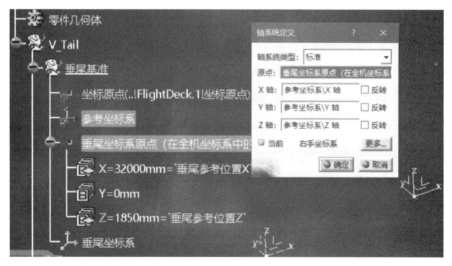

图 7.5　建立垂尾参考坐标系

7.1.2.2　创建垂尾平面形状

根据垂尾的尺寸参数,建立平面形状轮廓。首先,根据总体参数,翼尖所在平面距参考原点偏移 5 960 mm。使用【平面】命令,采用从平面偏移方式,参考栏中选择垂尾参考坐标系的 ZX 平面,偏移栏中填入 5 960 mm,创建垂尾翼尖平面,如图 7.6 所示。

然后沿垂尾参考坐标系 X 轴方向建立根弦,根弦长度 5 510 mm。使用【直线】命令,采用点-点方式,在点 1 栏中点击鼠标右键,在弹出的上下文菜单中选择【创建点】命令,弹出

【点定义】对话框,创建根弦前缘点,坐标为(0 mm,0 mm,0 mm),使用同样的方式在点 2 栏中创建点(5 510 mm,0 mm,0 mm),其他默认,点击【确定】按钮创建根弦,如图 7.7 所示。

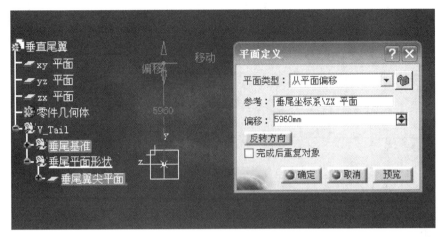

图 7.6　建立翼尖平面

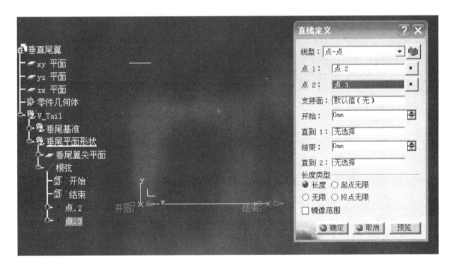

图 7.7　建立根弦

　　建立 1/4 弦线,根据总体参数,1/4 弦线与 Z 轴夹角 35°。使用【直线】命令,如图 7.8 所示,采用曲线的角度/法线方式,在曲线栏中选择垂尾参考坐标 Z 轴,点栏中点击鼠标右键,在弹出的上下文菜单中选择【创建点】命令,弹出如图 7.9 所示的【点定义】对话框,创建根弦 1/4 弦点,创建点的方式选择在曲线上,曲线栏中选择根弦,激活曲线长度比率,比率栏中输入 0.25,点击【确定】按钮创建根弦 1/4 弦点,如果创建点的位置错误的话,则使用反转方向按钮修改点的位置。根弦 1/4 弦点创建好后,返回到直线定义对话框,在角度栏中输入 35deg,角度可使用参数方式定义。鼠标左键单击直到 2 栏,然后选择前面建立的垂尾翼尖平面,其他默认,点击【确定】按钮创建 1/4 弦线。

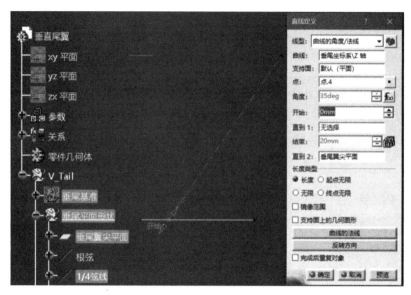

图 7.8 建立 1/4 弦线

图 7.9 建立根弦 1/4 弦点

以 1/4 弦线的尖部端点为参考,沿 X 轴方向建立尖弦,根据总体参数,尖弦长度为 1 930 mm。使用【直线】命令,采用点－点方式,如图 7.10 所示,点 1 栏中使用上下文菜单中的【创建点】命令,弹出如图 7.11 所示【点定义】对话框,采用坐标方式创建点,参考点选择 1/4 弦线的尖部端点,参考轴系选择垂尾坐标系,在 X 栏中点击鼠标右键,在弹出的上下文菜单中选择【编辑公式】命令,弹出公式编辑器,如图 7.12 所示,输入"－尖弦长 /4",点击【确定】按钮,结束 X 栏参数,软件自动计算参数值为－482.5 mm。点击【确定】按钮,完成尖弦前缘点的创建。采用相同方式创建尖弦后缘点,X 栏中参数输入"尖弦长 * 3/4",其他默认,点击【确定】按钮完成尖弦创建。

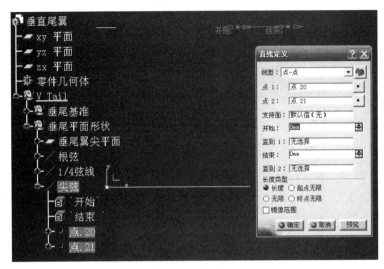

图 7.10　建立尖弦

图 7.11　建立尖弦前缘点

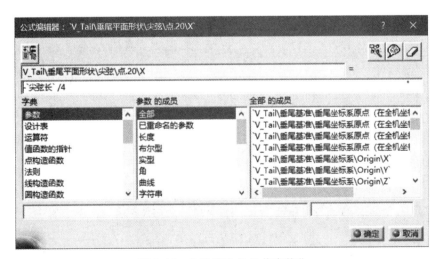

图 7.12　尖弦前缘点 X 值参数化

使用【直线】命令分别完成垂尾前缘线和垂尾后缘线的创建，如图 7.13 所示。至此，完成垂尾平面形状的创建。

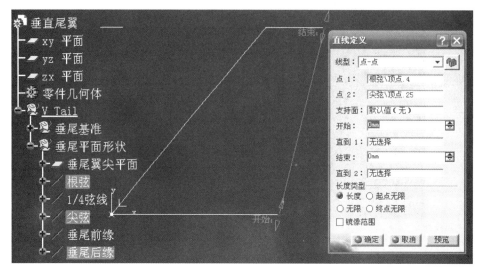

图 7.13　建立前缘线及后缘线

7.1.2.3　创建翼型曲线

首先导入已知的翼型，具体导入方法可参考机翼三维外形设计中导入翼型部分内容，导入的翼型曲线如图 7.14 所示。翼型导入成功后，一般为一条曲线，包含上翼面和下翼面两部分。因垂尾翼型为对称翼型，故可以将翼型沿弦线分割成两部分，创建垂尾三维外形时只创建其中一半即可，另一半可采用对称方法创建。

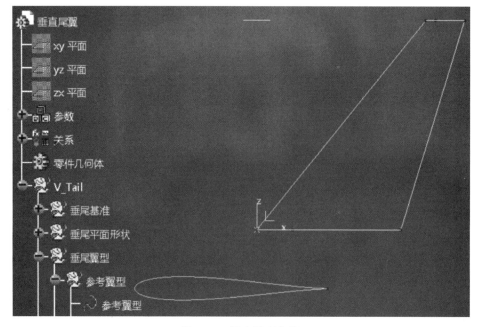

图 7.14　导入翼型曲线

使用【相交】功能创建翼型前缘点，第一元素栏选择导入的参考翼型，第二元素栏根据翼型的位置和朝向选择相应的平面，刚导入的翼型位于 ZX 平面内，翼型前缘点位于 XY 平面上，因此此处选择 XY 平面。点击【确定】按钮创建参考翼型前缘点，如图 7.15 所示。

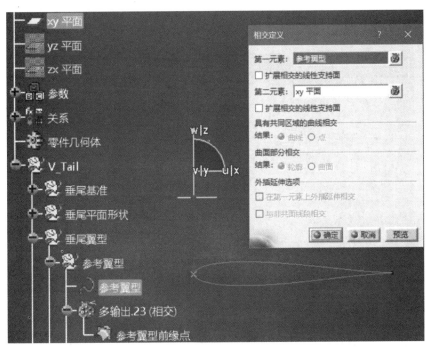

图 7.15　创建翼型前缘点

使用【直线】命令采用点-点方式连接导入的翼型曲线的两个端点，创建参考翼型后缘线，以备后用，如图 7.16 所示。

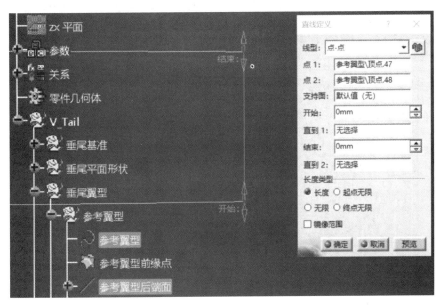

图 7.16　创建翼型后缘线

使用【分割】命令将翼型曲线分割为两部分,保留其中一侧的曲线即可,用于后面创建根部翼型和尖部翼型参考。要切除的曲线栏中选择导入的翼型曲线,鼠标左键单击切除元素栏中空白处,激活选择命令,选择翼型前缘点作为分割点。点击【确定】按钮将翼型曲线分割。如果分割后的结果不是想要保留的那部分,则在对话框中点击另一侧按钮,切换保留的曲线,如图 7.17 所示。

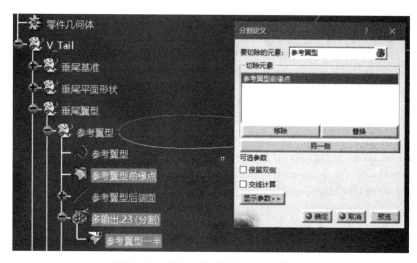

图 7.17　将导入的翼型分割为两部分

接下来根据根弦长度和导入翼型弦线长度之间的关系,创建根部翼型。首先使用【测量间距】命令测量导入翼型的弦线长度。不同来源的翼型数据导入后弦长可能不同,本书中导入的翼型长度为 7 077.494 mm,如图 7.18 所示。

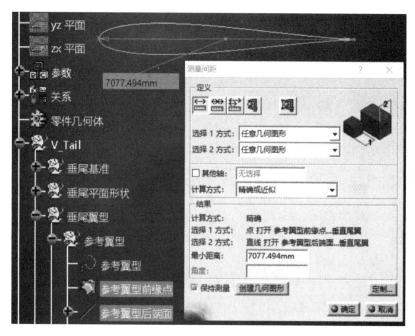

图 7.18　导入翼型的弦长测量

　　根据垂尾形状参数,已知根弦长度为5 510 mm,因此需要将导入的翼型进行缩放,缩放比例为5 510/7 077.494＝0.778 524。使用【缩放】命令,元素栏选择分割后留下的一半翼型,参考栏中选择参考翼型前缘点,此时翼型将以参考点为原点,进行缩放操作,比率栏中可以直接输入0.778 524,也可以采用参数化的方式进行设置。在比率栏中点击鼠标右键,在弹出的上下文菜单中选择【编辑公式】命令,弹出公式编辑器,在公式编辑器中填入图7.19所示公式。其中"根弦长"为事先建立的参数,其值为5 510 mm,distance()函数用于测量翼型的长度。点击【确定】按钮后返回缩放定义对话框,点击【确定】按钮后创建根弦控制翼型,如图7.20所示。

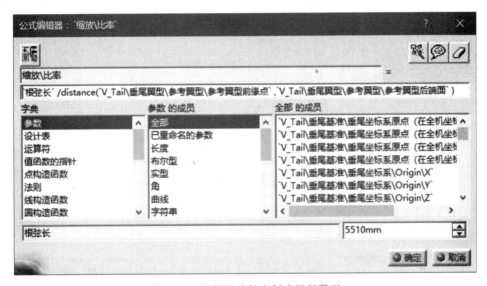

图7.19　根据根弦长度创建根部翼型

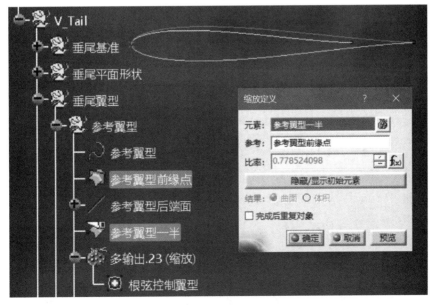

图7.20　根据根弦长度创建根部翼型

使用同样方式创建尖弦控制翼型,如图 7.21 所示。

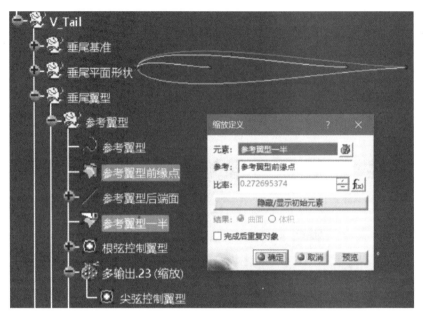

图 7.21　根据尖弦长度创建尖部翼型

使用【直线】命令点-点方式创建弦线,点 1 选择后缘点,后缘点为后缘线的中点。点 2 选择前缘点,如图 7.22 所示。

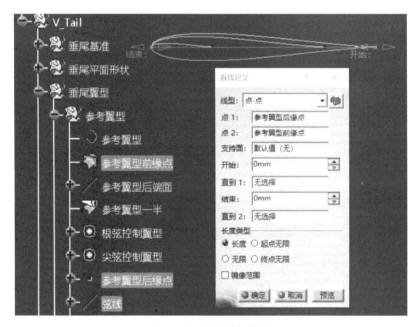

图 7.22　创建参考弦线

如果导入的翼型方向不垂直于垂尾对称平面,则需要进行旋转操作,旋转操作的次数和方向需要根据导入翼型方向和垂尾对称平面方向之间的相对位置决定。本书需要进行一次以弦线为旋转轴的旋转操作。使用【旋转】命令,使用轴线-角度方式,元素栏选择根弦控制翼型,轴栏中选择弦线,角度栏中填写-90deg,点击【确定】按钮创建旋转后的翼型,名称修改为"参考翼根翼型旋转",如图 7.23 所示。

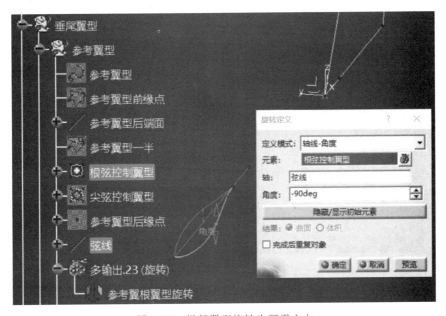

图 7.23　根部翼型旋转为所需方向

采用同样方式创建"参考翼梢翼型旋转",如图 7.24 所示。

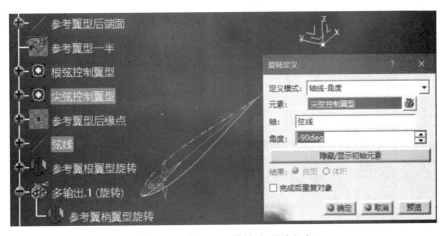

图 7.24　尖部翼型旋转为所需方向

使用【平移】命令采用点到点方式创建根部翼型。元素栏中选择参考翼根翼型旋转,起点栏中选择参考翼型前缘点,终点选择开始时建立的垂尾坐标系原点。点击【确定】按钮创建根部翼型,如图 7.25 所示。采用同样的方式创建尖部翼型。

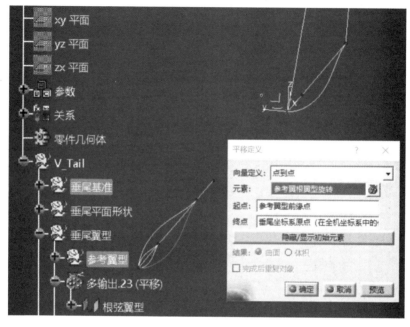

图 7.25　平移创建根部翼型

创建好的根部翼型和尖部翼型如图 7.26 所示。

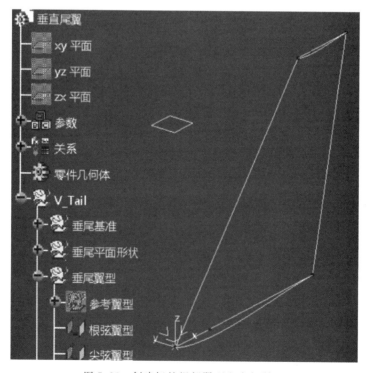

图 7.26　创建好的根部翼型和尖部翼型

至此,建立垂尾的三维外形所需的控制轮廓已经创建完毕,但在创建三维外形曲面前,需要创建前缘线处的支持面,用于控制外形曲面在对称面处的法线方向。使用【拉伸】命令,轮廓栏中选择垂尾前缘线,方向栏中选择垂尾坐标系的 ZX 平面,尺寸中输入 500 mm(可填写任意值)。点击【确定】按钮创建前缘线切面,如图 7.27 所示。

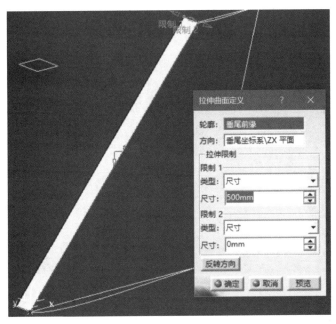

图 7.27　创建前缘线切面

此外,在创建平面形状时,创建了后缘线。但翼型的后缘与对称平面没有相交,而是有一定的间隙。因此,需要创建根部翼型和尖部翼型之间的后缘引导线。使用【直线】命令采用点-点方式,分别选择跟部翼型的后端点和尖部翼型的后端点,建立翼型后端线,如图 7.28 所示。

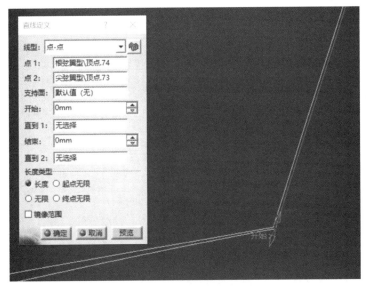

图 7.28　创建翼型后端线

使用【多截面曲面】命令创建垂尾翼面,鼠标单击截面列表框空白处,激活选择截面模式,在特征树或者视图窗口中分别选择尖弦翼型和根弦翼型,鼠标单击引导线列表框空白处,激活选择引导线模式,在特征树或者视图窗口中分别选择垂尾前缘线和翼型后段线,此处需要注意不能选择垂尾后缘线。在对框框中选择垂尾前缘项,使其高亮显示,然后在特征树或视图窗口中选择前缘切面,作为垂尾前缘的支持面,使生成的曲面在前缘线处与切面相同,从而保证后续生成的另一半垂尾曲面与此曲面相切连续,如图 7.29 所示。

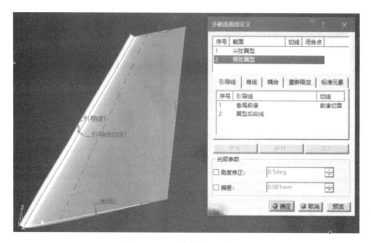

图 7.29 创建垂尾翼面

7.1.3 垂尾尖部修型

至此,垂尾的基本翼面已经绘制完成。接下来,进行尖部翼面的处理。尖部翼面用于基本翼面顶部、前缘部与尖弦之间的过渡。先将基本翼面在尖部切割掉一部分。首先,建立尖部处理范围控制端面,使用【平面】命令采用从平面偏移方式创建偏移平面,参考栏内选择垂尾坐标系 XY 平面,偏移量为垂尾展长的 0.98 倍,即 5 960 mm×0.98=5 840.8 mm。点击【确定】按钮创建翼尖端面,如图 7.30 所示。

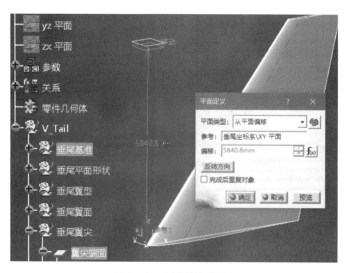

图 7.30 创建翼尖端面

使用【相交】命令创建翼尖端面翼型。第一元素栏选择刚建立的翼尖端面,第二元素栏选择垂尾翼面。点击【确定】按钮创建翼尖端面翼型,如图 7.31 所示。

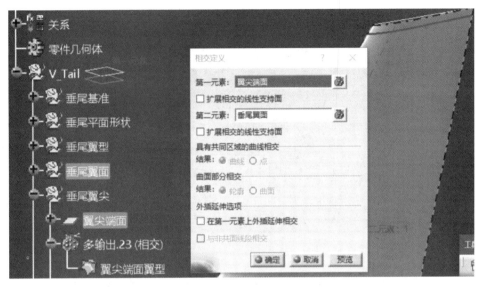

图 7.31 创建翼尖端面翼型

使用【平面】命令采用平行通过点方式创建平面,参考栏选择垂尾坐标系的 YZ 平面,通过的点选择尖弦前缘点。创建的尖弦前端点截面位于尖弦前缘点处且与尖弦垂直,如图 7.32所示。

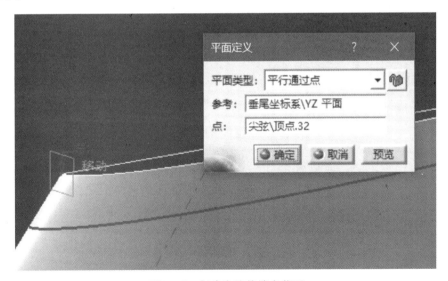

图 7.32 创建尖弦前端点截面

采用同样方式创建尖弦 1/4 处与其垂直的平面。参考栏可选择垂尾坐标系的 YZ 平面或刚创建的尖弦前端点截面,通过的点选择 1/4 弦线顶点,如图 7.33 所示。

为保证前缘线与尖弦之间的相切性连续过渡,需要创建尖弦与前缘线之间的过渡线。

使用【分割】命令,要切除的元素栏选择尖弦,切除元素栏选择 1/4 弦线。根据视图窗口中的提示使用另一侧按钮使结果保留后 3/4 段,如图 7.34 所示。

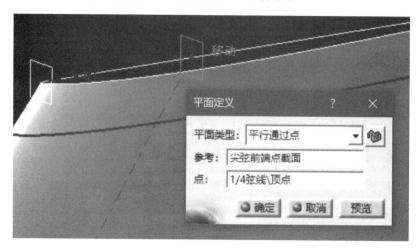

图 7.33　创建尖弦 1/4 弦平面

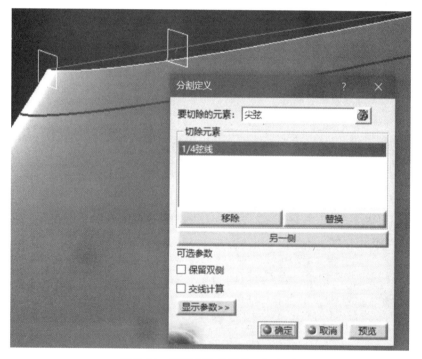

图 7.34　切割尖弦并保留 3/4 尖弦

使用【二次曲线】功能创建前缘线与尖弦之间的过渡线。支持面选择垂尾坐标系 ZX 平面,开始点和结束点分别选择翼尖端面翼型前缘点和 1/4 弦线的尖部端点,相应的切线分别为垂尾前缘和 3/4 尖弦。中间约束部分参数采用默认值 0.5,点击【确定】按钮创建翼尖前缘外形,如图 7.35 所示。

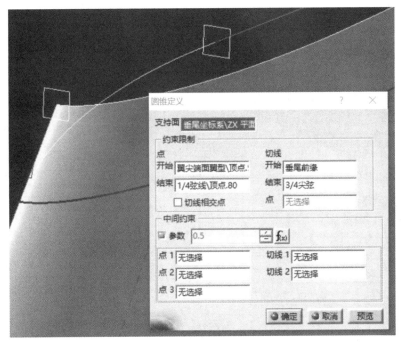

图 7.35　创建翼尖前缘外形

使用【接合】命令将翼尖前缘外形与 3/4 尖弦接合为一条曲线。要接合的元素栏中分别选择翼尖前缘外形和 3/4 尖弦,点击【确定】按钮创建翼尖外形,如图 7.36 所示。

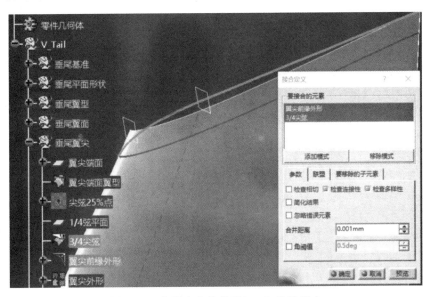

图 7.36　将翼尖前缘外形与 3/4 尖弦接合

与垂尾前缘类似,为保证翼尖部分曲面在对称后两部分能够相切连续,在创建翼尖曲面前需要首先创建翼尖曲线处的切面。使用【拉伸】命令,轮廓选择翼尖外形,方向选择垂尾坐标系 ZX 平面,拉伸尺寸输入 500 mm。点击【确定】按钮创建翼尖外形切面,如图 7.37 所示。

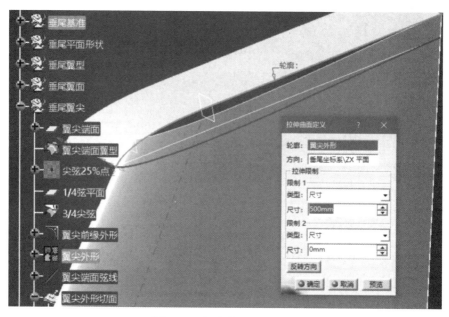

图 7.37 创建翼尖外形切面

使用【平面】命令角度/平面法线方式创建后缘切面。旋转轴选择翼型后段线,参考栏选择垂尾坐标系 ZX 平面,旋转角度栏中输入 90deg。点击【确定】按钮创建后缘平面,如图 7.38 所示。

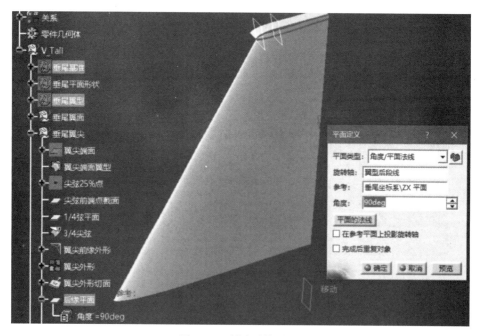

图 7.38 创建后缘平面

至此,创建翼尖外形所需的控制轮廓已全部创建完成,接下来开始建立翼尖外形。翼尖外形的创建可使用【扫掠曲面】命令中二次曲线方式中的两条引导线类型来创建。但由于两条引导线在前缘点相交,此功能不再适用,如图 7.39 所示。

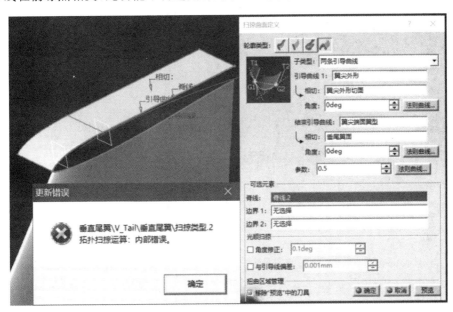

图 7.39 翼尖外形曲面一次扫掠成型失败

为解决上述问题,可以限制扫掠曲面只生成到 1/4 尖弦位置,去除前缘点部分,剩下的翼尖外形曲面可采用填充方式实现。仍使用上述【扫掠曲面】命令及相应的参数,不同的地方是脊线不再一样,使用的脊线不仅仅以翼尖外形和翼尖端面翼型为引导线,在此基础上还需要添加 1/4 弦平面和后缘平面的限制,从而限制扫掠曲面只在此范围内生成,如图 7.40 所示。

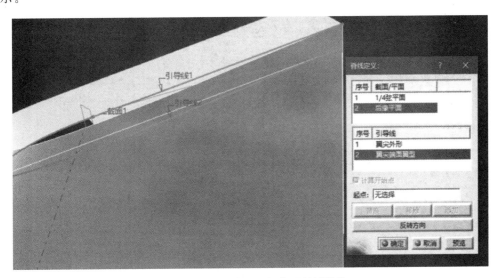

图 7.40 翼尖外形后部曲面所用脊线

生成的翼尖外形后部曲面如图 7.41 所示,可调节参数值,控制曲面在两条引导曲线边界处的曲率大小。

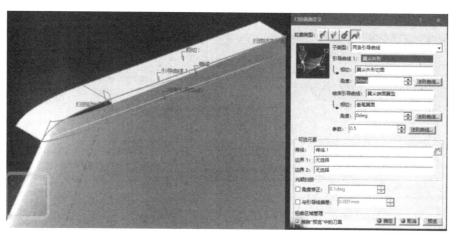

图 7.41　创建翼尖外形后部曲面

翼尖外形后部创建完成后,在前部形成了一个封闭区域,可以使用【填充】命令创建前部外形曲面。边界列表中分别选择翼尖前缘外形,翼尖外形后部的前端边线(从视图窗口中使用鼠标左键选择),翼尖端面翼型。同时选择相应的切面作为支持面。连续类型采用默认切线方式。点击【确定】按钮创建翼尖外形前部曲面,如图 7.42 所示。

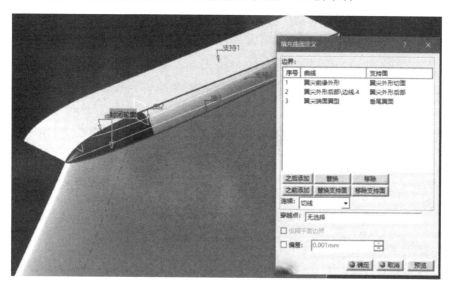

图 7.42　创建翼尖外形前部曲面

7.1.4　生成垂尾三维外形

使用【分割】命令将前面创建的垂尾翼面在翼尖多余的部分去掉,要切除的元素选择垂尾翼面,切除元素选择翼尖端面翼型,根据视图窗口提示选择正确的保留结果,点击【确定】

按钮创建基本翼面,如图 7.43 所示。

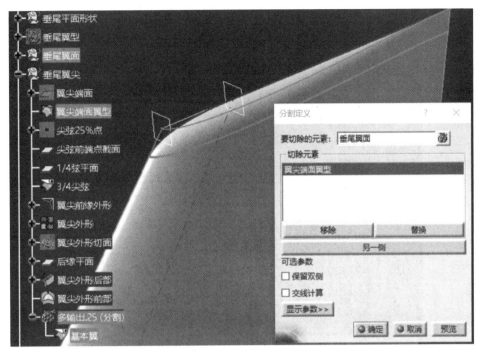

图 7.43　创建基本翼面

使用【接合】命令创建垂尾左半部曲面,要接合的元素分别选择基本翼面、翼尖外形前部曲面和翼尖外形后部曲面,如图 7.44 所示。

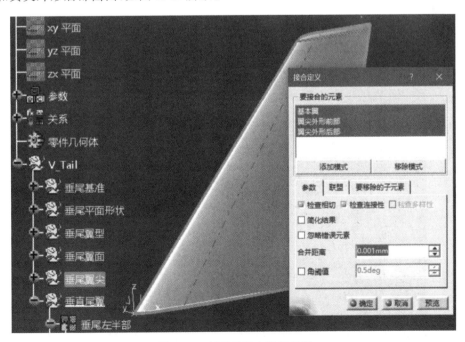

图 7.44　创建垂尾左半部曲面

使用【对称】命令创建垂尾有半部曲面,元素栏选择垂尾左半部曲面,参考元素为垂尾坐标系 ZX 平面,如图 7.45 所示。

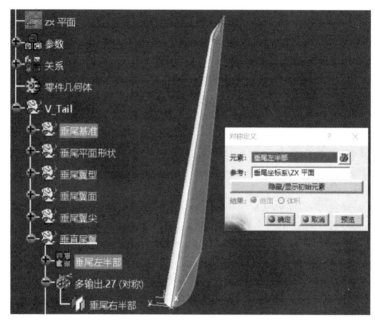

图 7.45　创建垂尾右半部曲面

至此,垂尾外形基本创建完毕,还差后缘面尚未创建。创建后缘面有两种简单的方法:第一种是创建封闭轮廓,然后使用【填充】命令;第二种是使用【拉伸】命令创建较大范围的后缘面,然后使用【分割】命令得到真正的后缘面。本书以第二种方法为例进行介绍。

首先,使用【拉伸】命令,轮廓选择垂尾后缘,方向选择垂尾坐标系 ZX 平面,拉伸尺寸两个方向均输入 500 mm(尺寸数值可为任意值,但必须大于根部翼型后缘长度),点击【确定】按钮创建尾翼后端面,如图 7.46 所示。

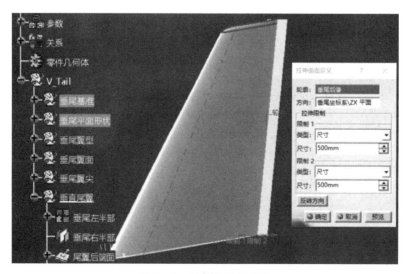

图 7.46　创建尾翼后端面

　　使用【分割】命令，要切除的元素选择刚创建的尾翼后端面，切除元素选择垂尾左半部曲面和垂尾右半部曲面。点击【确定】按钮创建垂尾后端面，如图 7.47 所示。

图 7.47　创建垂尾后端面

　　使用【接合】命令，分别选择垂尾左半部曲面、垂尾右半部曲面和垂尾后端面创建垂尾三维外形。最终垂尾外形效果图如图 7.48 所示。

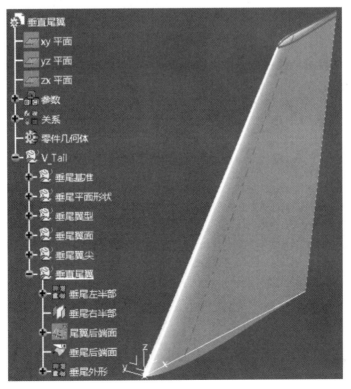

图 7.48　创建垂尾三维外形曲面

7.1.5 垂尾三维外形曲面质量分析

垂尾创建完毕后,分别进行环境映射分析、高光分析、高光线分析、曲面曲率分析和切面曲率分析,如图 7.49～图 7.53 所示。通过这些质量分析功能,可以看出垂尾三维外形曲面在基本翼和翼尖处的切矢连续性均比较好。在后缘处的曲率为负值,表明曲面表面有部分内凹,这与选择的翼型有关。

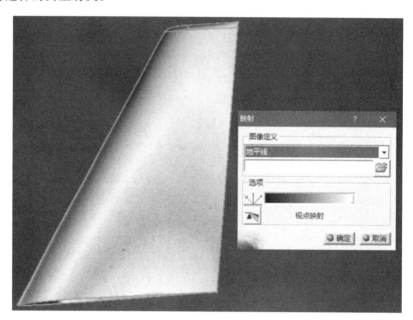

图 7.49　环境映射分析

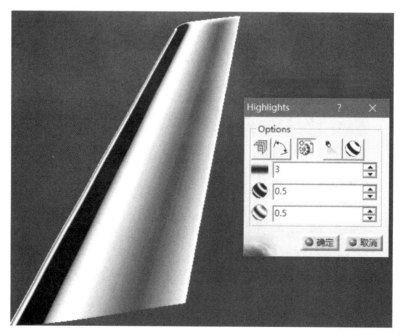

图 7.50　高光分析

图 7.51　高光线分析

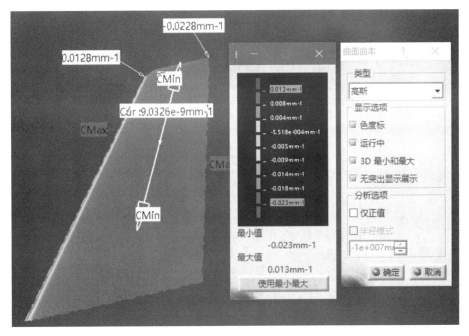

图 7.52　曲面曲率分析

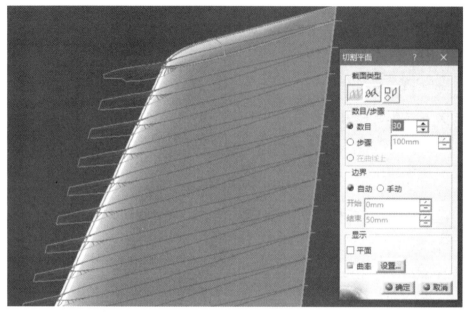

图 7.53　切面曲率分析

7.2　平尾设计

平尾三维外形如图 7.54 所示。主要建模过程包括平尾基准、平尾平面形状、平尾翼型、平尾翼面和平尾翼尖几部分，平尾设计的过程和机翼的设计过程类似，因此，本章对平尾的主要设计过程进行简要的介绍。

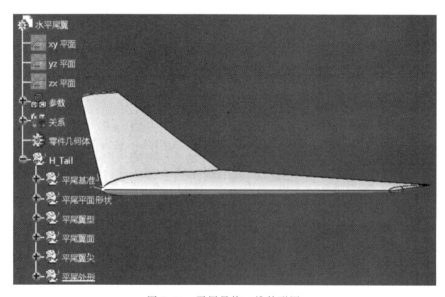

图 7.54　平尾最终三维外形图

7.2.1 平尾形状参数

平尾形状参数包括平面形状参数和翼型数据两部分,平面形状参数见表7.2,平面形状如图 7.55 所示。平尾根部翼型和尖部翼型选取相同翼型,本书假设翼型数据及曲线已有,如图 7.56 所示。

表 7.2 平尾平面形状参数

参 数	取 值
参考面积 /m²	36.23
展长 /mm	14 040
根弦长 /mm	3 900
尖弦长 /mm	1 260
展弦比	5.44
尖削比	0.32
1/4 弦线后略角 /(°)	25
安装角 /(°)	5
上反角 /(°)	2

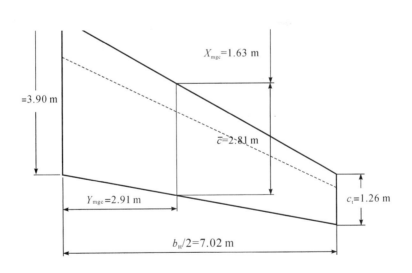

图 7.55 平尾平面形状

图 7.56 平尾翼型

7.2.2 平尾三维外形绘制

7.2.2.1 建立平尾基准

参考垂尾设计部分,创建平尾基准,其中平尾坐标系原点坐标为(33 665 mm, 0 mm, 1 220 mm),并选取坐标原点和参考坐标系作为平尾坐标系原点的参考,如图 7.57 所示。

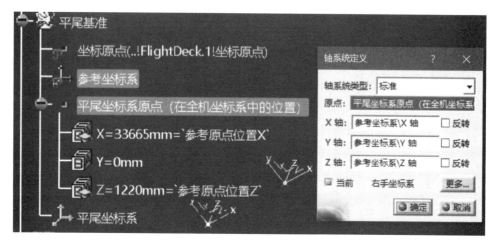

图 7.57 创建平尾坐标系

7.2.2.2 建立平尾平面形状

使用【平面】命令的从平面偏移方式建立平尾翼尖平面,偏移距离 7 020 mm,偏移参考为平尾坐标系的 ZX 平面。

使用【直线】命令创建根弦,根弦前缘点为平尾坐标系原点,后缘点距离前缘点长度为 3 900 mm。

使用【点】命令,采用在曲线上方式,创建根弦上的 1/4 弦点,比率为 0.25。

使用【直线】命令,采用曲线的角度方式,参考曲线选择根弦,支持面选择平尾坐标系的 XY 平面,起点为 1/4 弦点,结束直到平尾翼尖平面。

继续使用【直线】命令创建尖弦,采用点-点方式,两个端点分别为尖弦的前缘点和后缘点,这两个点可采用点命令直接创建出来,参考 1/4 弦线的翼尖端点,距离分别为尖弦长度 1 260 mm 的 1/4 和 3/4。

使用【直线】的点-点方式分别创建平尾的前缘线和后缘线。

使用【拉伸】命令创建平尾的前缘切面,轮廓选择平尾前缘,方向选择平尾坐标系的 XY 平面。最终平尾平面形状如图 7.58 所示。

7.2.2.3 建立平尾翼型

导入已知的平尾翼型,根据参考翼型弦长的尺寸和平尾根弦与尖弦的长度,对导入的参考翼型进行缩放和平移,分别建立平尾翼根和翼尖处的翼型,如图 7.59 所示。

需要注意的是导入的翼型后缘一般未封闭,需要对翼型后缘进行处理,建立翼型的后端线和弦线后缘点。后期建立翼面时为保证翼面的质量,此处将参考翼型剖分为上翼型和下翼型两部分曲线。

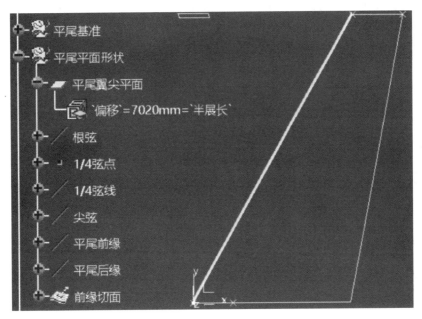

图 7.58　创建平尾平面形状

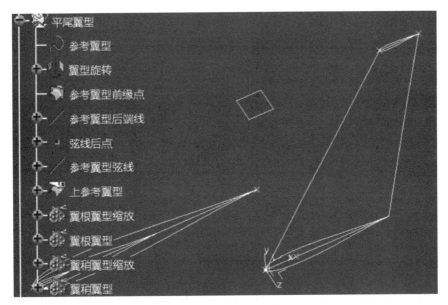

图 7.59　创建平尾翼型

7.2.2.4　建立平尾翼面

使用【多截面曲面】命令,分别选择根部翼型和尖部翼型为截面,选择平尾前缘为引导线,并选择前缘切面为引导线位置曲面的切矢方向。建立上翼面基本外形和下翼面基本外形,如图 7.60 所示。

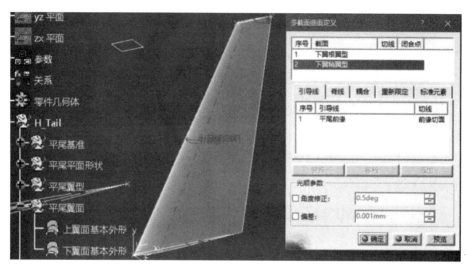

图 7.60　创建平尾翼面

7.2.2.5　建立平尾翼尖

首先,建立翼尖偏移面,翼尖尺寸在平尾设计方案中未给出,此处假设为平尾半翼展的 98% 展向站位。然后,使用【相交】命令,获得在 98% 展向站位处的翼尖端面翼型。

接下来,建立翼尖外形。翼尖外形后段可采用翼尖弦线,前段可使用圆锥曲线建立,分割点可选在 1/4 弦点位置。

使用【拉伸】命令建立翼尖外形处的切面,如图 7.61 所示。

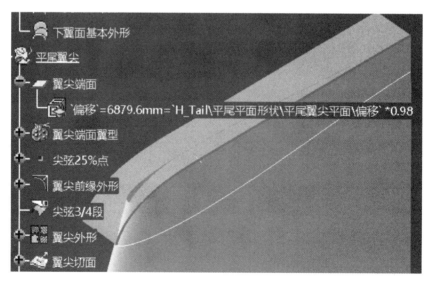

图 7.61　创建翼尖外形及翼尖切面

使用【扫掠曲面】命令,创建翼尖后上部曲面。轮廓类型选择二次曲线,子类型选择两条引导曲线,引导曲线 1 选择翼尖外形,切面选择翼尖切面,引导曲线 2 选择翼尖端面上翼型,切面选择上翼面基本外形,如图 7.62 所示。在脊线栏中点击鼠标右键,在弹出的上下文菜单中选择【创建脊线】命令,弹出【脊线定义】对话框,在截面列表框中选择 1/4 弦平面和后缘平面。其中,1/4 弦平面为通过尖弦 25% 点与平尾坐标系 YZ 平面平行的面;后缘平面为以平尾后缘为旋转轴,以平尾坐标系 XY 平面为参考面,旋转 90° 的面。在引导线列表框中选择翼尖外形和翼尖端面上翼型,如图 7.63 所示。点击【确定】按钮返回扫掠曲面命令对话框,再次点击【确定】按钮创建翼尖上翼面后部曲面。

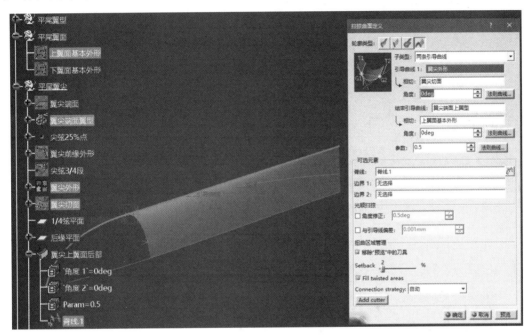

图 7.62　创建翼尖上翼面后部曲面

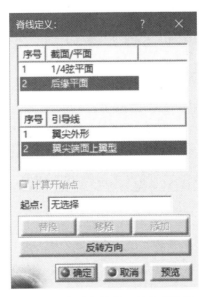

图 7.63　创建扫掠曲面的参考脊线

使用【填充】命令,分别选择刚建立的翼尖上翼面后部曲面的前侧边线,翼尖上翼面后部曲面作为支持面;翼尖外形,翼尖切面作为支持;翼尖端面上翼型,上翼面基本外形作为支持面。点击确定按钮创建翼尖上翼面前部曲面,如图 7.64 所示。

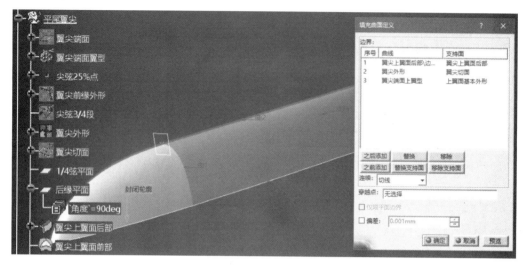

图 7.64　创建翼尖上翼面前部曲面

使用相同方式创建翼尖下翼面曲面。至此,翼尖曲面创建完成。接下来组合平尾曲面,首先,使用【分割】命令,将基本翼面在翼尖处多余的部分切割掉,如图 7.65 所示。

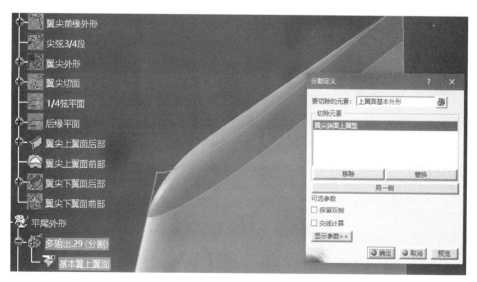

图 7.65　切割基本翼面

然后,使用【接合】命令,将所有曲面接合为平尾右翼外形曲面,如图 7.66 所示。

考虑平尾的上反角为 5°,安装角为 2°,将平尾右翼外形曲面进行二次旋转操作,如图7.67所示。与机翼类似,上反角和安装角的旋转操作顺序需要与设计人员协商确定。

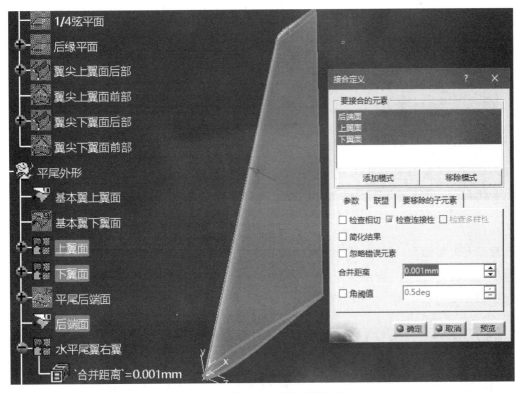

图 7.66　接合创建平尾右翼外形

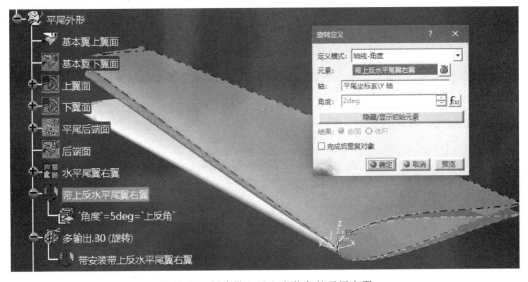

图 7.67　创建带上反和安装角的平尾右翼

将旋转好的平尾右翼对称生成左翼,最终使用【接合】命令得到水平尾翼外形曲面,如图 7.68 所示。

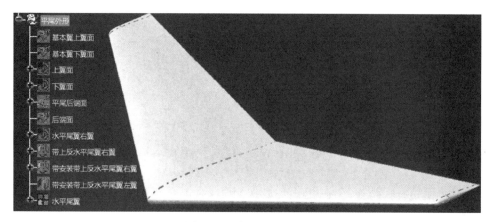

图 7.68　水平尾翼外形

建立好外形曲面,对曲面质量进行相应的分析,如图 7.69 所示,如果曲面表面有切矢不连续等问题发生,需要返回曲面设计进行局部调整和修正。具体质量分析方法请参考机翼或垂尾等翼面部分。

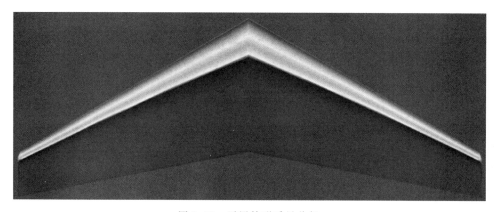

图 7.69　平尾外形质量分析

7.3　小　　结

本章分别介绍了飞机垂尾和平尾的三维外形设计方法。垂尾的翼型一般为对称翼型,建模与机翼相比相对简单,建模过程也与机翼的建模过程类似,唯一不同的地方是翼尖的处理。

第8章　整流罩三维外形设计

飞机翼身整流罩位于机翼和机身的结合部,其流线型的外体可将裸露在机体外面的部件或装置封闭起来,起到保护与减少空气阻力的双重作用。主要建模过程包括建立整流罩基准,建立控制面,建立等直段控制线,建立前段控制线,建立后段控制线,建立整流曲面等几部分,如图8.1所示,本章对具体建模过程进行详细介绍。

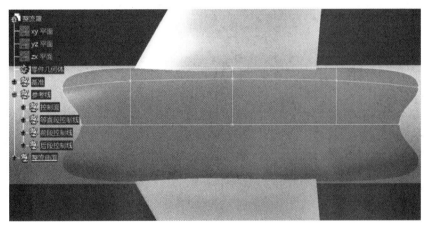

图 8.1　翼身整流罩三维外形图

8.1　整流罩形状参数

整流罩形状比较复杂,无法用非常直接的参数来表示其形状,不同型号的民用飞机其整流罩外形差别亦较大。本方案假设采用图8.2所示外形,具体尺寸含义将在整流罩三维外形曲面绘制过程中予以介绍。

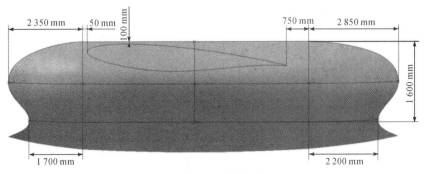

图 8.2　翼身整流罩关键尺寸

8.2 整流罩设计

8.2.1 创建整流罩基准

（1）找到装配环境中的中机身特征，将中机身曲面进行发布，用于后面整流罩设计时的参考基准，如图 8.3 所示。采用相同方式，将机翼曲面也发布出来。

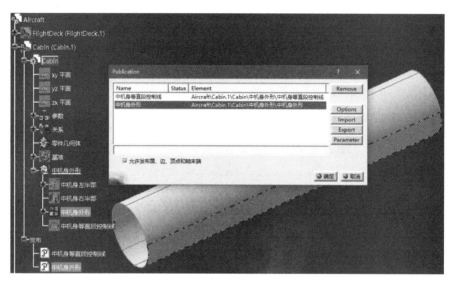

图 8.3　发布中机身曲面特征

（2）分别将坐标原点、参考坐标系（位于机头模型的发布列表）、中机身外形和机翼外形等的发布特征，通过复制和按保持链接的结果粘贴方式生成到整流罩 Part 中，如图 8.4 所示。

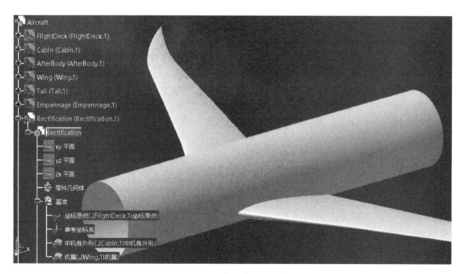

图 8.4　建立参考元素

8.2.2　创建参考线

8.2.2.1　创建控制面

使用【提取】命令,拓展类型为无拓展,要提取的元素选择机翼内翼前缘,点击【确定】按钮提取机翼前缘线。采用相同的方式提取机翼后缘线,如图 8.5 所示。

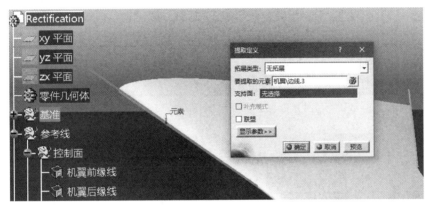

图 8.5　创建机翼前缘线和后缘线

使用【相交】命令,第一元素和第二元素分别选择机翼前缘线/机翼后缘线和中机身外形,得到前缘线/后缘线和机身的交点,如图 8.6 所示。

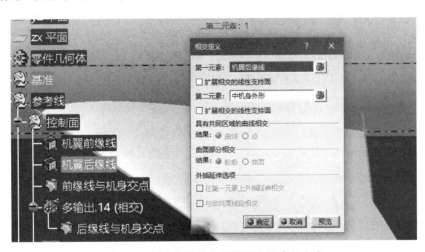

图 8.6　创建前缘线和后缘线与机身的交点

使用【平面】命令的平行通过点方式,参考栏选择参考坐标系的 YZ 平面,参考点选择前缘线/后缘线与机身交点,创建前缘/后缘交点平面,如图 8.7 所示。

再次使用【平面】命令,选择从平面偏移方式,参考面选择前缘/后缘交点平面,根据整流罩形状参数,偏移距离输入−50 mm/750 mm,点击【确定】按钮创建翼前/后控制线平面,如图 8.8 所示。

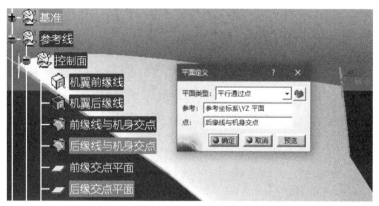

图 8.7　创建前缘交点和后缘交点平面

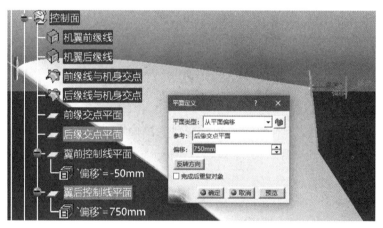

图 8.8　创建翼前控制线平面和翼后控制线平面

前后方向的控制线平面创建好后，接下来开始创建上下方向的控制线平面。使用【相交】命令，第一元素选择机翼曲面，第二元素选择中机身外形曲面，点击【确定】钮后，由于机翼与中机身的相交计算结果有两条曲线，如图 8.9 所示，所以会弹出【多重结果管理】对话框。

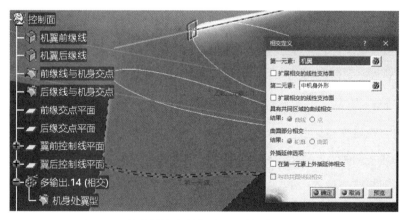

图 8.9　创建翼前控制线平面和翼后控制线平面

对多重结果的管理有三种方式,其中"使用近接以仅保留一个子元素"和"使用提取以仅保留一个子元素"方式将保留用户选择的结果,"保留所有子元素"方式则直接保留所有结果。实际上近接和提取方式只是在保留所有子元素的基础上再调用近接命令或提取命令进行进一步的操作,从特征树上的节点变化可以看到命令的调用顺序。

选择"使用提取以仅保留一个子元素"方式,如图 8.10 所示,点击【确定】按钮弹出【提取】对话框。

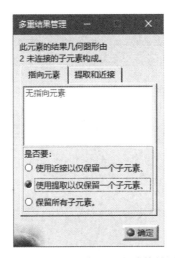

图 8.10　机翼与中机身的相交计算结果管理

提取方式选择点连续,要提取的元素栏中使用鼠标在视图窗口中选择机身左侧的翼型(前面的控制线等特征是在左机翼的基础上建立起来的),点击【确定】按钮创建机身处翼型,如图 8.11 所示。

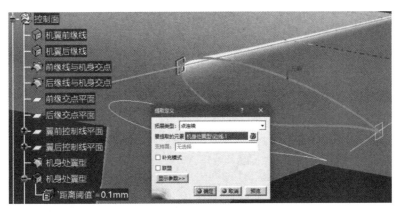

图 8.11　提取机身左侧翼型

使用【极值】命令,元素选择刚建立的机身处翼型曲线,方向选择参考坐标系的 XY 平面,选择最大选项,点击【确定】按钮创建机翼的最高(极值)点,如图 8.12 所示。

使用【平面】命令,采用平行通过点方式,参考栏选择参考坐标系的 XY 平面,参考点选择机翼最高点,点击【确定】按钮创建机翼上侧交点平面,如图 8.13 所示。

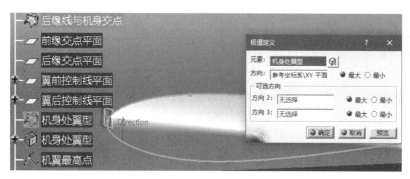

图 8.12　创建机身处翼型的最高点

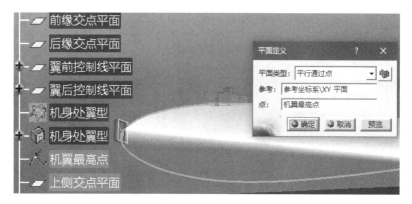

图 8.13　创建机翼上侧交点平面

再次使用【平面】命令,使用从平面偏移方式,参考平面选择上侧交点平面,根据整流罩形状参数,偏移距离输入 100 mm,点击【确定】按钮创建翼上控制线平面,如图 8.14 所示。

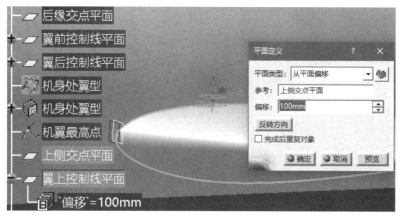

图 8.14　创建翼上控制线平面

继续使用【平面】命令,参考平面选择刚创建的翼上控制线平面,偏移距离根据方向输入 $-1\ 600$ mm,如果建立的平面相对位置与图中所示相反,则点击【反转方向】按钮,点击【确定】按钮创建翼下控制线平面,如图 8.15 所示。

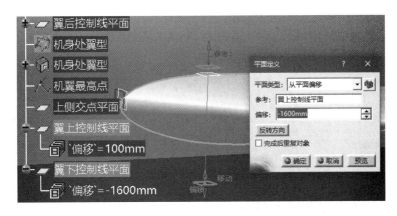

图 8.15　创建翼下控制线平面

至此,整流罩的参考线所需的控制面已全部创建出来。接下来,将进行控制线的绘制。

8.2.2.2　创建等直段控制线

使用【相交】命令,创建上控制线的参考直线。第一元素选择中机身外形,第二元素选择翼上控制线平面,如图 8.16 所示,点击【确定】按钮弹出【多重结果管理】对话框,使用提取方式,提取机身左侧部分结果,创建上控制线参考,如图 8.17 所示。

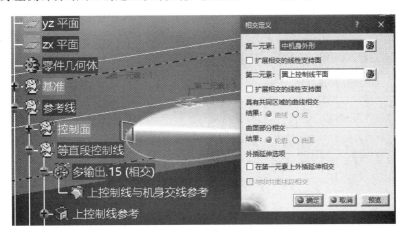

图 8.16　创建上控制线的参考直线

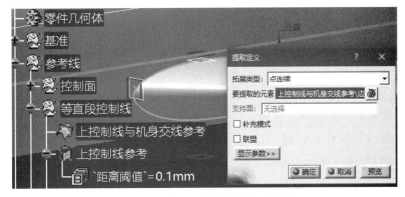

图 8.17　提取上控制线的参考直线

使用【分割】命令,将刚创建的上控制线参考直线进行分割,保留翼前控制线平面和翼后控制线平面之间的部分,创建等直段上控制线,如图 8.18 所示。

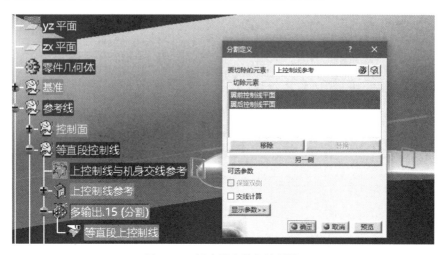

图 8.18　创建等直段上控制线

使用【相交】命令,第一元素选择翼下控制线平面,第二元素选择参考坐标系的 ZX 平面,点击确定按钮创建下控制线的参考直线,如图 8.19 所示。

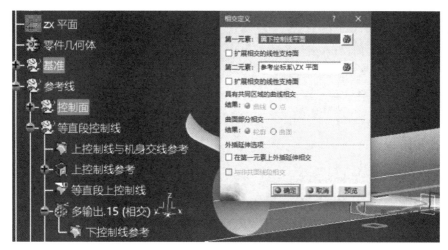

图 8.19　创建下控制线的参考直线

与等直段上控制线的创建方法类似,使用【分割】命令,要切除的元素选择下控制线参考直线,切除元素选择翼前控制线平面和翼后控制线平面,点击确定按钮保留中间部分线段创建等直段下控制线,如图 8.20 所示。

点击【样条线】命令,分别点击等直段上控制线的前缘端点,参考坐标系的 Z 轴作为切线方向;等直段下控制线的前缘端点,参考坐标系的 Y 轴作为切线方向,如图 8.21 所示。点击【显示参数】按钮可对每个点的切线张度进行调节,此时可采用默认参数,后期根据生成的曲面形状对张度参数进行调节。采用同样方法创建等直段后缘轮廓线。

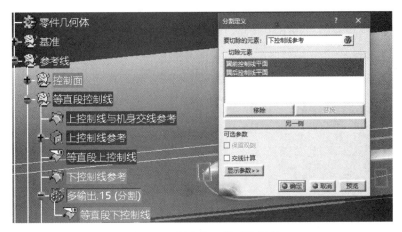

图 8.20　创建等直段下控制线

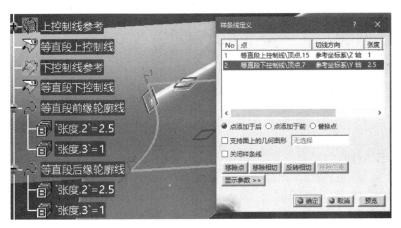

图 8.21　创建等直段前缘轮廓线

接下来创建中间部分的轮廓线。使用【平面】命令的从平面偏移方式,参考平面选择翼前控制线平面,偏移距离此处假设 3 500 mm,创建中间轮廓线位置平面,如图 8.22 所示。

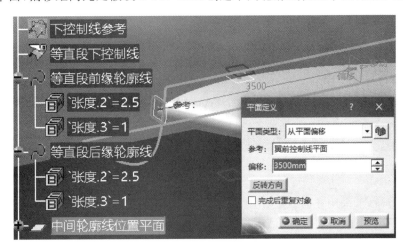

图 8.22　创建中间轮廓线位置平面

使用【相交】命令创建等直段中间控制点,第一元素选择中间轮廓线位置平面,第二元素选择等直段上控制线和等直段下控制线,点击【确定】按钮创建中间控制上点和下点两个对象,如图 8.23 所示。

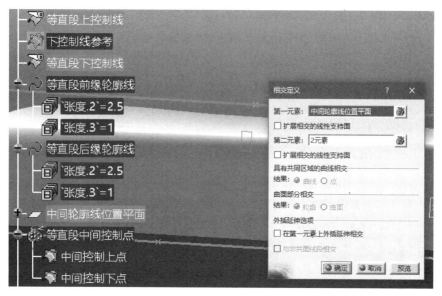

图 8.23　创建等直段中间控制上点和下点

使用【样条线】命令,分别选择刚创建的中间控制上点和下点,两个点的切线方向分别选择参考坐标系 Z 轴和 Y 轴,切线张度参数参考前缘和后缘轮廓线,点击【确定】按钮创建等直段中间轮廓线,如图 8.24 所示。

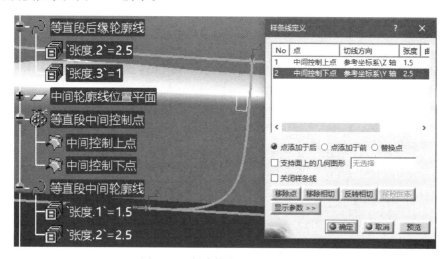

图 8.24　创建等直段中间轮廓线

使用【点】命令,采用在曲线上方式,参考曲线选择等直段前缘/后缘/中间轮廓线,与参考点的距离采用曲线长度比率方式,并输入比率 0.5,点击【确定】按钮创建等直段前缘/后缘/中间轮廓线中点,如图 8.25 所示。

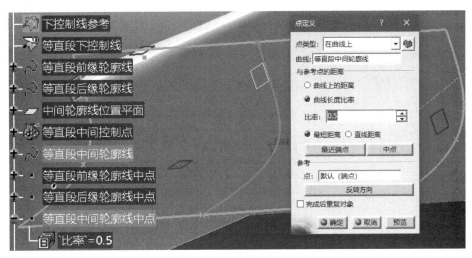

图 8.25　创建等直段轮廓线中点

使用【样条线】命令,分别选择等直段前缘轮廓控制中点、中间轮廓控制中点和后缘轮廓控制中点,点击【确定】按钮创建等直段中控制线,如图 8.26 所示。

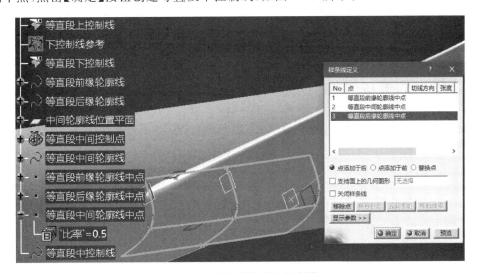

图 8.26　创建等直段中控制线

8.2.2.3　创建前段控制线

等直段控制线已创建完毕,接下来创建前段控制线部分。首先,使用【点】命令的坐标方式创建中间线前点参考,参考点选择等直段前缘轮廓线中点,轴系选择参考坐标系,输入坐标(−2 350 mm,0 mm,0 mm),点击【确定】按钮创建参考点,如图 8.27 所示。

使用【投影】命令,将刚创建的中间线前点参考点投影到中机身曲面上,如图 8.28 所示,投影类型选择法线方式,点击【确定】按钮创建投影特征,并将特征重命名为中间线前参考点。

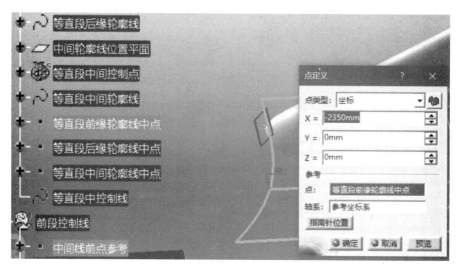

图 8.27　创建前段控制线参考点

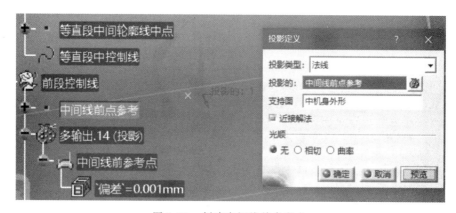

图 8.28　创建中间线前参考点

　　为使接下来创建的前段控制线在前参考点位置能够与中机身曲面保证相切关系,需要先创建中间线前参考点位置的切面。使用【平面】命令,采用曲面的切线方式,曲面选择中机身外形,创建位置点选择中间线前参考点。点击【确定】按钮创建中间线前参考点切面,如图8.29 所示。

图 8.29　创建中间线前参考点切面

接下来创建前参考点位置的切线,使用【直线】命令,采用曲线的角度/法线方式,曲线栏选择参考坐标系 X 轴,支持面选择中间线前参考点切面,起点选择中间线前参考点,角度栏中输入 90deg,结束栏中输入 2 000 mm,点击【确定】按钮创建前参考点切线,如图 8.30所示。

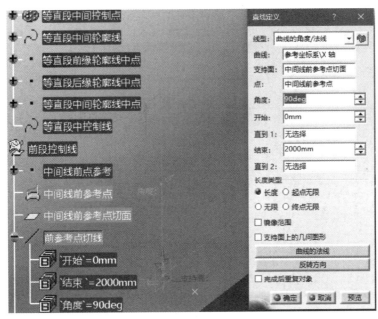

图 8.30　创建中间线前参考点切线

现在开始创建前段控制线。首先创建上前控制线,使用【样条线】命令,分别选择等直段上控制线前端顶点和中间线前参考点,切线方向分别选择等直段上控制线和前参考点切线。激活支持面上的几何图形,选择中机身外形,点击【确定】按钮关闭对话框,如图 8.31 所示。

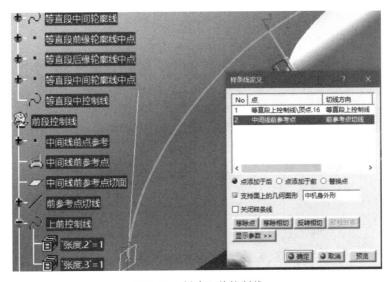

图 8.31　创建上前控制线

继续使用【样条线】命令，分别选择等直段前缘轮廓线中点和中间线前参考点，等直段前缘轮廓线中点选择切线方向为等值段中控制线，点击【确定】按钮创建中前控制线，如图 8.32所示。

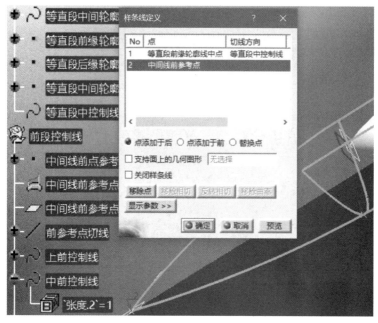

图 8.32　创建中前控制线

现在创建前段下侧的控制线。下侧控制线分为两部分，分别是在中机身曲面上的控制线部分和与等直段连接的部分。在创建之前，需要创建底线前点的参考。使用【点】命令，采用在曲线上方式(也可以使用坐标方式，参考中间线前点参考的创建方法)，选择按曲线上的距离计算点的位置，长度栏中输入－1 700 mm，点击【预览】按钮，在视图窗口中查看创建点的位置是否正确，如果软件默认的参考点不对，可点击反转方向按钮使用另一个端点作为参考点，点击【确定】按钮创建底线前点参考，如图 8.33 所示。

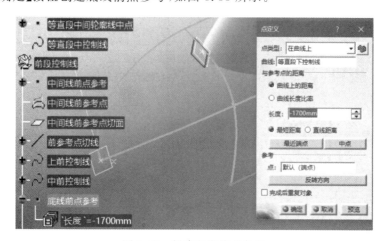

图 8.33　创建底线前点参考

使用【投影】命令，投影类型选择法线，投影对象选择刚创建的底线前点参考，支持面选择中机身外形曲面，点击【确定】按钮创建底线前参考点，如图 8.34 所示。

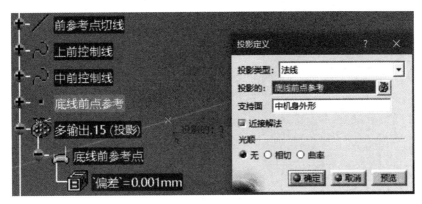

图 8.34　创建底线前参考点

使用【样条线】命令，分别选择底线前参考点和中间线前参考点，切线方向分别选择参考坐标系 Y 轴和前参考点切线。激活支持面上的几何图形，并选择中机身外形曲面。点击【确定】按钮创建前控制线，如图 8.35 所示。

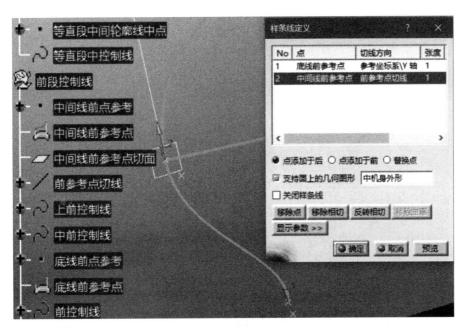

图 8.35　创建前控制线

继续使用【样条线】命令，分别选择等直段下控制线的前端顶点和底线前参考点，等直段下控制线的前端顶点的切线方向选择等直段下控制线。点击【确定】按钮创建下前控制线，如图 8.36 所示。

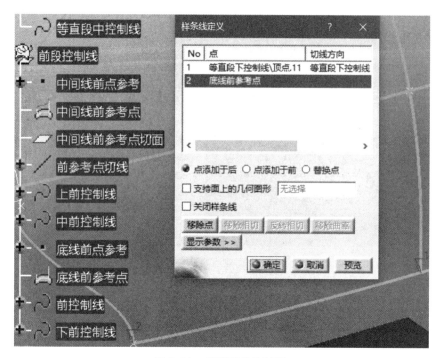

图 8.36　创建下前控制线

8.2.2.4　创建后段控制线

与前段控制线的创建过程类似，需要注意的是在创建中间线后点参考时输入的坐标为（2 850 mm，0 mm，0 mm），在创建底线后点参考时输入的偏移量为－2 200 mm，后段控制线如图 8.37 所示。

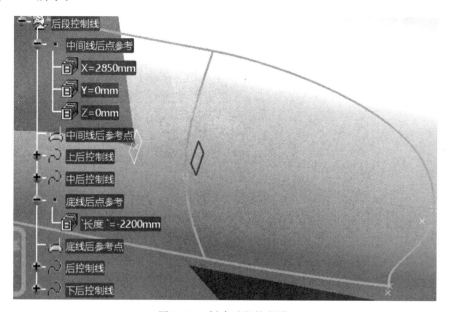

图 8.37　创建后段控制线

8.2.3　生成整流罩三维外形

至此,整流罩所有控制线已全部创建完毕,接下来创建三维外形曲面。在创建曲面之前,建立需要进行切矢方向控制的边界切面。使用【拉伸曲面】命令,轮廓选择等直段下控制线,方向选择参考坐标系 ZX 平面,尺寸栏输入 500 mm,点击【确定】按钮创建中间底部切面,如图 8.38 所示。

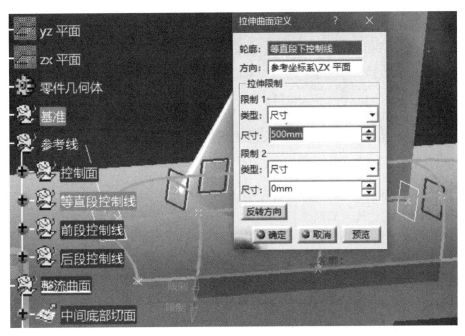

图 8.38　创建中间底部切面

使用同样的方式创建前段和后段底部切面,如图 8.39 所示。

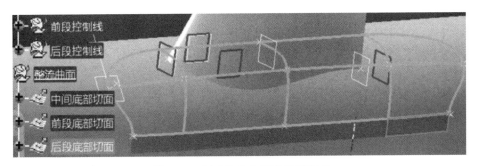

图 8.39　创建前段和后段底部切面

使用【多截面曲面】命令,界面列表框中分别选择等直段前缘轮廓线、等直段中间轮廓线和等直段后缘轮廓线,引导线列表框中分别选择等直段上控制线、等直段中控制线和等直段下控制线,并选择中间底部切面作为等直段下控制线的切线。点击【确定】按钮创建中间部分曲面,如图 8.40 所示。

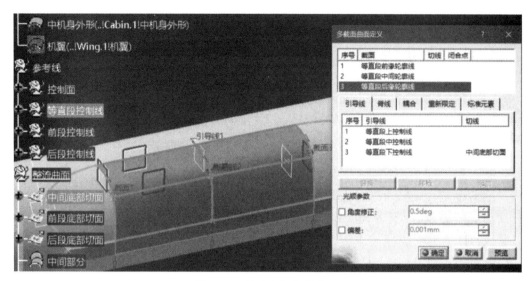

图 8.40　创建中间部分曲面

使用【填充】曲面命令,鼠标分别选择等直段前缘轮廓线、上前控制线和中前控制线,鼠标选中等直段前缘轮廓线使其高亮显示,然后选择中间部分曲面作为支持面。其他参数默认,点击【确定】按钮创建上前部分曲面,如图 8.41 所示。

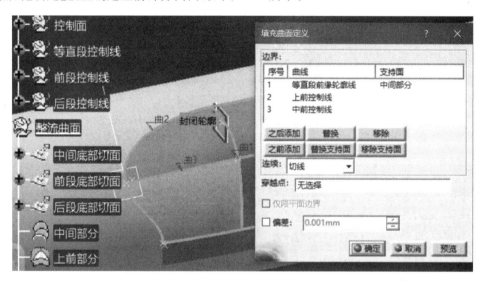

图 8.41　创建上前部分曲面

继续使用【填充】曲面命令,鼠标分别选择等直段前缘轮廓线、中前控制线、前控制线和下前控制线,等直段前缘轮廓线的支持面选择中间部分曲面,中前控制线的支持面选择上前部分曲面,下前控制线的支持面选择前段底部切面,如图 8.42 所示。

使用类似方式创建上后部分曲面和下后部分曲面。然后调用【接合】命令,将中间部分、上前部分、下前部分、上后部分和下后部分曲面接合为左半部分整流罩曲面,如图 8.43 所示。

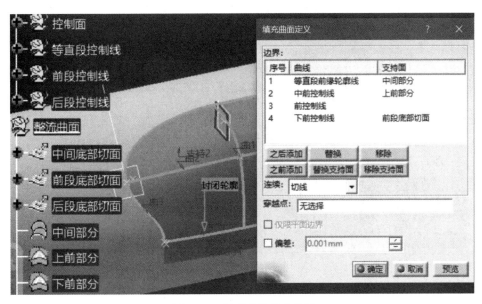

图 8.42　创建下前部分曲面

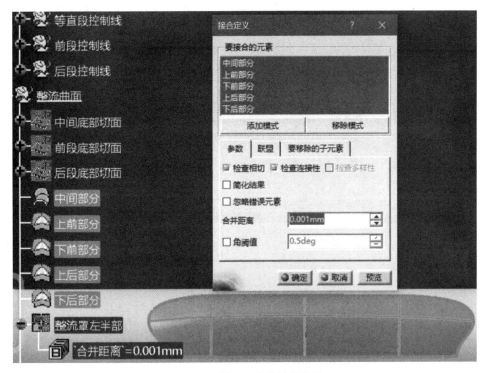

图 8.43　创建左半部分整流罩

使用【对称】命令,将刚创建的左半部分整流罩曲面进行对称,对称参考面选择参考坐标系 ZX 平面,如图 8.44 所示。

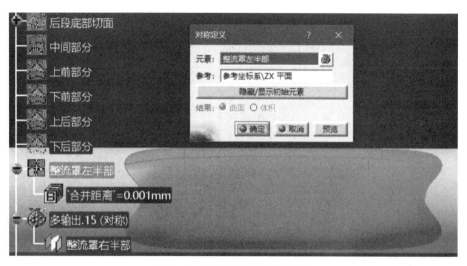

图 8.44　创建右半部分整流罩

　　最后使用【接合】命令,将左半部分整流罩和右半部分整流罩曲面接合为一个曲面。至此,整流罩三维外形创建完毕,如图 8.45 所示。

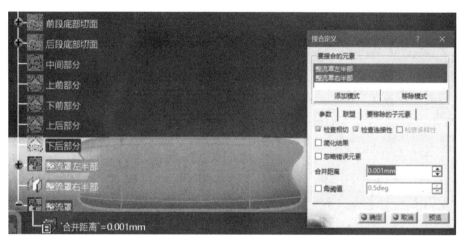

图 8.45　创建整流罩曲面

8.3　小　　结

　　不同的民机因使用整流罩的目的不同,其外形方案也不尽相同。有的方案为了增加机翼与机身搭接处的有效弦长,使用边条翼的方式增加升力;有的方案为了减少机翼与机身之间的气流干扰以减少阻力;有的方案为了容纳主起落架收起而增加机身部分空间。可依据具体目的建立整流罩外形,不同方案其曲面外形差别较大,但建立过程与本方案类似。整体上的建立过程为创建关键点,创建边界控制线,然后建立三维外形曲面。感兴趣的读者可依据本方案的创建过程,实现其他整流罩设计方案的三维外形曲面设计。

第9章　发动机短舱三维外形设计

9.1　发动机选型

飞机总体方案设计时,应根据估算的飞机起飞总重和相关的飞行性能和经济性等指标对发动机进行选型设计。由于本方案中未给出发动机型号,并且发动机选型也不是本书的重点,所以,假设选用某型发动机作为短舱设计的参考。发动机的基本参数见表9.1。

表 9.1　某型飞机发动机参数

参　　数	取　　值
起飞推力 /daN[①]	11 237
巡航耗油率 /[kg·(daN·h)$^{-1}$]	0.607
推重比	5.0
空气流量 /(kg·s^{-1})	387
涵道比	6.0
长度 /mm	2 423
风扇直径 D_F/mm	1 734

9.2　短　舱　设　计

发动机短舱构型设计的主要目标是使短舱的流线外形不仅能包容整个发动机,还能将对发动机性能的影响降到最低。

9.2.1　短舱形状参数

根据发动机外形参数,可以确定短舱的基本外形尺寸,确定短舱形状的参数如图9.1所示,短舱各参数值见表9.2。

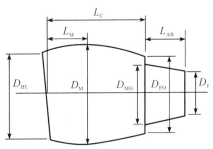

图 9.1　短舱外形参数示意图

---

① 1 daN=10 N。

表 9.2　短舱外形参数

参　　数	取　　值/mm
短舱唇口直径 D_{HL}	1 804
短舱最大直径 D_M	2 255
短舱最大直径对应距离 L_M	1 240
进气道直径 D_{THROAT}	1 539
主整流罩长度 L_C	4 135
风扇出口处外涵整流罩直径 D_{FO}	1 493
风扇出口处内涵整流罩直径 D_{MG}	1 090
喷口处内涵整流罩直径 D_J	558
燃气发生器后体长度 L_{AB}	583

短舱结构外形设计主要包括进气系统(唇口和扩散段等)、短舱外罩(前体、中体和后体等)等部位的构型设计。下面给出的各部分的曲线方程均以唇口截面圆心 O 为原点,如图 9.2 所示。

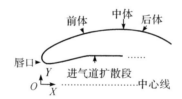

图 9.2　分离式短舱结构外形示意图

9.2.1.1　进气道的设计

进气道的设计包括唇口设计以及进气道扩散段的设计。

(1)唇口设计:唇口外形采用 1/4 椭圆形(皮托式)设计,该构型对保持前缘吸力有利,且内表面具有最佳的流动特性。唇口的曲线方程表达式为

$$Y = 902 - 0.5\sqrt{265^2 - (x - 265)^2}, \quad X \in [0, 265] \tag{9.1}$$

(2)进气道扩散段设计:进气道扩散段面积采用二次式面积分布,扩散段长度 $L_D = (0.52 \sim 0.67)D_F = 900 \sim 1\,162$ mm。本方案选取 1 030 mm。

9.2.1.2　短舱外罩的设计

短舱外罩的设计沿轴向包括前体、中体和后体这三个部分的设计。

(1)前体设计:采用 NACA−1 系列前体设计,该系列前体外表面压力分布均匀,可获得较高的临界马赫数。

(2)中体设计:中体主要是使外罩长度与设计的短舱外涵道长度相匹配,在本次设计中将短舱中体长度初步设定为零。

(3)后体设计:将后体设计为一段圆弧,得到进气道扩散段长度 $L_D = 1\,030$ mm 时的方程为

$$Y = -r_a + r_M + \sqrt{r_a^2 - (X - X_M)^2}$$
$$= -10\,057.5 + \sqrt{11\,185^2 - (X - 1\,240)^2}, \quad X \in [1\,240, 4\,135] \tag{9.2}$$

通过以上对短舱各部分的设计,得到短舱外形如图 9.3 所示。

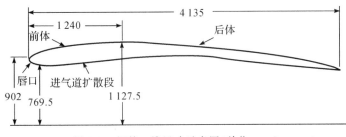

图 9.3　短舱一维尺寸示意图(单位:mm)

9.2.2　短舱与机翼相对位置

9.2.2.1　展向位置

从翼吊布局飞机的统计数据看,四发飞机的内侧发动机短舱一般位于 $30\%\sim37\%$ 半展长处,外侧发动机一般位于 $55\%\sim67\%$ 半展长处,双发或混合三发飞机的发动机短舱位于 $33\%\sim38\%$ 半展长处。具体的发动机展向位置应和机翼平面形状,特别是具有后缘和前缘延伸的机翼平面形状转折处的位置、前后缘增升装置、副翼和扰流板的布置等统筹考虑而定。

影响展向位置的因素很多,主要有:引起翼根弯矩载荷的变化,单发停车的偏航力矩,不能让发动机喷流射到飞机的操纵面上,与机身和机翼的气动力干扰,与机翼上襟翼和副翼配置协调,发动机喷流对平尾效率的影响等。

9.2.2.2　弦向位置

发动机短舱相对机翼弦向位置包括前伸量(X)和下沉量(Z),如图 9.4 所示。弦向位置对气动特性的影响很大,美国航空航天局(NASA)、俄罗斯中央空气流体动力研究院(TsAGI)以及各大飞机公司都做了大量试验研究,得出了各自认为最好的设计准则和经验。

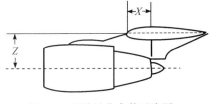

图 9.4　短舱站位参数示意图

本方案的选取的站位参数值见表 9.3。

表 9.3　短舱站位参数

参　数	取　值 /mm
下沉量 Z	1 688
前伸量 X	400
展向站位 Y	6 095

9.2.2.3　短舱轴线的偏角和安装角

机翼平面图中发动机短舱轴线相对于顺气流方向的偏角和当地机翼剖面图中短舱轴线相对于机翼弦线的安装角,也是短舱与机翼相对位置的两个重要参数。

发动机轴线相对于机翼弦线的安装角取决于气动(减少巡航状态安装阻力)和总体(保证进气道唇口最低离地高度、飞机俯仰角和侧滑角组合中发动机短舱不碰地等)诸因素的权衡。

本方案不考虑这两个参数,默认为 0。

9.3 短舱三维外形绘制

9.3.1 创建短舱基准

在装配环境中的机翼特征,将坐标原点和参考坐标系(位于机头模型的发布列表)等的发布特征,通过复制和按保持链接的结果粘贴方式生成到短舱 Part 中,如图 9.5 所示。

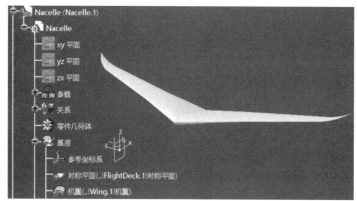

图 9.5 建立参考元素

使用【平面】命令,采用从平面偏移方式,参考面选择对称平面,偏移距离输入 6 095 mm,点击确定按钮创建短舱在机翼展向位置所在的平面,如图 9.6 所示。

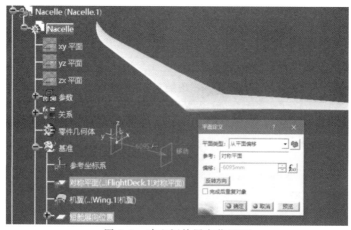

图 9.6 建立短舱展向位置面

使用【相交】命令,第一元素选择机翼曲面,第二元素选择刚创建的短舱展向位置平面,点击确定按钮创建短舱位置处的机翼翼型,如图 9.7 所示。

图 9.7　建立短舱位置翼型

使用【提取】命令,拓展类型为默认无拓展,使用鼠标在刚生成的翼型前缘位置处选择翼型前缘点作为要提取的元素,点击【确定】按钮生成翼型前缘点,如图 9.8 所示。

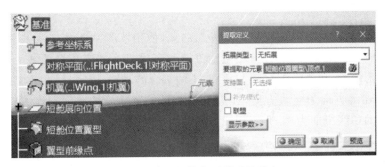

图 9.8　建立短舱位置翼型前缘点

接下来,参考机翼前缘点创建短舱局部坐标系原点,使用【点】命令,采用坐标方式,输入坐标$(-3\ 735\ \text{mm},0\ \text{mm},-1\ 688\ \text{mm})$,其中 X 方向值为短舱前伸量减去主整流罩长度,Z 方向为短舱的下沉量,输入值的时候需要注意符号和方向。参考点选择翼型前缘点,参考轴系选择参考坐标系,如图 9.9 所示。

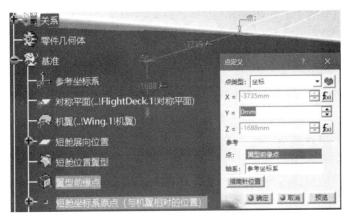

图 9.9　建立短舱坐标系原点

使用【轴系】命令创建短舱的局部参考坐标系,原点为短舱坐标系原点,三个轴分别选择参考坐标系的三个方向轴,如图 9.10 所示。

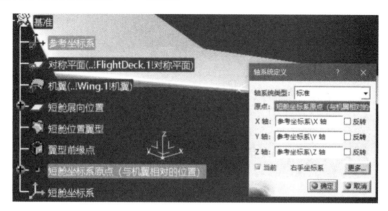

图 9.10　建立短舱局部坐标系

9.3.2　创建短舱曲面

根据短舱设计方案,首先建立短舱的外形曲线,使用草图命令,绘制如图 9.11 所示的短舱轮廓线。短舱轮廓线主要包括唇口、主整流罩和燃气发生器三部分曲线。为后续方便生成短舱三维外形曲面,可先绘制一条与草图 H 轴重合的轴线。绘制过程中需要注意的是在唇口处的曲线切线方向为竖直方向,在进气口和最大直径处的曲线切线方向为水平方向。下面以唇口处的切线方向为例,介绍切线方向约束方法。

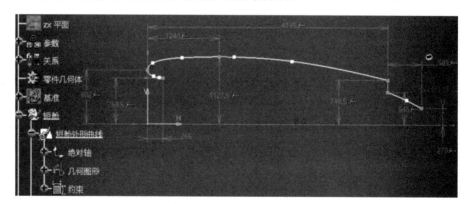

图 9.11　建立短舱外形曲线

在建立唇口处样条曲线时,选中唇口处的控制点(本例为第 3 个控制点),激活对话框下部的相切选项,可以在三维视图窗口中看到唇口处控制点增加了一条带箭头的线段用于表示切线方向。如果切线方向不是需要的竖直方向的话,点击样条线对话框的【确定】按钮关闭对话框,如图 9.12 所示。

然后在唇口处的切线上点击鼠标右键,弹出上下文菜单,鼠标指向"控制点.1"对象后,自动弹出二级菜单,选择垂直菜单项,唇口处的切线方向自动约束为竖直方向,如图 9.13 所示。

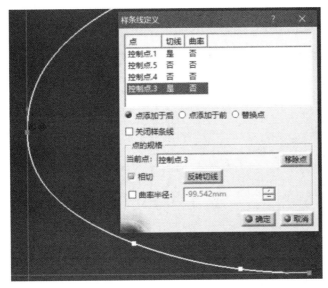

图 9.12　添加唇口处控制点切线

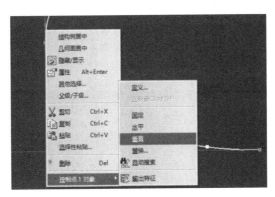

图 9.13　修改唇口处控制点切线方向

退出草图,使用【旋转曲面】命令,轮廓选择刚创建的短舱外形曲线,因在创建短舱外形曲线时建立了一条轴线,因此对话框的旋转轴线部分自动选择了草图中的轴线作为旋转轴;如果在建立短舱外形曲线时没有创建轴线,则可选择短舱坐标系的 X 轴作为旋转轴线,角度 1 中输入 360deg,点击【确定】按钮生成左侧短舱曲面。使用对称命令生成右侧短舱外形曲面,如图 9.14 所示。

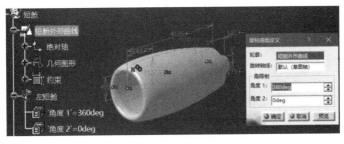

图 9.14　建立左侧短舱外形曲面

使用【对称】命令,选择左短舱曲面,参考元素选择对称平面,点击【确定】按钮创建右侧短舱外形曲面,如图 9.15 所示。

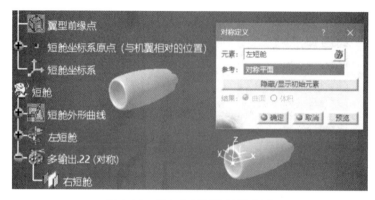

图 9.15　建立右侧短舱外形曲面

9.3.3　创建吊挂曲面

短舱曲面创建完毕后,可以开始建立短舱和机翼之间的连接曲面,即吊挂外形。吊挂装置主要用于将发动机的推力传递到机翼上,外形以减少气动阻力和发动机与短舱之间的干扰为主。因设计方案未提供吊挂的尺寸,本方案假设采用图 9.16 所示外形,下面简单介绍吊挂的绘制过程。

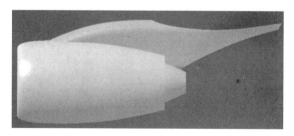

图 9.16　短舱吊挂三维外形

使用【平面】命令,采用从平面偏移方式,参考平面选择短舱坐标系 YZ 面,偏移距离输入 900 mm,点击【确定】按钮生成吊挂前缘位置所在的平面,如图 9.17 所示。

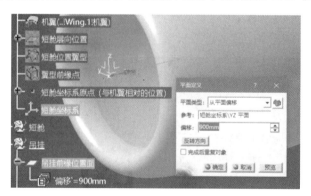

图 9.17　创建吊挂前缘位置面

使用【相交】命令,第一元素选择刚创建的吊挂前缘位置平面,第二元素选择短舱外形曲线草图,点击【确定】按钮生成吊挂前缘点,如图 9.18 所示。

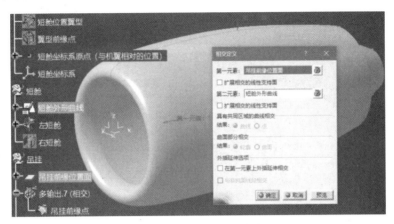

图 9.18　创建吊挂前缘点

使用【点】命令,采用坐标方式,输入坐标(0 mm, 0 mm, 600 mm),参考点选择短舱位置翼型后缘顶点,轴系默认为短舱坐标系。点击【确定】按钮创建吊挂理论后缘点,如图 9.19 所示。

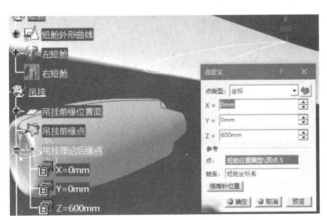

图 9.19　创建吊挂理论后缘点

使用【样条线】命令,分别选择吊挂前缘点、翼型前缘点和吊挂理论后缘点作为控制点,然后选中翼型前缘点使其高亮显示,在视图窗口中鼠标左键选择短舱坐标系的 YZ 面,作为翼型前缘点处的切线方向,如图 9.20 所示。

点击【创建草图】命令,选择吊挂前缘位置面作为草图支持面,绘制如图 9.21 所示的形状轮廓,注意轮廓的最高点需要与吊挂前缘点重合。绘制完成后,点击【退出草图】命令返回到曲面设计模块。

使用【扫掠】命令,轮廓类型选择显式,子类型选择使用参考曲面形式,轮廓选择吊挂形状,引导曲线选择吊挂上控制线,其他参数默认,点击【确定】按钮建立吊挂基本外形,如图 9.22 所示。

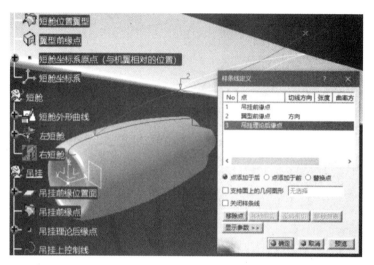

图 9.20　创建吊挂控制线

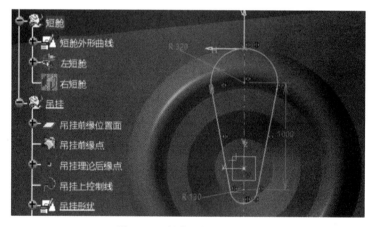

图 9.21　创建吊挂形状轮廓

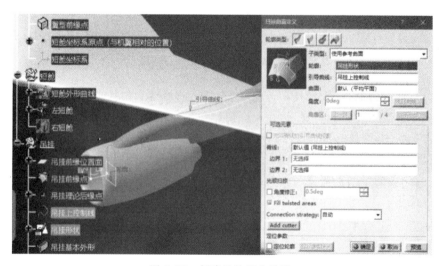

图 9.22　创建吊挂基本外形

新建草图,支持面选择短舱坐标系 *XZ* 平面,绘制两段圆弧,尺寸如图 9.23 所示。绘制完毕后点击【退出草图】命令返回到曲面设计模块。

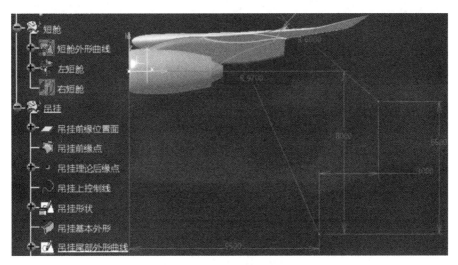

图 9.23　创建吊挂尾部外形

使用【拉伸】命令,轮廓选择刚建立的吊挂尾部外形曲线,方向为默认草图法线方向,拉伸距离两个方向各输入 500 mm,点击【确定】按钮建立吊挂尾部截面,如图 9.24 所示。

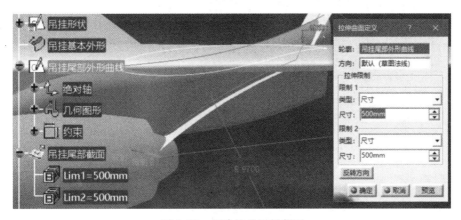

图 9.24　创建吊挂尾部截面

使用【分割】命令,将刚创建的吊挂尾部截面进行修型,要切除的元素栏中选择吊挂基本外形和机翼两个特征,根据三维视图窗口中显示的结果,可使用【另一侧】按钮,使结果为吊挂基本外形内部和机翼上下表面之外的部分,如图 9.25 所示,点击【确定】按钮后弹出【多重结果管理】对话框,如图 9.26 所示。

此时结果为机翼上表面以上的曲面和机翼下表面以下的曲面两部分,可使用近接或提取方式保留机翼下表面以下部分曲面,本书选择"使用近接以仅保留一个子元素"选项,点击【确定】按钮,弹出【近接定义】对话框,如图 9.27 所示。选择短舱坐标系原点作为近接参考元素,点击【确定】按钮生成吊挂尾部曲面形状。

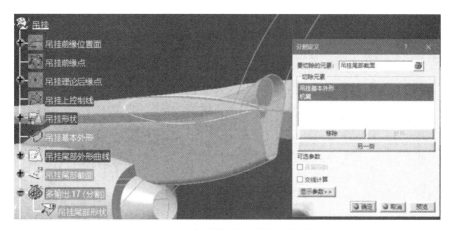

图 9.25　创建吊挂尾部形状:切割曲面

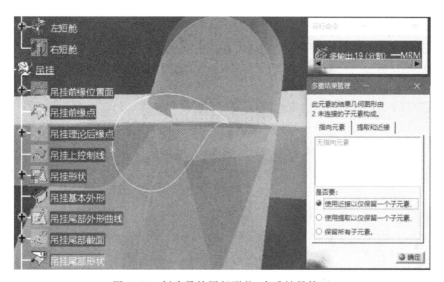

图 9.26　创建吊挂尾部形状:多重结果管理

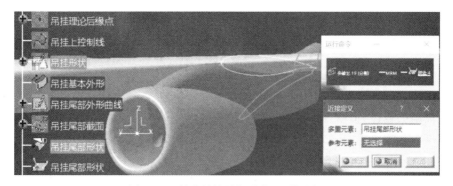

图 9.27　创建吊挂尾部形状:近接选择

　　再次使用【分割】命令,要切除的元素选择吊挂基本外形曲面,切除元素栏分别选择左短舱、机翼和吊挂尾部截面。使用【另一侧】按钮使结果显示如图 9.28 所示,共有机翼以上曲面和机翼以下曲面两部分,点击【确定】按钮弹出【多重结果管理】对话框。

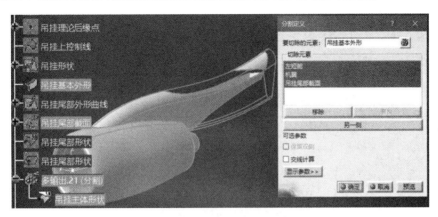

图 9.28　创建吊挂主体形状:分割曲面

使用近接或提取方式保留机翼下表面以下部分曲面,本书选择"使用近接以仅保留一个子元素"选项,如图 9.29 所示,点击【确定】按钮,弹出【近接定义】对话框,如图 9.30 所示。选择短舱坐标系原点作为近接参考元素,点击【确定】按钮生成吊挂主体形状曲面。

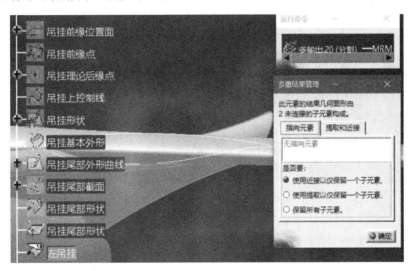

图 9.29　创建吊挂主体形状:多重结果管理

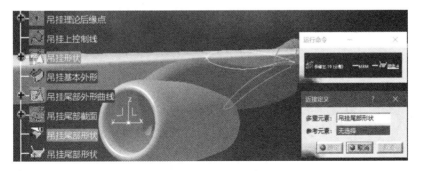

图 9.30　创建吊挂主体形状:近接选择

使用【接合】命令，选择吊挂尾部形状和吊挂主体形状两个曲面，点击【确定】按钮生成左侧吊挂三维外形曲面，如图 9.31 所示。

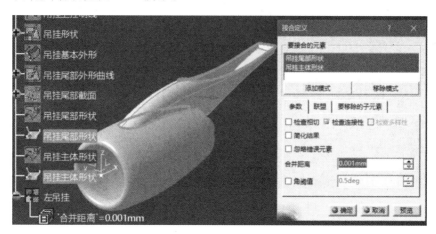

图 9.31　创建左侧吊挂外形曲面

使用【对称】命令，选择左吊挂曲面，参考元素选择对称平面，点击【确定】按钮创建右侧吊挂外形曲面，如图 9.32 所示。

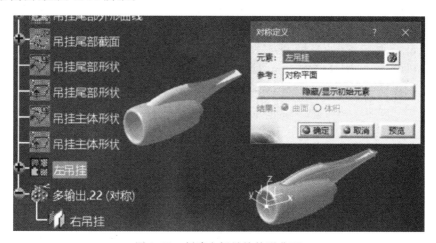

图 9.32　创建右侧吊挂外形曲面

9.4　小　　结

不同的飞机发动机短舱的形状差别较大，有的发动机为了保证一定的离地高度以减少砂尘吸入的可能性，将唇口处的形状进行了局部修形处理，导致其外形较为复杂。本书仅以最简单的方式介绍了短舱的三维外形绘制过程，以满足飞机外形完整性的要求，更为专业和精确的短舱设计，读者需要进一步参考相关的专业书籍。

第 10 章　飞机三维外形装配

　　飞机外形设计及三维数模建立应在飞机设计过程中不断细化、协调和修改。在不同阶段,飞机外形数模设计要有不同的设计思路和方法。在飞机构型初步设计阶段,要能够根据有限的几何信息初步生成简单外形;在详细设计阶段,准确设计各部件数模,以满足详细设计及试制阶段有关部门对几何数据的各种要求。在数模设计时,不管采用什么样的数学方法,其飞机外形曲面的描述应该是唯一的。在曲面的任意一处不应有二重性,并保证二阶连续。外形数模建立后,不需要也不允许再在模型上或者样板上对切面进行光顺,否则,必将导致与数模的矛盾。

　　飞机三维外形模型涉及的主要部件创建完毕后,即可开始进行飞机整体的装配工作。飞机的装配可以使用两种截然相反的方法:一种是先建立装配环境,然后在装配环境下根据各个部件的站位信息建立部件三维外形,最终直接形成完整的飞机外形;另一种是先各自独立地建立部件的三维外形,然后在装配环境下按照位置关系将所有部件进行约束,组装成完整的飞机外形。

　　实际上前面各章介绍的部件建立方法就属于第一种方法,详细内容可参考飞机机身设计部分内容。根据设计方案,最终生成的飞机三维外形如图 10.1 所示。

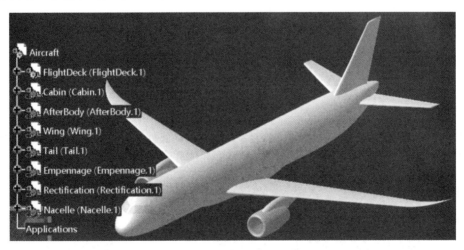

图 10.1　飞机三维外形图

　　本章主要介绍已做好各个部件的外形后,如何通过装配模块将飞机进行组装。
　　在进行飞机组装前,假设已经建立好所有的部件外形,并且知道飞机各个部件的站位信息(见表 10.1),全局坐标系 X 正方向为从机头指向机尾,Y 正方向为指向右机翼方向,Z 正方向为飞机水平面向上,各个部件站位参考原点为第 0 框平面、对称平面和底板平面的交点。

表 10.1 飞机各主要部件的站位信息

飞机部件	部件原点	相对站位 /mm
机翼	机翼根弦前缘点(含机身部分)	(12 520, 0, −550)
平尾	平尾根弦前缘点	(33 665, 0, 1 220)
垂尾	垂尾根弦前缘点	(32 000, 0, 1 850)
发动机短舱	短舱唇口中心	(12 388, ±6 095, 2 032)

现在开始介绍使用装配模块进行飞机整体的组装过程。首先,点击【开始】→【机械设计】→【装配设计】进入到装配模块。点击【现有组件】命令图标，在特征树上选择根节点 Product1,弹出【文件选择(File Selection)】对话框,如图 10.2 所示。

图 10.2 选择飞机部件文件

选择已创建好的所有部件。点击【打开】按钮将所有部件文件导入到软件中。在默认情况下导入的部件均位于装配空间全局坐标系原点处,如图 10.3 所示。

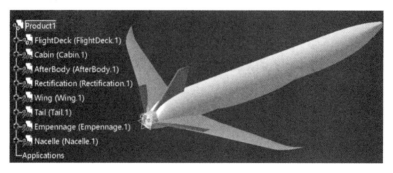

图 10.3 导入的飞机部件模型

　　为方便后期建立各部件的位置约束关系,可使用【操纵】命令或三维罗盘将各部件拖移到合适的位置,如图 10.4 所示。

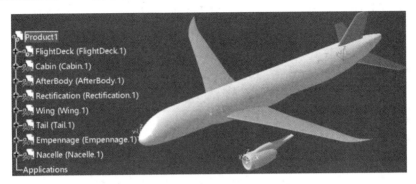

图 10.4　将各部件拖移到合适的位置

　　接下来,对机翼的站位进行约束。使用【偏移约束】命令图标![icon],分别选择机翼参考坐标系的 YZ 平面和机头参考坐标系的 YZ 平面(注意选择顺序,更新时将移动第一个选择的元素位置以满足距离要求),在距离框中输入−12 520 mm,点击【确定】按钮关闭对话框,同时创建机翼在水平方向的站位约束,如图 10.5 所示。如果机翼位置未更新,可点击命令![icon],更新约束关系。

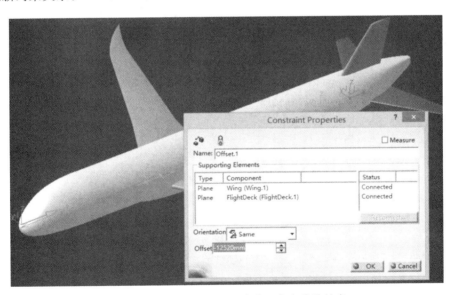

图 10.5　创建机翼相对机身的 x 方向偏移约束

　　在创建偏移约束时,在特征树上的 Constraints 集合中,将增加相应的约束节点,如图 10.6 所示。可以双击此节点对约束进行修改。

　　继续使用【偏移约束】命令,分别选择机翼参考坐标系的 XY 平面和机头参考坐标系的 XY 平面,在距离框中输入 550 mm,点击【确定】按钮创建机翼在竖直方向的站位约束。

　　使用相同的约束方法分别对平尾、垂尾和发动机整流罩等其他部件的站位进行约束,最终建立的飞机装配模型如图 10.7 所示。

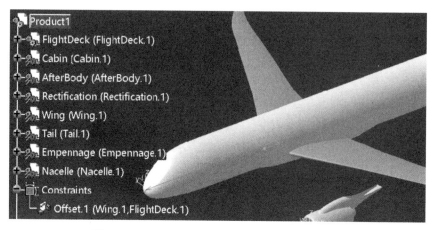

图 10.6　Constraints 集合中增加了偏移约束节点

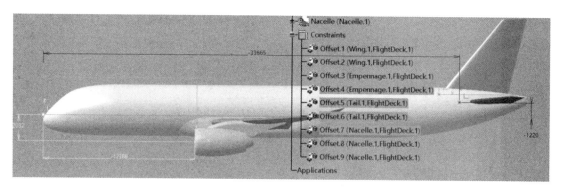

图 10.7　飞机最终装配模型

第三部分　某型军机三维外形设计

第11章 某型军机初步总体设计方案

参考军用飞机外形特征,进一步介绍使用 CATIA 软件进行飞机辅助设计的方法。与前面民用飞机设计过程类似,本章假设已经完成了一轮的概念设计,所需的几何外形参数都已知。相比民机,军机的气动外形涉及的曲面造型更多,为此本章重点在于进一步介绍 CATIA 曲面造型在飞机设计过程中的应用。其中部分几何外形与尺寸参数的确定,仅考虑三维造型设计需要,并没有进行系统的气动分析与验证。

11.1 方案草图

飞机采用翼身融合式布局,机身后半部分和机翼融合为一体,并平滑过渡。机翼采用大后掠角的三角翼,没有单独的平尾,采用外倾式双垂尾布局,进气道采用腹部进气方式,方案草图如图 11.1 所示。

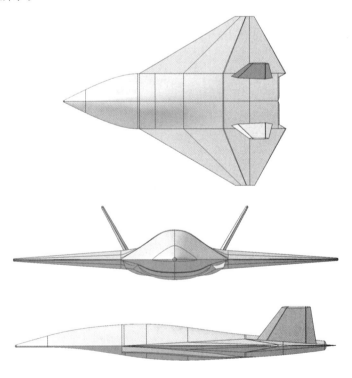

图 11.1 方案草图

11.2　机身设计方案

机身对称面形状如图 11.2 所示,前缘点为飞机参考原点,前缘为半径 55 mm 的圆弧,圆弧的上、下两个端点分别连接两条直线段,上侧直线段与水平面呈 15°夹角,下侧直线段为水平方向,机身后段则采用样条线连接。圆弧、直线段和样条线之间保证相切连续。机身全长 14 000 mm。

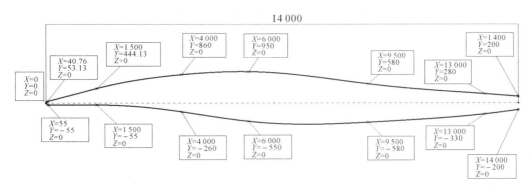

图 11.2　机身对称面形状(单位:mm)

机身水平面形状如图 11.3 所示,前缘为半径 55 mm 的圆弧,圆弧的端点连接一条直线段,直线段与对称面呈 25°夹角,然后连接一条 3 点控制的样条线,机翼前缘、稍部和后缘等均为直线段,半翼展长 5 330 mm。

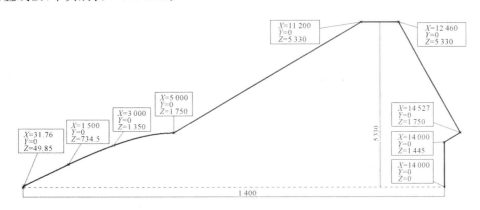

图 11.3　机身(含机翼)平面形状(单位:mm)

机身共有 6 处关键站位,距离机头参考点的位置如图 11.4 所示,前缘为半径 55 mm 的球面形状,其它站位处剖面形状具体如图 11.5 所示。上侧和下侧轮廓均为样条线,对称面上的控制点的切矢方向为水平方向,另一端控制点切矢方向分为两种情况:第 1 站位和第 2 站位面处的切矢方向为竖直方向,其他站位面处的切矢方向与机翼翼面在此站位处的切矢方向一致。各样条线两侧端点的切矢方向控制的张度均不相同,具体见图 11.5 中标注的张度数值。

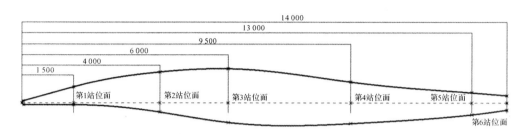

图 11.4 关键站位面位置(单位:mm)

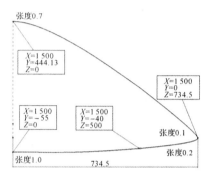

(a)第1站位面截面轮廓

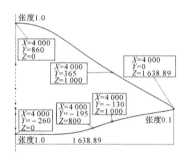

(b)第2站位面截面轮廓□

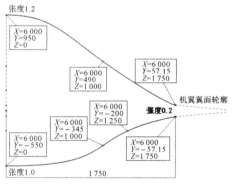

(c)第3站位面截面轮廓

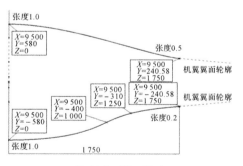

(d)第4站位面截面轮廓□

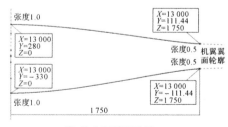

(e)第5站位面截面轮廓

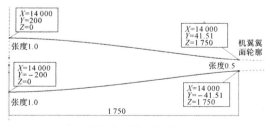

(f)第6站位面截面轮廓□

图 11.5 关键站位截面轮廓(单位:mm)

11.3　机翼设计方案

机翼平面形状如图 11.6 所示,半翼展长 5 330 mm,前缘后掠角为 60°,后缘前掠角为 30°,理论形状的根弦长 13 570 mm,翼身连接处实际根弦长 9 527 mm(展向 1 750 mm 位置),尖弦长 1 260 mm,各段均为直线段连接。

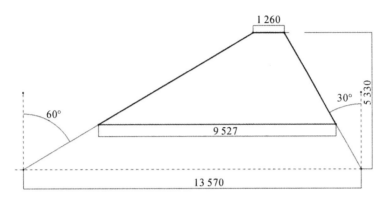

图 11.6　机翼平面形状(单位:mm)

机翼根部和稍部翼型分别如图 11.7 和图 11.8 所示,基本形状近似为菱形翼,前、后缘为半径 5 mm 的圆弧,最大宽度处圆弧过渡。前段翼型夹角为 6°,后段翼型夹角为 8°,根弦长度 9 527 mm,尖弦长度 1 260 mm。

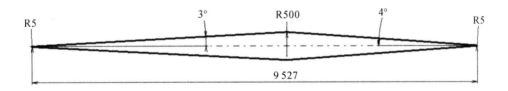

图 11.7　机翼根部翼型(单位:mm)

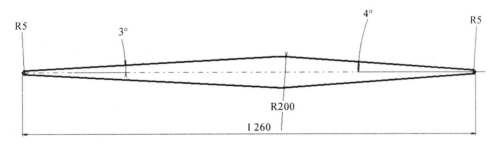

图 11.8　机翼稍部翼型(单位:mm)

11.4　尾翼设计方案

　　垂尾平面形状如图 11.9 所示,翼展 1 970 mm,前缘后掠角 35°,后缘前掠角约为 7.82°,根弦长 2 900 mm,尖弦长 1 250 mm,各段均为直线段连接。

　　垂尾根部翼型如图 11.10 所示,前缘和后缘均为半径 5 mm 的圆弧,前段和后段翼型夹角均为 20°,中段翼型厚度 180 mm,各段均为直线段,之间通过半径 200 mm 的圆弧过渡,弦长 2 900 mm。稍部翼型为根部翼型按弦长比例缩放。

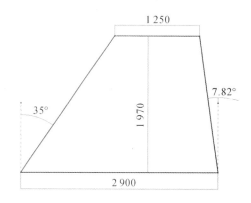

图 11.9　垂尾平面形状(单位:mm)

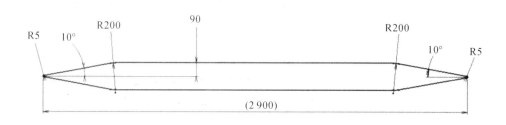

图 11.10　垂尾根部翼型(单位:mm)

11.5　小　　结

　　本章介绍了某型军用飞机的初步总体设计方案,涉及了机身、机翼和尾翼的控制轮廓尺寸,为方便介绍飞机三维外形设计过程,机身关键站位面和尺寸数据均为假设,仅供参考。其他方面,诸如机身非关键站位面轮廓、进气道设计等未再展开叙述,在涉及时将直接给出设计的参数值。根据设计方案,接下来使用 CATIA 软件分别进行飞机基本控制轮廓设计、机翼三维外形设计、机身三维外形设计、进气道三维外形设计、尾翼三维外形设计等具体设计过程以及最终的飞机三维外形分析。

第12章 飞机基本控制轮廓设计

飞机三维外形主要包括机翼、机身、进气道、尾翼等 4 个部分。其中,机身部分关键站位轮廓与机翼翼面有关,故需要先设计机翼的三维外形,然后基于此,设计机身的三维外形,为方便阐述,将飞机基本的控制轮廓单独列为一章。

12.1 飞机参考基准

坐标系选取可参照 HB 7756.2—2005,原点 O 位于机头最前端飞机水平基准面与飞机对称面交线的投影点上。纵轴 X 为飞机水平基准面与对称面的交线,指向航向的后方;竖轴 Y 位于飞机对称面内,垂直于纵轴 X,指向上方;横轴 Z 位于飞机水平基准面内,垂直于竖轴 Y,指向航向的左方。机体坐标系定义如图 12.1 所示。

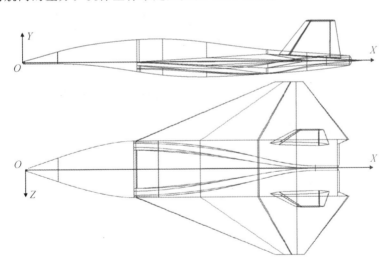

图 12.1 机体坐标系定义

使用菜单【插入】中的【插入几何图形集】命令,建立"基准"图形集合,如图 12.2 所示。为简洁起见,后续图形集合的创建将不再赘述。

使用【点定义】命令,采用【坐标】方式建立飞机"参考原点",X,Y,Z 值均为默认值 0 mm,如图 12.3 所示。

使用【插入】菜单中的【轴系统】命令,使用【标准】方式,原点选择"参考原点",取消【在轴系统节点下】选项,其余参数默认,如图 12.4 所示,建立参考坐标系。

图 12.2　插入基准图形集

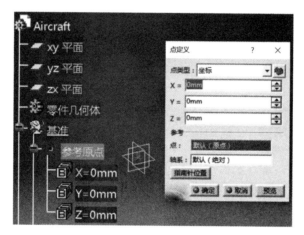

图 12.3　添加 CATIA 坐标原点

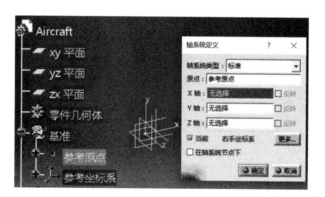

图 12.4　创建参考坐标系

　　使用【平面】命令，创建"0 站位基准面"，即机头所在站位，如图 12.5 所示。使用【平行通过点】方式，【参考】栏选择"参考坐标系 YZ 平面"，【点】栏中选择"参考原点"。采用同样方式创建"飞机对称面"和"水平基准面"。

　　使用【直线】命令，创"水平基准线"，如图 12.6 所示。使用【点的显示顺序】方式，【点】栏选择"参考原点"，【方向】栏中选择"0 站位基准面"，【结束】栏中输入 14 000 mm。

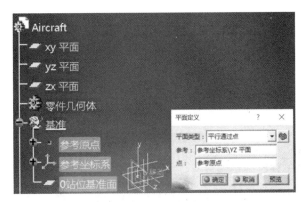

图 12.5　创建参考平面

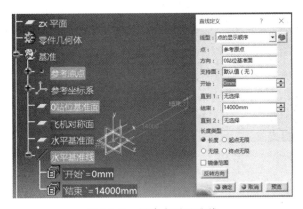

图 12.6　创建水平基准线

12.2　外形控制轮廓

12.2.1　机身关键站位控制面

使用【点】命令，采用【坐标】方式分别建立关键站位的控制点，坐标见表 12.1。然后使用【平面】命令，采用【平行通过点】方式，【参考】栏选择"0 站位基准面"，【点】栏选择刚创建的关键站位控制点，建立关键站位控制面，如图 12.7 所示。

表 12.1　关键站位控制点坐标

控制点	X 方向坐标/mm	Y 方向坐标/mm	Z 方向坐标/mm
第 1 站位点	1 500	0	0
第 2 站位点	4 000	0	0
第 3 站位点	6 000	0	0
第 4 站位点	9 500	0	0

续 表

控制点	X 方向坐标/mm	Y 方向坐标/mm	Z 方向坐标/mm
第 5 站位点	13 000	0	0
第 6 站位点	14 000	0	0

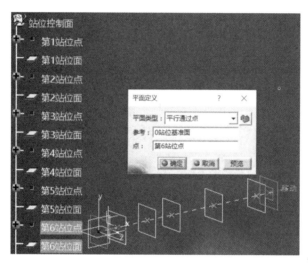

图 12.7 创建关键站位点和站位面

12.2.2 机身对称平面轮廓

假设头部外形为圆球面,首先使用【点】命令,采用【坐标】方式建立"头部轮廓圆心",坐标设置为(55 mm,0 mm,0 mm),如图 12.8 所示。

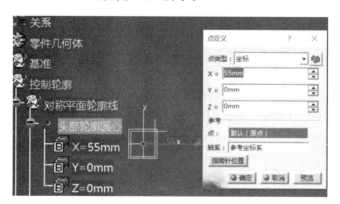

图 12.8 创建头部轮廓圆心

使用【圆】命令,采用【中心和半径】方式,【居中】栏选择"头部轮廓圆心",【支持面】栏选择"飞机对称面",【半径】中输入 55 mm,【开始】栏输入 105°,【结束】栏输入 270°,如图 12.9 所示,创建对称平面内的"头部轮廓"。

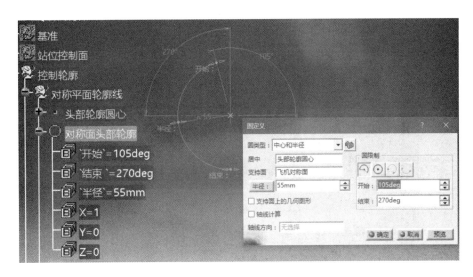

图 12.9　创建对称面头部轮廓

　　首先使用【点】命令，采用【在曲线上】方式，【曲线】栏选择"对称面头部轮廓"，选择【曲线长度比率】方式，【比率】中输入 0，如图 12.10 所示，创建上控制轮廓的第 1 个点"上点.1"。采用同样的方式，【比率】中输入 1，创建下控制轮廓的第一个点"下点.1"。

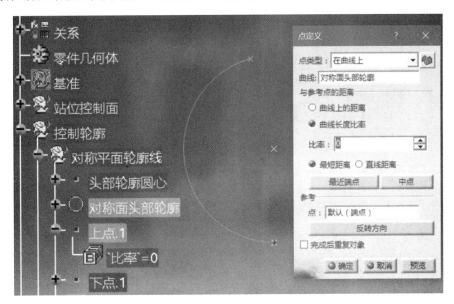

图 12.10　创建上控制轮廓第 1 个点

　　使用【直线】命令，采用【曲线的角度/法线】方式，【曲线】栏选择"对称面头部轮廓"，【点】栏选择"上点.1"，鼠标左键点击对话框【直到 2】选择框，选择站位控制面集合中的"第 1 站位面"平面，创建"头部线性段上轮廓"。采用同样方式，【点】栏选择"下点.1"，创建"头部线性段下轮廓"，如图 12.11 所示。

使用【点】命令,采用【在曲线上】方式,【曲线】栏选择"头部线性段上轮廓",比率设为 0,创建"上点.2"。采用同样方式,【曲线】栏选择"头部线性段下轮廓",创建"下点.2",如图 12.12 所示。

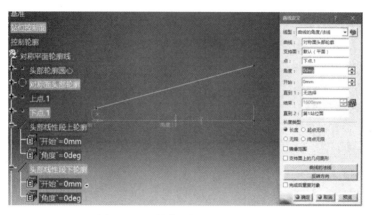

图 12.11　创建头部线性段下轮廓

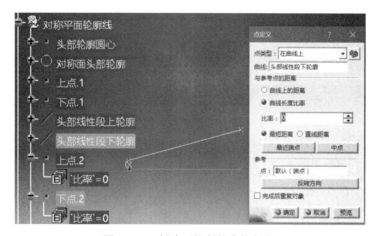

图 12.12　创建下控制轮廓控制点

再次使用【点】命令,采用【坐标】方式分别建立上控制轮廓的其他控制点,坐标见表 12.2。

表 12.2　上控制轮廓的控制点坐标

控制点	X 方向坐标/mm	Y 方向坐标/mm	Z 方向坐标/mm
上点.3	4 000	860	0
上点.4	6 000	950	0
上点.5	9 500	580	0
上点.6	13 000	280	0
上点.7	14 000	200	0

继续使用【点】命令，采用【坐标】方式分别建立下控制轮廓的其他控制点，坐标见表 12.3。

表 12.3　下控制轮廓的控制点坐标

控制点	X 方向坐标/mm	Y 方向坐标/mm	Z 方向坐标/mm
下点.3	4 000	−260	0
下点.4	6 000	−550	0
下点.5	9 500	−580	0
下点.6	13 000	−330	0
下点.7	14 000	−200	0

使用【样条线】命令，选择所有上控制点，创建"上控制轮廓"，其中，第 1 个控制点为"上点.2"，选择"头部线性段上轮廓"作为切线方向约束（注意切矢方向）。采用同样方式创建"下控制轮廓"，其中，第 1 个控制点为"下点.2"，选择"头部线性段下轮廓"作为切线方向约束，如图 12.13 所示。至此，对称平面机身主要轮廓绘制完毕。

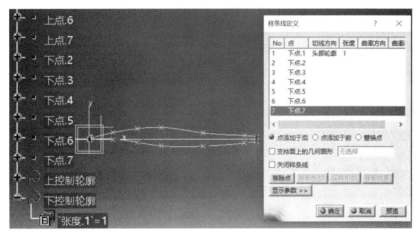

图 12.13　创建"下控制轮廓"

12.2.3　机身机翼水平面轮廓

使用【圆】命令，采用【中心和半径】方式，【居中】栏选择"头部轮廓圆心"，【支持面】栏选择"水平基准面"，【半径】中输入 55 mm，【开始】栏输入 0°，【结束】栏输入 65°，如图 12.14 所示，创建水平面内的"头部轮廓"。

使用【点】命令，采用【坐标】方式建立"头部线性段站位点"，X 方向值为 1 500 mm，Y，Z 值均为 0 mm，如图 12.15 所示。

使用【平面】命令，采用【平行通过点】方式，【参考】栏选择"0 站位基准面"，【点】栏中选择刚创建的"头部线性段站位点"，如图 12.16 所示，建立"头部线性段站位面"。

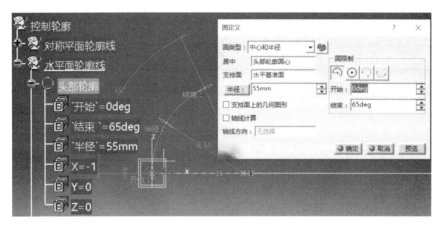

图 12.14　创建"水平面头部轮廓"

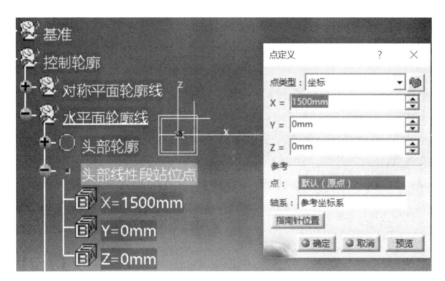

图 12.15　创建"头部线性段站位点"

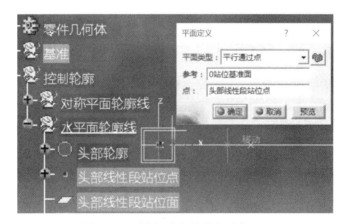

图 12.16　创建"头部线性段站位面"

使用【点】命令,采用【在曲线上】方式,【曲线】栏选择水平面内的"头部轮廓",选择【曲线长度比率方式】,【比率】中输入 1,如图 12.17 所示,创建"头部线性段前控制点"。

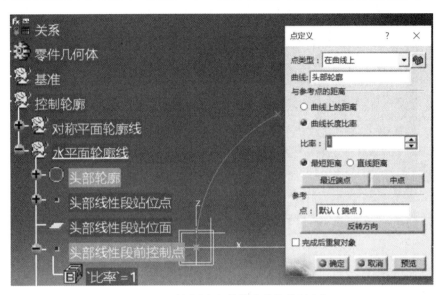

图 12.17　创建"头部线性段站前控制点"

使用【直线】命令,采用【曲线的切线】方式,【曲线】栏选择水平面内的"头部轮廓",【元素2】栏选择"头部线性段前控制点",【直到 2】栏选择"头部线性段站位面",如图 12.18 所示,建立"头部线性段轮廓"。

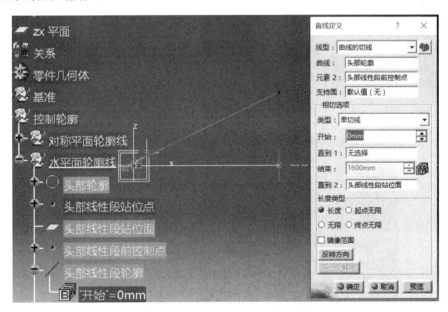

图 12.18　创建"头部线性段轮廓"

使用【点】命令,采用【在曲线上】方式,【曲线】栏选择"头部线性段轮廓",选择【曲线长度比率方式】,【比率】中输入 1,如图 12.19 所示,创建"头部线性段后控制点"。

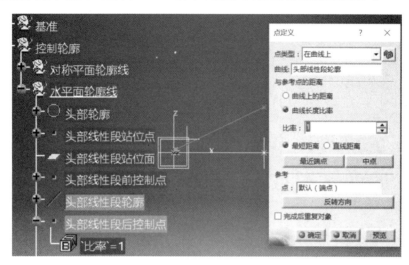

图 12.19   创建"头部线性段站后控制点"

使用【点】命令,采用【坐标】方式,分别创建表 12.4 所示控制点,如图 12.20 所示。

表 12.4   平面轮廓控制点坐标

控制点	X 方向坐标/mm	Y 方向坐标/mm	Z 方向坐标/mm
非线性段控制点	3 000	0	1 350
机翼前缘内控制点	5 000	0	1 750
机翼前缘外控制点	11 200	0	5 330
机翼后缘外控制点	12 460	0	5 330
机翼后缘内控制点	14 527	0	1 750
机尾外控制点	14 000	0	1 445

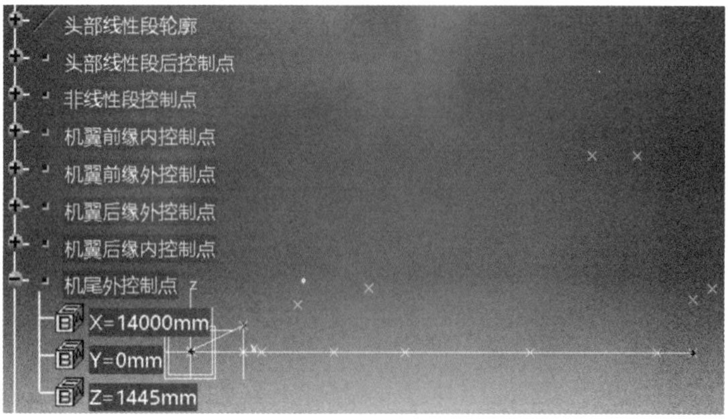

图 12.20   创建"水平面轮廓控制点"

使用【样条线】命令,分别选择"头部线性段后控制""非线性段控制点"和"机翼前缘内控制点"。其中,第 1 个控制点选择"头部线性段轮廓"作为切线方向约束(注意切矢方向),创建"头部非线性段轮廓",如图 12.21 所示。

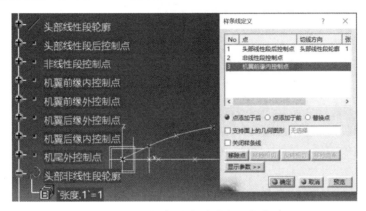

图 12.21　创建"头部非线性段轮廓"

使用【直线】命令,采用【点-点】方式,分别创建"机翼前缘轮廓""机翼外端轮廓""机翼后缘轮廓""机身后缘轮廓"和"机翼机身过渡轮廓",如图 12.22 所示。

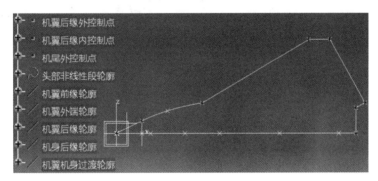

图 12.22　创建"机身机翼水平面轮廓"

12.2.4　翼型轮廓

使用【平面】命令,【平面类型】选择【偏移平面】,【参考】为"飞机对称面",偏移距离为1 750 mm,创建"翼根平面",如图 12.23 所示。

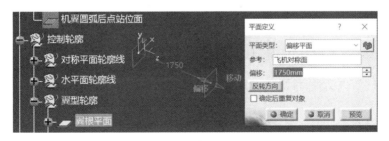

图 12.23　创建"翼根平面"

使用【平面】命令,【平面类型】选择【偏移平面】,【参考】为"飞机对称面",偏移距离为5 330 mm,创建"翼尖平面",如图 12.24 所示。

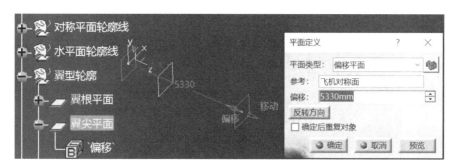

图 12.24　创建"翼尖平面"

使用【草图】命令,选择"翼根平面"进行草图绘制,根据图 11.7 机翼根部翼型尺寸参数绘制总体草图如图 12.25 所示,翼型前缘和后缘为半径 5 mm 的圆弧,前缘点到后缘点弦长9 527 mm,前段翼型与水平轴夹角为 3°,后段翼型与水平轴夹角为 4°,上、下轮廓关于水平轴对称。

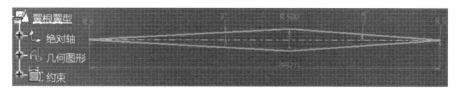

图 12.25　翼根翼型草图

使用【草图】命令,选择"翼尖平面"进行草图绘制,根据图 11.8 机翼稍部翼型绘制总体草图如图 12.26 所示,翼型前缘和后缘为半径 5 mm 的圆弧,前缘点到后缘点弦长 1 260 mm,前段翼型与水平轴夹角为 3°,后段翼型与水平轴夹角为 4°,上、下轮廓关于水平轴对称。

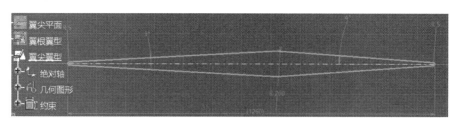

图 12.26　翼尖翼型草图

12.2.5　机翼关键站位控制面

除机身关键站位面外,机翼翼型相关的关键位置也需要进行轮廓设计,控制机身和机翼之间的曲面外形。

使用【平面】命令,选择【平行通过点】的【平面类型】,参考平面为"0 站位基准面",通过点为"机翼前缘内控制点",创建"翼根前缘点站位面",如图 12.27 所示。

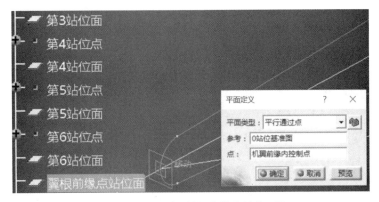

图 12.27　创建"翼根前缘点站位面"

使用【提取】命令,【拓展类型】选择【无拓展】,提取元素为"翼根翼型"前缘弧上侧的顶点,创建"机翼前缘弧上点",如图 12.28 所示。

使用【提取】命令,【拓展类型】选择【无拓展】,提取元素为"翼根翼型"前缘弧下侧的顶点,创建"机翼前缘弧下点",如图 12.29 所示。

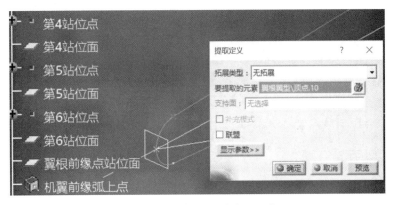

图 12.28　创建"机翼前缘弧上点"

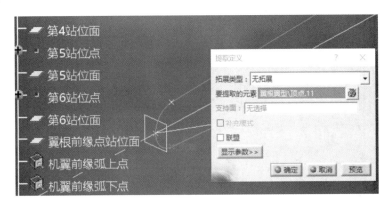

图 12.29　创建"机翼前缘弧下点"

使用【平面】命令,【平面类型】选择【从平面偏移】,参考平面为"翼根前缘点站位面",【偏移】距离 100 mm,创建"机翼前缘前平面",如图 12.30 所示。

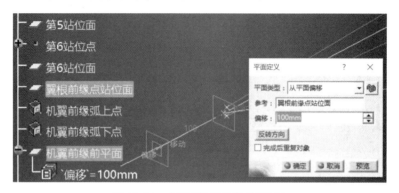

图 12.30　创建"机翼前缘前平面"

使用【平面】命令,【平面类型】选择【平行通过点】,参考平面为"翼根前缘点站位面",通过"机翼前缘弧上点",创建"机翼前缘后平面",如图 12.31 所示。

图 12.31　创建"机翼前缘后平面"

使用【提取】命令,【拓展类型】选择【无拓展】,提取元素为"翼根翼型"草图中前后翼型过渡段的圆弧曲线,创建"翼根上翼型过渡圆弧",如图 12.32 所示。

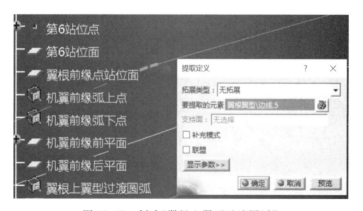

图 12.32　创建"翼根上翼型过渡圆弧"

使用【点】命令,【点类型】为【在曲线上】,【曲线】选择"翼根上翼型过渡圆弧",【与参考点的距离】选择【曲线长度比率】,【比率】为 1,创建"翼根上圆弧前点",如图 12.33 所示。

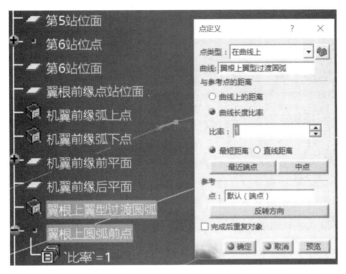

图 12.33　创建翼根上圆弧前点

使用【点】命令,【点类型】为【在曲线上】,【曲线】选择"翼根上翼型过渡圆弧",【与参考点的距离】选择【曲线长度比率】,【比率】为 0,创建"翼根上圆弧后点",如图 12.34 所示。

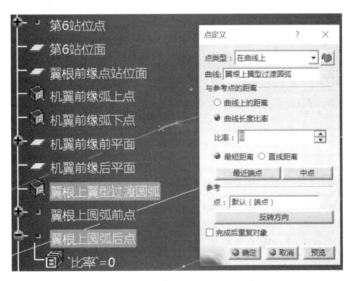

图 12.34　创建"翼根上圆弧后点"

采用相同方式,分别创建"翼根下圆弧""翼根下圆弧前点"和"翼根下圆弧后点",如图 12.35 所示。

使用【平面】命令,【平面类型】选择【平行通过点】,参考平面为"0 站位基准面",通过"翼根上圆弧前点",创建"机翼圆弧前点站位面",如图 12.36 所示。

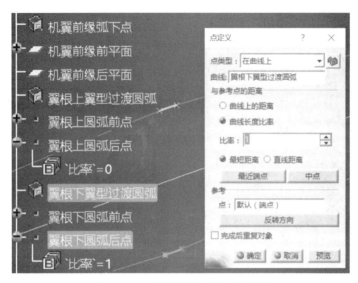

图 12.35　创建"机翼下圆弧后点"

图 12.36　创建"机翼圆弧前点站位面"

使用【平面】命令,【平面类型】选择【平行通过点】,参考平面为"0 站位基准面",通过"翼根上圆弧后点",创建"机翼圆弧后点站位面",如图 12.37 所示。

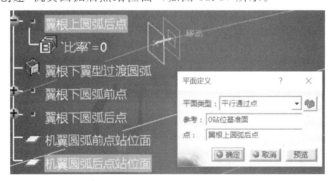

图 12.37　创建"机翼圆弧后点站位面"

12.2.6　关键站位截面轮廓

12.2.6.1　头部轮廓

使用【平面】命令,【平面类型】选择【通过三个点】,【点 1】栏选择"头部轮廓圆心",【点 2】栏选择"上点.1",【点 3】栏选择"头部线性段前控制点",建立"上部轮廓支持面",如图 12.38 所示。

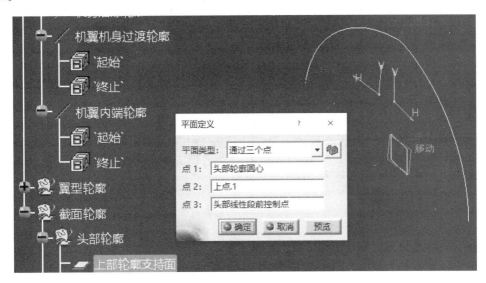

图 12.38　创建"上部轮廓支持面"

使用【草图】命令,选择"上部轮廓支持面",进入草图绘制界面,使用【圆弧】命令,建立"头部上部轮廓草图",如图 12.39 所示。

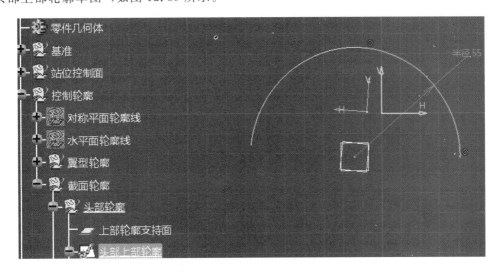

图 12.39　创建"头部上部轮廓草图"

使用【平面】命令,【平面类型选择】【通过三个点】,【点 1】栏选择"头部轮廓圆心",【点 2】栏选择"下点.1",【点 3】栏选择"头部线性段前控制点",建立"下部轮廓支持面",如图 12.40 所示。

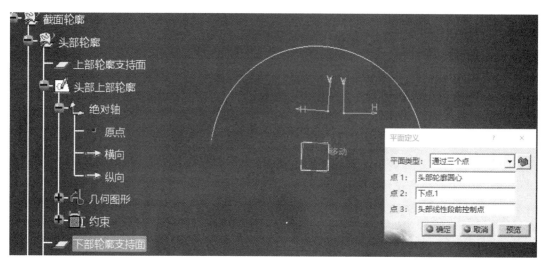

图 12.40　创建"下部轮廓支持面"

使用【草图】命令,选择"下部轮廓支持面",进入草图绘制界面,使用【圆弧】命令,建立"头部下部轮廓草图",如图 12.41 所示。

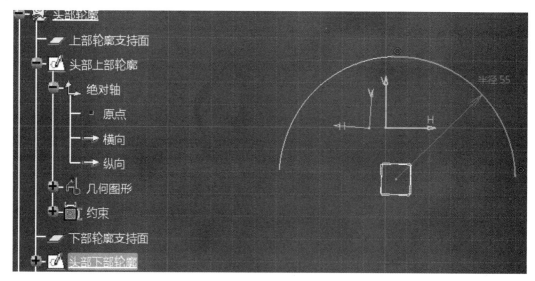

图 12.41　创建"头部下部轮廓草图"

使用【接合】命令,元素选择"头部上部轮廓"和"头部下部轮廓",合并距离值为 0.001 mm,建立"头部轮廓",如图 12.42 所示。

12.2.6.2　第 1 框轮廓

使用【样条线】命令,连接点选择"上点.2"与"头部线性段后控制点",【切线方向】分别为参考坐标系的 Z 轴与 Y 轴,【张度】分别调整为 0.7 和 0.1,创建"第 1 框上部轮廓",如图 12.43 所示。

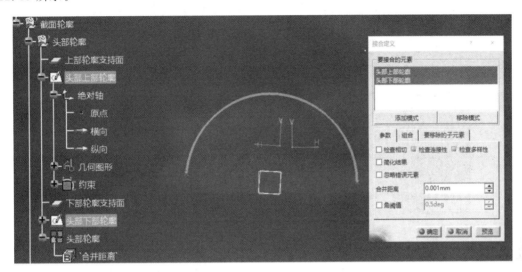

图 12.42　创建"头部轮廓草图"

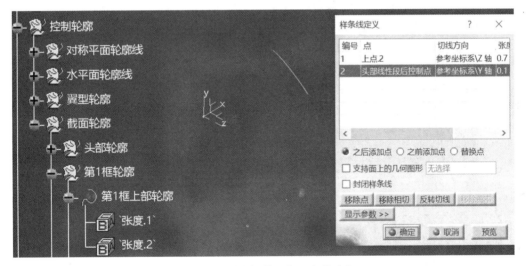

图 12.43　创建"第 1 框上部轮廓"

使用【点】命令,采用类型为【平面上】,选择"第 1 站位面"作为点所在平面,定义 H 方向距离为 −40 mm,V 方向上距离为 500 mm,如图 12.44 所示。

使用【样条线】命令,选择"下点.2"为第一个点,【切线方向】为参考坐标系 Z 轴,【张度】调整为 1.0,"下部控制点"为第二个点,"头部线性段后控制点"为第三个点,过该点的【切线方向】为参考坐标系 Y 轴,【张度】调整为 0.2,创建"第 1 框下部轮廓",如图 12.45 所示。

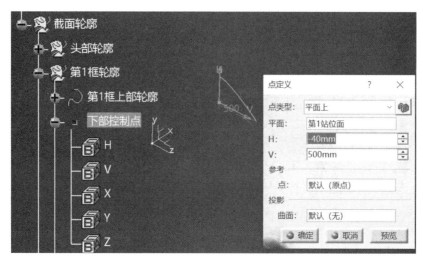

图 12.44 创建下部控制点

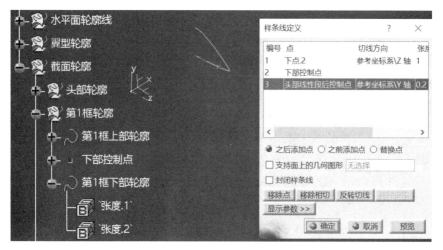

图 12.45 创建"第 1 框下部轮廓"

12.2.6.3 第 2 框轮廓

使用【相交】命令，选择"第 2 站位面"作为【第一元素】，选择"头部非线性段轮廓"作为【第二元素】，创建"水平面控制点"，如图 12.46 所示。

使用【点】命令，类型选择【平面上】，选择"第 2 站位面"作为点所在平面，H 方向上距离为 365 mm，V 方向上距离为 1 000 mm，创建"上部控制点"，如图 12.47 所示。

使用【样条线】命令，"上点.3"为第一个点，该点处【切线方向】为参考坐标系 Z 轴，【张度】调整为 1.0，"上部控制点"为第二个点，"水平面控制点"为第三个点，该点处【切线方向】为参考坐标系 Y 轴，【张度】调整为 0.1，创建"第 2 框上部轮廓"，如图 12.48 所示。

使用【点】命令，类型选择【平面上】，选择"第 2 站位面"作为点所在平面，H 方向上距离为 -130 mm，V 方向上距离为 1 000 mm，创建"下部控制点 1"，如图 12.49 所示。

继续使用【点】命令，类型选择【平面上】，选择"第 2 站位面"作为点所在平面，H 方向上距离为－195 mm，V 方向上距离为 800 mm，创建"下部控制点 2"，如图 12.50 所示。

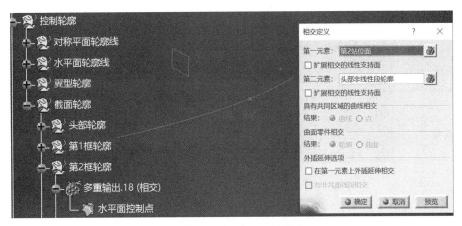

图 12.46　创建"水平面控制点"

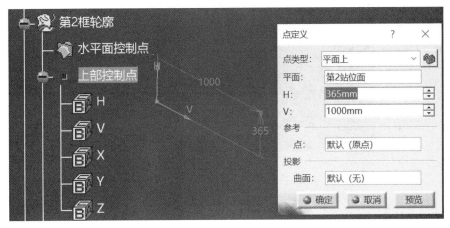

图 12.47　创建"上部控制点"

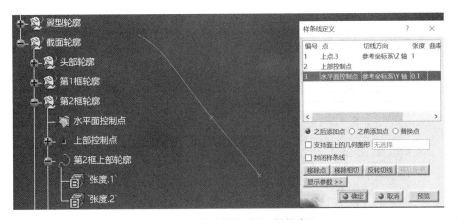

图 12.48　创建"第 2 框上部轮廓"

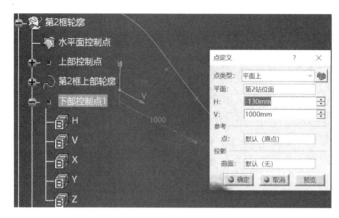

图 12.49　创建"下部控制点 1"

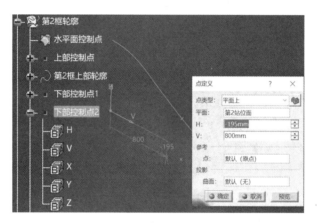

图 12.50　创建"下部控制点 2"

使用【样条线】命令,"下点.3"为第一个点,该点处【切线方向】为参考坐标系 Z 轴,【张度】调整为 1.0,"下部控制点 2"为第二个点,"下部控制点 1"为第三个点,"水平面控制点"为第四个点,该点处【切线方向】为参考坐标系 Y 轴,【张度】调整为 0.1,创建"第 2 框下部轮廓",如图 12.51 所示。

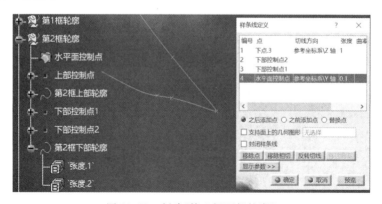

图 12.51　创建"第 2 框下部轮廓"

12.2.6.4 第 3 框轮廓

使用【相交】命令,选择"第 3 站位面"作为【第一元素】,选择"翼根翼型"作为【第二元素】,创建"翼面控制点",如图 12.52 所示。

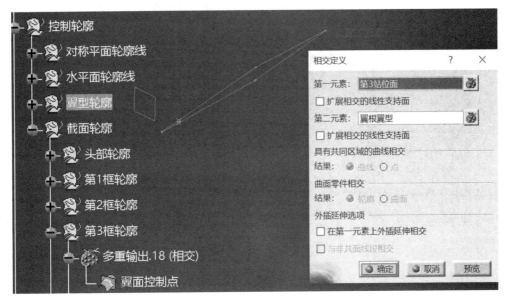

图 12.52 创建"翼面控制点"

使用【相交】命令,选择"第 3 站位面"作为【第一元素】,选择"机翼翼面外形"(见第 13 章 13.1 节①)作为【第二元素】,创建"翼面控制方向",如图 12.53 所示。

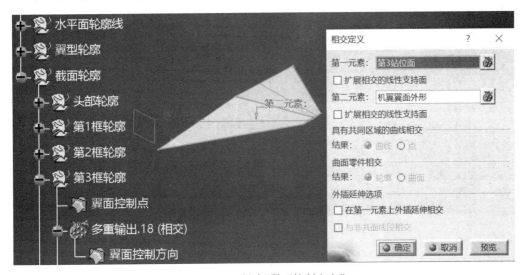

图 12.53 创建"翼面控制方向"

---

① 为了保证第 3 框轮廓与机翼外形曲面的切矢连续性,需要先创建好机翼翼面外形,再创建第 3 框轮廓。

使用【点】命令,类型选择【平面上】,选择"第 3 站位面"作为点所在平面,H 方向上距离为 490 mm,V 方向上距离为 1 000 mm,创建"上部控制点",如图 12.54 所示。

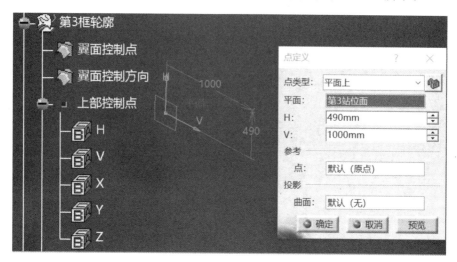

图 12.54　创建"上部控制点"

使用【样条线】命令,"上点.4"为第一个点,该点处【切线方向】为参考坐标系 Z 轴,【张度】调整为 1.2,"上部控制点"为第二个点,"翼面控制点"上侧的顶点为第三个点,该点处【切线方向】为"翼面控制方向",【张度】调整为 0.2,创建"第 3 框上部轮廓",如图 12.55所示。

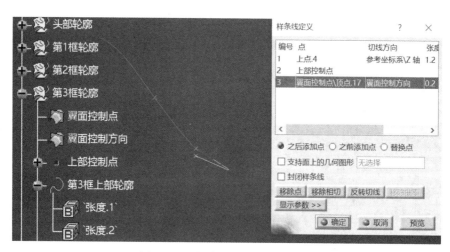

图 12.55　创建"第 3 框上部轮廓"

使用【点】命令,类型选择【平面上】,选择"第 3 站位面"作为点所在平面,H 方向上距离为 -345 mm,V 方向上距离为 1 000 mm,创建"下部控制点 1",如图 12.56 所示。

使用【点】命令,类型选择【平面上】,选择"第 3 站位面"作为点所在平面,H 方向上距离为 -200 mm,V 方向上距离为 1 250 mm,创建"下部控制点 2",如图 12.57 所示。

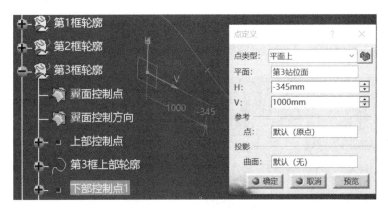

图 12.56　创建"下部控制点 1"

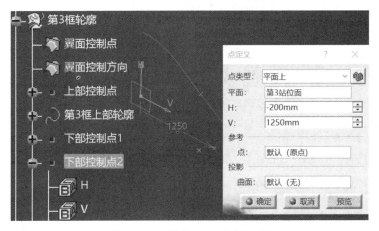

图 12.57　创建"下部控制点 2"

使用【样条线】命令，"下点.4"为第一个点，该点处【切线方向】为参考坐标系 Z 轴，【张度】调整为 1.0，"下部控制点 1"为第二个点，"下部控制点 2"为第三个点，"翼面控制点"下侧的顶点为第四个点，该点处【切线方向】为"翼面控制方向"，【张度】调整为 0.2，创建"第 3框下部轮廓"，如图 12.58 所示。

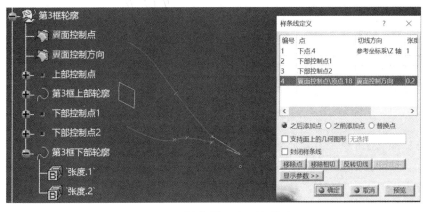

图 12.58　创建"第 3 框下部轮廓"

12.2.6.5　第 4 框轮廓

使用【相交】命令，选择"第 4 站位面"作为【第一元素】，选择"翼根翼型"作为【第二元素】，创建"翼面控制点"，如图 12.59 所示。

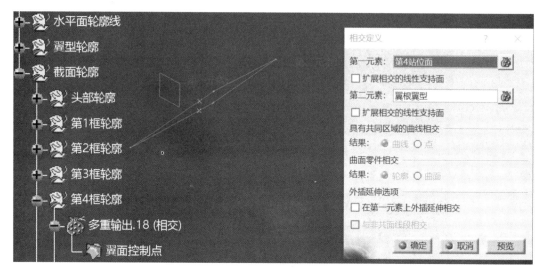

图 12.59　创建"翼面控制点"

使用【相交】命令，选择"第 4 站位面"作为【第一元素】，选择"机翼翼面外形"作为【第二元素】，创建"翼面控制方向"，如图 12.60 所示。

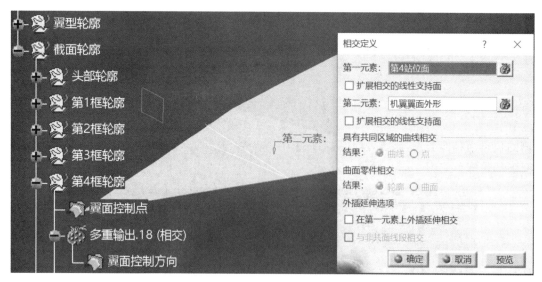

图 12.60　创建"翼面控制方向"

使用【样条线】命令，"上点.5"为第一个点，该点处【切线方向】为参考坐标系 Z 轴，【张度】调整为 1.0，"翼面控制点"上侧的顶点为第二个点，该点处【切线方向】为"翼面控制方向"，【张度】调整为 0.5，创建"第 4 框上部轮廓"，如图 12.61 所示。

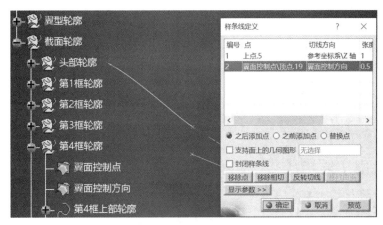

图 12.61　创建"第 4 框上部轮廓"

使用【点】命令,类型选择【平面上】,选择"第 4 站位面"作为点所在平面,H 方向上距离为-400 mm,V 方向上距离为 1 000 mm,创建"下部控制点 1",如图 12.62 所示。

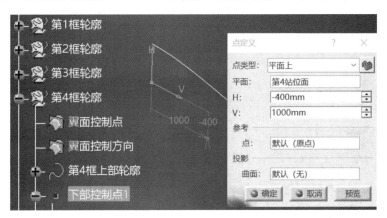

图 12.62　创建"下部控制点 1"

使用【点】命令,类型选择【平面上】,选择"第 4 站位面"作为点所在平面,H 方向上距离为-310 mm,V 方向上距离为 1 250 mm,创建"下部控制点 2",如图 12.63 所示。

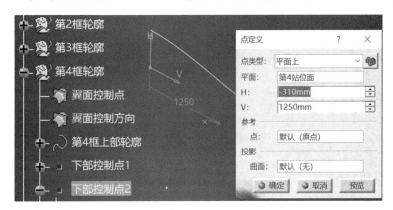

图 12.63　创建"下部控制点 2"

使用【样条线】命令,"下点.5"为第一个点,该点处【切线方向】为参考坐标系 Z 轴,【张度】调整为 1.0,"下部控制点 1"为第二个点,"下部控制点 2"为第三个点,"翼面控制点"下侧的顶点为第四个点,该点处【切线方向】为"翼面控制方向",【张度】调整为 0.2,创建"第 4 框下部轮廓",如图 12.64 所示。

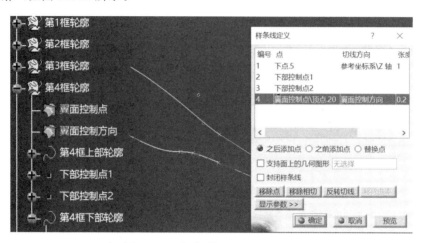

图 12.64　创建"第 4 框下部轮廓"

12.2.6.6　第 5 框轮廓

使用【相交】命令,选择"第 5 站位面"作为【第一元素】,选择"翼根翼型"作为【第二元素】,创建"翼面控制点",如图 12.65 所示。

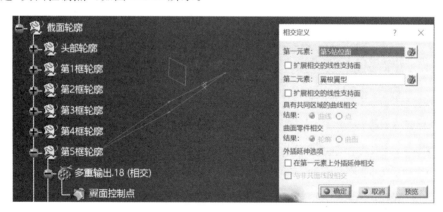

图 12.65　创建"翼面控制点"

使用【相交】命令,选择"第 5 站位面"作为【第一元素】,选择"机翼翼面外形"作为【第二元素】,创建"翼面控制方向",如图 12.66 所示。

使用【样条线】命令,"上点.6"为第一个点,该点处【切线方向】为参考坐标系 Z 轴,【张度】调整为 1.0,"翼面控制点"上侧的顶点为第二个点,该点处【切线方向】为"翼面控制方向",【张度】调整为 0.5,创建"第 5 框上部轮廓",如图 12.67 所示。

使用【样条线】命令,"下点.6"为第一个点,该点处【切线方向】为参考坐标系 Z 轴,【张度】调整为 1.0,"翼面控制点"下侧的顶点为第二个点,该点处【切线方向】为"翼面控制方向"，【张度】调整为 0.5，创建"第 5 框下部轮廓"，如图 12.68 所示。

图 12.66 创建"翼面控制方向"

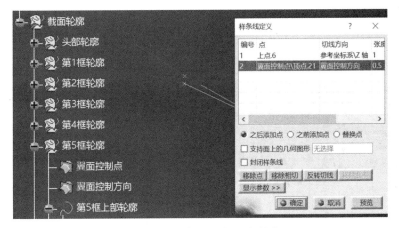

图 12.67 创建"第 5 框上部轮廓"

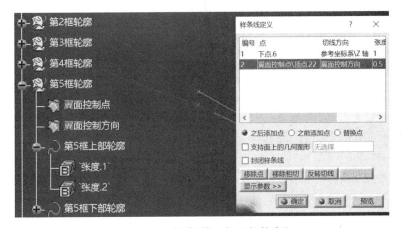

图 12.68 创建"第 5 框下部轮廓"

12.2.6.7 第 6 框轮廓

使用【相交】命令，选择"第 6 站位面"作为【第一元素】，选择"翼根翼型"作为【第二元素】，创建"翼面控制点"，如图 12.69 所示。

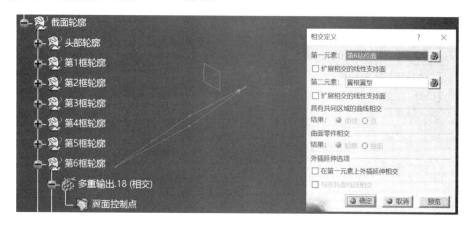

图 12.69 创建"翼面控制点"

使用【相交】命令，选择"第 6 站位面"作为【第一元素】，选择"机翼翼面外形"作为【第二元素】，创建"翼面控制方向"，如图 12.70 所示。

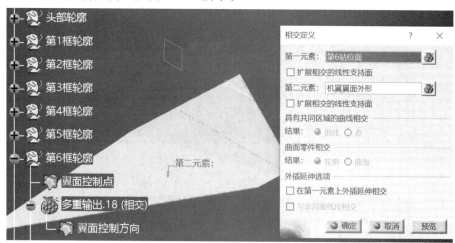

图 12.70 创建"翼面控制方向"

使用【样条线】命令，"上点.7"为第一个点，该点处【切线方向】为参考坐标系 Z 轴，【张度】调整为 1.0，"翼面控制点"上侧的顶点为第二个点，该点处【切线方向】为"翼面控制方向"，【张度】调整为 0.5，创建"第 6 框上部轮廓"，如图 12.71 所示。

使用【样条线】命令，"下点.7"为第一个点，该点处【切线方向】为参考坐标系 Z 轴，【张度】调整为 1.0，"翼面控制点"下侧的顶点为第二个点，该点处【切线方向】为"翼面控制方向"，【张度】调整为 0.5，创建"第 6 框下部轮廓"，如图 12.72 所示。

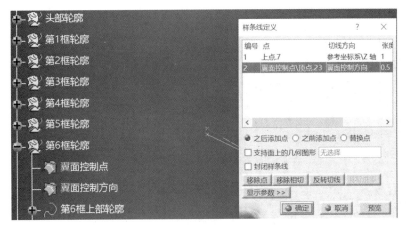

图 12.71　创建"第 6 框上部轮廓"

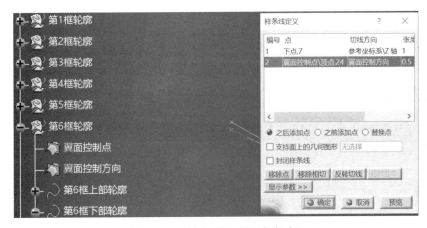

图 12.72　创建"第 6 框下部轮廓"

12.2.6.8　机翼前缘前平面站位轮廓

使用【相交】命令，选择"机翼前缘前平面"作为【第一元素】，水平面轮廓中的"头部非线性段轮廓"作为【第二元素】，创建"水平面控制点"，如图 12.73 所示。

图 12.73　创建"水平面控制点"

使用【相交】命令,选择"机翼前缘前平面"作为【第一元素】,对称面轮廓中的"上控制轮廓"作为【第二元素】,创建"对称面上控制点",如图 12.74 所示。

图 12.74　创建"对称面上控制点"

使用【相交】命令,选择"机翼前缘前平面"作为【第一元素】,对称面轮廓中的"下控制轮廓"作为【第二元素】,创建"对称面下控制点",如图 12.75 所示。

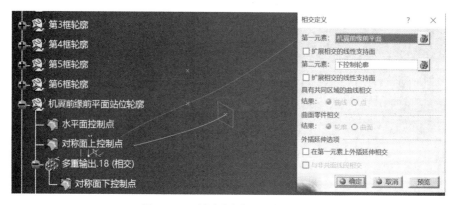

图 12.75　创建"对称面下控制点"

使用【点】命令,【点类型】选择【平面上】,【平面】选择"机翼前缘前平面",H 方向距离为 470 mm,V 方向距离为 1 000 mm,创建"上部控制点",如图 12.76 所示。

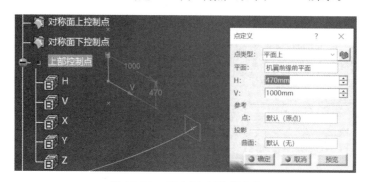

图 12.76　创建"上部控制点"

使用【样条线】命令,"对称面上控制点"为第一个点,该点处【切线方向】为参考坐标系 Z 轴,【张度】调整为 1.2,"上部控制点"为第二个点,"水平面控制点"为第三个点,该点处【切线方向】为参考坐标系 Y 轴,【张度】调整为 0.1,创建"机翼前缘点上部控制线",如图 12.77 所示。

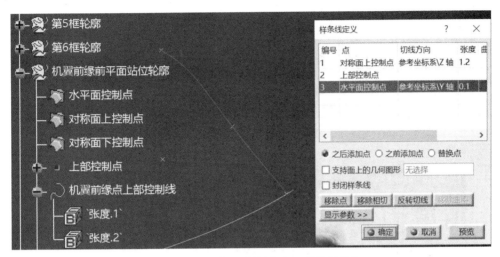

图 12.77　创建"机翼前缘点上部控制线"

使用【点】命令,【点类型】选择【平面上】,【平面】选择"机翼前缘前平面",H 方向距离为 -130 mm,V 方向距离为 1 250 mm,创建"下部控制点 1",如图 12.78 所示。

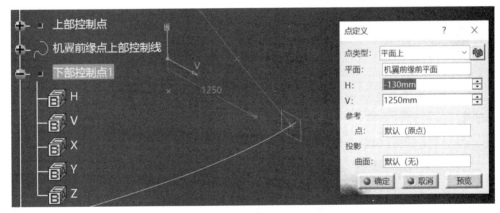

图 12.78　创建"下部控制点 1"

使用【点】命令,【点类型】选择【平面上】,【平面】选择"机翼前缘前平面",H 方向距离为 -233 mm,V 方向距离为 1 000 mm,创建"下部控制点 2",如图 12.79 所示。

使用【样条线】命令,"对称面下控制点"为第一个点,该点处【切线方向】为参考坐标系 Z 轴,【张度】调整为 1.1,"下部控制点 2"为第二个点,"下部控制点 1"为第三个点,"水平面控制点"为第四个点,该点处【切线方向】为参考坐标系 Y 轴,【张度】调整为 0.1,创建"机翼前缘点下部控制线",如图 12.80 所示。

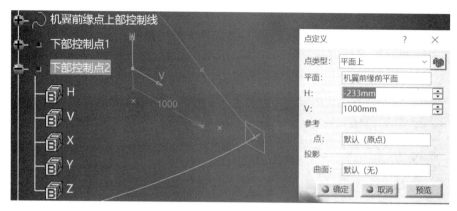

图 12.79　创建"下部控制点 2"

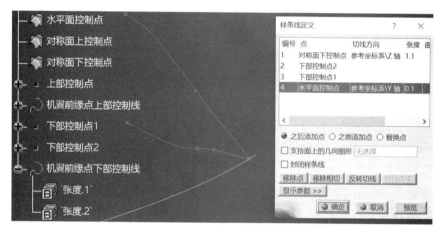

图 12.80　创建"机翼前缘点下部控制线"

12.2.6.9　机翼前缘后平面站位轮廓

使用【相交】命令，选择"机翼前缘后平面"作为【第一元素】，水平面面轮廓中的"机翼前缘轮廓"作为【第二元素】，创建"机翼前缘相交点"，如图 12.81 所示。

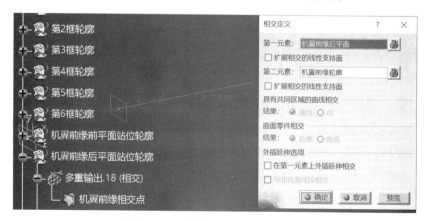

图 12.81　创建"机翼前缘相交点"

使用【样条线】命令，"机翼前缘弧上点"为第一个点，"机翼前缘相交点"为第二个点，"机翼前缘弧下点"为第三个点，创建"控制线"，如图 12.82 所示。

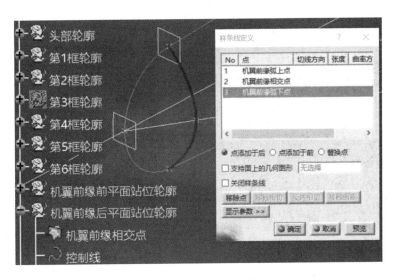

图 12.82　创建"控制线"

使用【相交】命令，选择"机翼前缘后平面"作为【第一元素】，"上控制轮廓"作为【第二元素】，创建"对称面上控制点"，如图 12.83 所示。

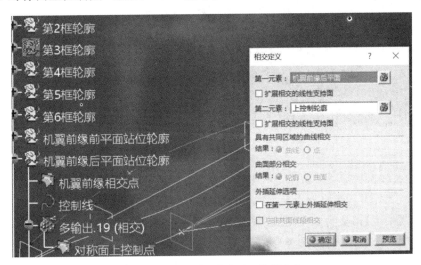

图 12.83　创建"对称面上控制点"

使用【相交】命令，选择"机翼前缘后平面"作为【第一元素】，"下控制轮廓"作为【第二元素】，创建"对称面下控制点"，如图 12.84 所示。

使用【点】命令，【点类型】选择【平面上】，【平面】选择"机翼前缘后平面"，H 方向距离为 480 mm，V 方向距离为 1 000 mm，创建"上部控制点"，如图 12.85 所示。

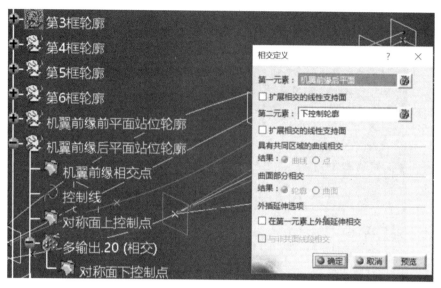

图 12.84　创建"对称面下控制点"

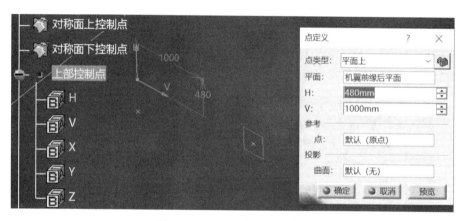

图 12.85　创建"上部控制点"

　　使用【样条线】命令,"对称面上控制点"为第一个点,【切线方向】为参考坐标系 Z 轴,【张度】调整为 1.2,"上部控制点"为第二个点,"机翼前缘弧上点"为第三个点,【切线方向】为"控制线",【张度】调整为 0.4,创建"机翼前缘点上部控制线",如图 12.86 所示。

　　使用【点】命令,【点类型】选择【平面上】,【平面】选择"机翼前缘后平面",H 方向距离为 −137 mm,V 方向距离为 1 250 mm,创建"下部控制点 1",如图 12.87 所示。

　　使用【点】命令,【点类型】选择【平面上】,【平面】选择"机翼前缘后平面",H 方向距离为 −243 mm,V 方向距离为 1 000 mm,创建"下部控制点 2",如图 12.88 所示。

　　使用【样条线】命令,"对称面下控制点"为第一个点,【切线方向】为参考坐标系 Z 轴,【张度】调整为 1.0,"下部控制点 2"为第二个点,"下部控制点 1"为第三个点,"机翼前缘弧下点"为第四个点,【切线方向】为"控制线",【张度】调整为 0.3,创建"机翼前缘点下部控制线",如图 12.89 所示。

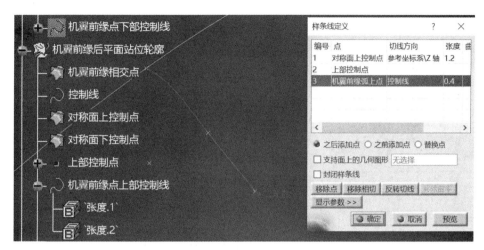

图 12.86 创建"机翼前缘点上部控制线"

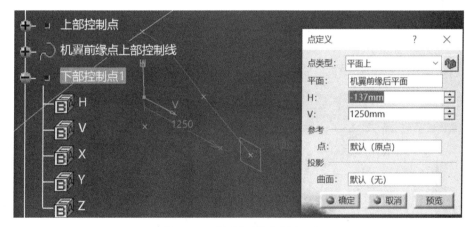

图 12.87 创建"下部控制点 1"

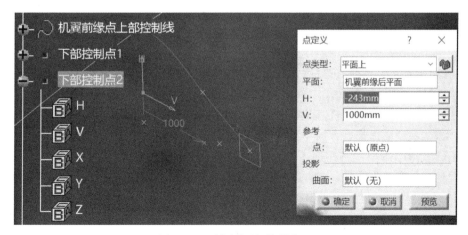

图 12.88 创建"下部控制点 2"

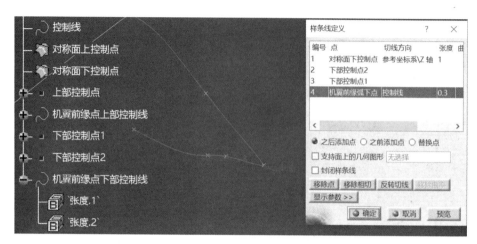

图 12.89　创建"机翼前缘点下部控制线"

12.2.6.10　机翼圆弧前点站位轮廓

使用【相交】命令,选择"机翼圆弧前点站位面"作为【第一元素】,"上控制轮廓"作为【第二元素】,创建"对称面上控制点",如图 12.90 所示。

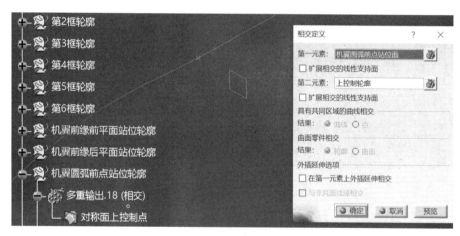

图 12.90　创建"对称面上控制点"

使用【相交】命令,选择"机翼圆弧前点站位面"作为【第一元素】,"下控制轮廓"作为【第二元素】,创建"对称面下控制点",如图 12.91 所示。

使用【相交】命令,选择"机翼圆弧前点站位面"作为【第一元素】,"机翼翼面外形"作为【第二元素】,创建"翼面控制方向",如图 12.92 所示。

使用【样条线】命令,"对称面上控制点"为第一个点,【切线方向】为参考坐标系 Z 轴,【张度】调整为 1.0,"机翼上圆弧前点"为第二个点,【切线方向】为"翼面控制方向",【张度】调整为 0.5,创建"机翼圆弧前点上部轮廓",如图 12.93 所示。

使用【点】命令,【点类型】选择【平面上】,【平面】选择"机翼圆弧前点站位面",H 方向距离为 -420 mm,V 方向距离为 1 000 mm,创建"下部控制点 1",如图 12.94 所示。

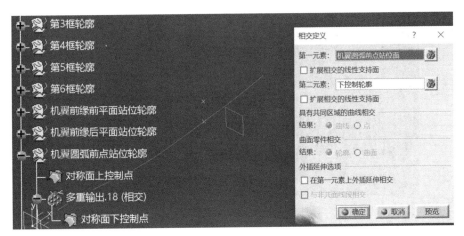

图 12.91 创建"对称面下控制点"

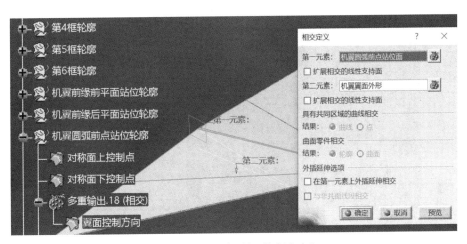

图 12.92 创建"翼面控制方向"

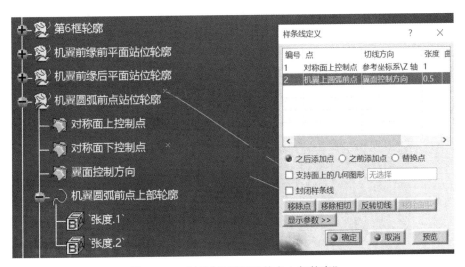

图 12.93 创建"机翼圆弧前点上部轮廓"

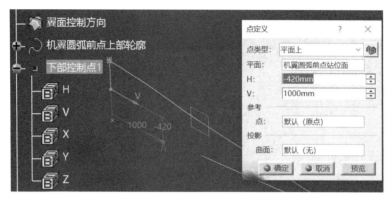

图 12.94 创建"下部控制点 1"

使用【点】命令,【点类型】选择【平面上】,【平面】选择"机翼圆弧前点站位面",H 方向距离为−350 mm,V 方向距离为 1 250 mm,创建"下部控制点 2",如图 12.95 所示。

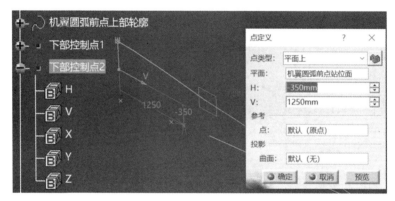

图 12.95 创建"下部控制点 2"

使用【样条线】命令,"对称面下控制点"为第一个点,【切线方向】为参考坐标系 Z 轴,【张度】调整为 1.0,"下部控制点 1"为第二个点,"下部控制点 2"为第三个点,"机翼下圆弧前点"为第四个点,【切线方向】为"翼面控制方向",【张度】调整为 0.2,创建"机翼圆弧前点下部轮廓",如图 12.96 所示。

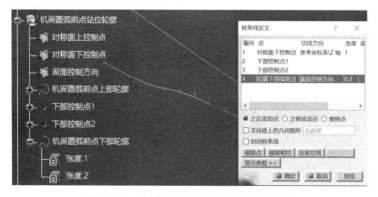

图 12.96 创建"机翼圆弧前点下部轮廓"

12.2.6.11　机翼圆弧后点站位轮廓

使用【相交】命令,选择"机翼圆弧后点站位面"作为【第一元素】,"上控制轮廓"作为【第二元素】,创建"对称面上控制点",如图 12.97 所示。

图 12.97　创建"对称面上控制点"

使用【相交】命令,选择"机翼圆弧后点站位面"作为【第一元素】,"下控制轮廓"作为【第二元素】,创建"对称面下控制点",如图 12.98 所示。

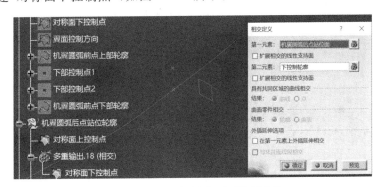

图 12.98　创建"对称面下控制点"

使用【相交】命令,选择"机翼圆弧后点站位面"作为【第一元素】,"机翼翼面外形"作为【第二元素】,创建"翼面控制方向",如图 12.99 所示。

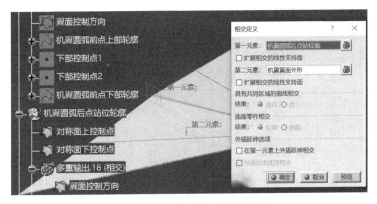

图 12.99　创建"翼面控制方向"

使用【样条线】命令，"对称面上控制点"为第一个点，【切线方向】为参考坐标系 Z 轴，【张度】调整为 1.0，"机翼上圆弧后点"为第二个点，【切线方向】为"翼面控制方向"，【张度】调整为 0.2，创建"机翼圆弧后点上部轮廓"，如图 12.100 所示。

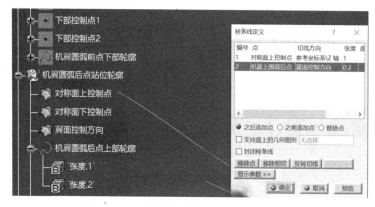

图 12.100　创建"机翼圆弧后点上部轮廓"

使用【点】命令，【点类型】选择【平面上】，【平面】选择"机翼圆弧后点站位面"，H 方向距离为 −420 mm，V 方向距离为 1 000 mm，创建"下部控制点 1"，如图 12.101 所示。

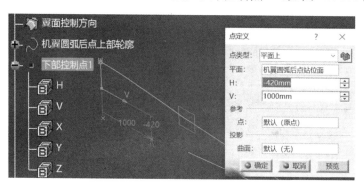

图 12.101　创建"下部控制点 1"

使用【点】命令，【点类型】选择【平面上】，【平面】选择"机翼圆弧后点站位面"，H 方向距离为 −350 mm，V 方向距离为 1 250 mm，创建"下部控制点 2"，如图 12.102 所示。

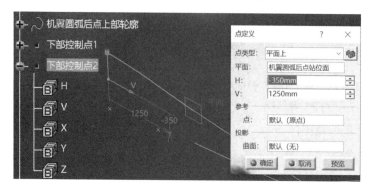

图 12.102　创建"下部控制点 2"

使用【样条线】命令，"对称面下控制点"为第一个点，【切线方向】为参考坐标系 Z 轴，【张度】调整为 1.0，"下部控制点 1"为第二个点，"下部控制点 2"为第三个点，"机翼下圆弧后点"为第四个点，【切线方向】为"翼面控制方向"，【张度】调整为 0.2，创建"机翼圆弧后点下部轮廓"，如图 12.103 所示。

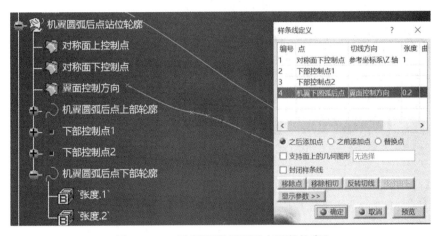

图 12.103　创建"机翼圆弧后点下部轮廓"

12.2.6.12　头部过渡轮廓 1

在绘制机身外形曲面时，机头外形为圆球面的一部分，在过渡到第 1 框轮廓过程，由于两处轮廓曲率变化较大，会产生曲面局部变形过大或向内凹陷问题，需要在头部轮廓和第 1 框轮廓之间增加一些过渡轮廓控制曲面的变化，本节增加了两处过渡轮廓，下面详细介绍两处过渡轮廓的绘制过程。

使用【平面】命令，类型选择【偏移平面】，参考平面为"0 站位基准面"，偏移距离为 75 mm，创建"过渡站位面 1"，如图 12.104 所示。

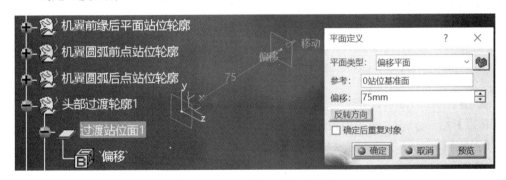

图 12.104　创建"过渡站位面 1"

使用【相交】命令，选择"过渡站位面 1"作为第一元素，"头部线性段上轮廓""头部线性段下轮廓""头部线性段轮廓"三个元素作为第二元素，创建"站位面 1 控制点"中的"对称面上控制点""对称面下控制点"以及"水平面控制点"，如图 12.105 所示。

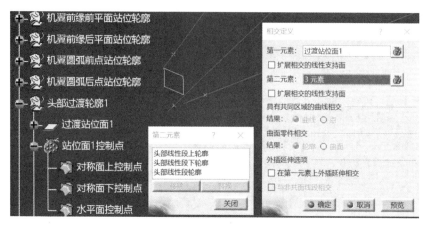

图 12.105　创建"站位面 1 控制点"

使用【样条线】命令,"对称面上控制点"为第一个点,该点处【切线方向】为参考坐标系 Z 轴,【张度】调整为 1.2,"水平面控制点"为第二个点,该点处【切线方向】为参考坐标系 Y 轴,【张度】调整为 1.2,创建"过渡面 1 上控制线",如图 12.106 所示。

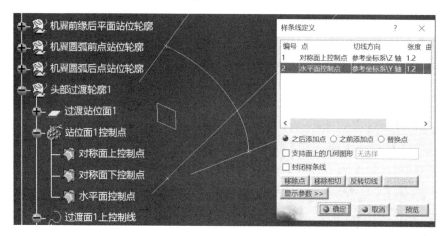

图 12.106　创建"过渡面 1 上控制线"

使用【样条线】命令,"对称面下控制点"为第一个点,该点处【切线方向】为参考坐标系 Z 轴,【张度】调整为 1.2,"水平面控制点"为第二个点,该点处【切线方向】为"过渡面 1 上控制线",【张度】调整为 1.0,创建"过渡面 1 下控制线",如图 12.107 所示。

12.2.6.13　头部过渡轮廓 2

使用【平面】命令,类型选择【偏移平面】,参考平面为"0 站位基准面",偏移距离为 580 mm,创建"过渡站位面 2",如图 12.108 所示。

使用【相交】命令,选择"过渡站位面 2"作为第一元素,"头部线性段上轮廓""头部线性段下轮廓""头部线性段轮廓"三个元素作为第二元素,创建"站位面 2 控制点"中的"对称面上控制点""对称面下控制点"以及"水平面控制点",如图 12.109 所示。

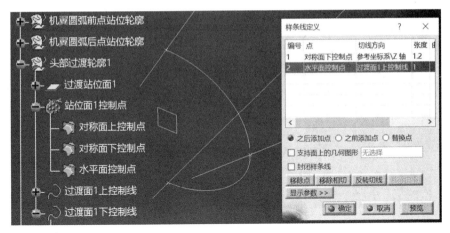

图 12.107　创建"过渡面 1 下控制线"

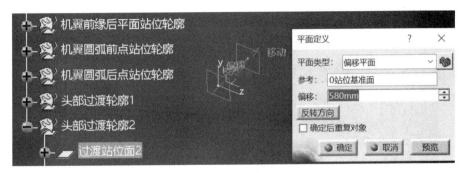

图 12.108　创建"过渡站位面 2"

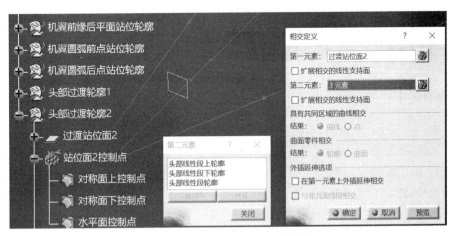

图 12.109　创建"站位面 2 控制点"

使用【样条线】命令,"对称面上控制点"为第一个点,该点处【切线方向】为参考坐标系 Z 轴,【张度】调整为 1.0,"水平面控制点"为第二个点,该点处【切线方向】为参考坐标系 Y 轴,【张度】调整为 0.8,创建"过渡面 2 上控制线",如图 12.110 所示。

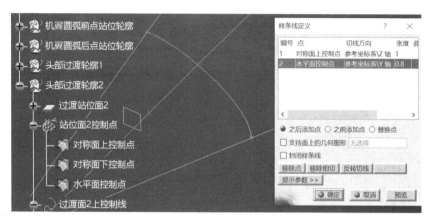

图 12.110　创建"过渡面 2 上控制线"

使用【样条线】命令,"对称面下控制点"为第一个点,该点处【切线方向】为参考坐标系 Z 轴,【张度】调整为 1.6,"水平面控制点"为第二个点,该点处【切线方向】为参考坐标系 Y 轴,【张度】调整为 0.2,创建"过渡面 2 下控制线",如图 12.111 所示。

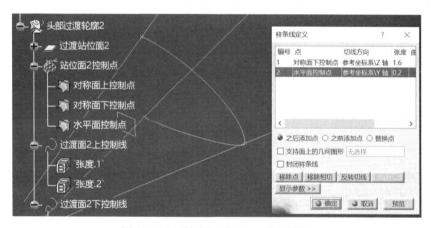

图 12.111　创建"过渡面 2 下控制线"

12.3　小　　　结

本章介绍了某型军用飞机的基本控制轮廓设计,分别建立了飞机参考基准、机身外形和机翼外形控制轮廓尺寸。为方便介绍飞机三维外形设计过程,关键站位面和尺寸数据均为假设,仅供参考。实际设计过程中,相应关键位置的控制轮廓要求相比民机更为细致,本书为简化演示建模过程,只使用了最少的关键站位的控制轮廓来控制机身和机翼三维外形形状。

第13章 飞机机翼外形设计

军用飞机的机翼是提供飞机升力的主要部件,机翼主要包括翼面外形和端部外形两部分。在进行机翼的三维外形设计时,机翼展向不同站位的翼型已经通过气动设计确定,翼型导入方法在民机外形设计中已经介绍。本章主要介绍通过关键展向站位点控制轮廓完成机翼三维外形的设计。

13.1 机翼翼面外形

使用【点】命令,【点类型】选择【曲线上】,【曲线】选择"机翼内端轮廓",【与参考点的距离】选择【曲线长度比率】,【比率】为0.3,创建"翼根30%弦点",如图13.1所示。

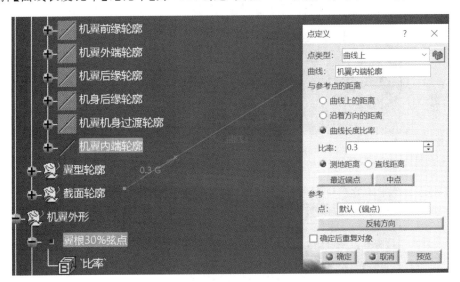

图13.1 创建"翼根30%弦点"

使用【点】命令,【点类型】选择【曲线上】,【曲线】选择"机翼内端轮廓",【与参考点的距离】选择【曲线长度比率】,【比率】为0.75,创建"翼根75%弦点",如图13.2所示。

使用【点】命令,【点类型】选择【曲线上】,【曲线】选择"机翼外端轮廓",【与参考点的距离】选择【曲线长度比率】,【比率】为0.3,创建"翼尖30%弦点",如图13.3所示。

使用【点】命令,【点类型】选择【曲线上】,【曲线】选择"机翼外端轮廓",【与参考点的距离】选择【曲线长度比率】,【比率】为0.75,创建"翼尖75%弦点",如图13.4所示。

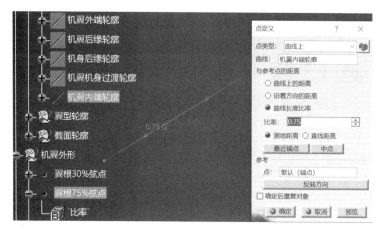

图 13.2　创建"翼根 75％弦点"

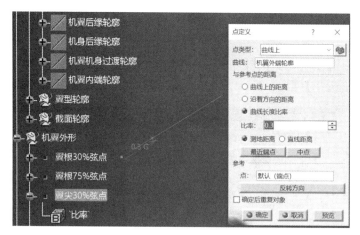

图 13.3　创建"翼尖 30％弦点"

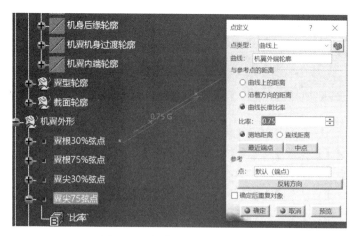

图 13.4　创建"翼尖 75％弦点"

使用【平面】命令,【平面类型】选择【平行通过点】,选择"0 站位基准面"作为【参考】,通过"翼根 30％弦点",创建"翼根 30％弦点法面",如图 13.5 所示。

图 13.5　创建"翼根 30％弦点法面"

使用【平面】命令,【平面类型】选择【平行通过点】,选择"0 站位基准面"作为【参考】,通过"翼根 75％弦点",创建"翼根 75％弦点法面",如图 13.6 所示。

图 13.6　创建"翼根 75％弦点法面"

使用【平面】命令,【平面类型】选择【平行通过点】,选择"0 站位基准面"作为【参考】,通过"翼尖 30％弦点",创建"翼尖 30％弦点法面",如图 13.7 所示。

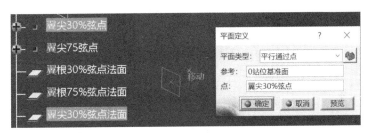

图 13.7　创建"翼尖 30％弦点法面"

使用【平面】命令,【平面类型】选择【平行通过点】,选择"0 站位基准面"作为【参考】,通过"翼尖 75％弦点",创建"翼尖 75％弦点法面",如图 13.8 所示。

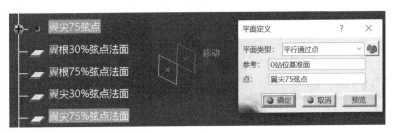

图 13.8　创建"翼尖 75％弦点法面"

使用【相交】命令,选择"翼根翼型"作为【第一元素】,"翼根 30%弦点法面"为【第二元素】,创建"根弦 30%翼型交点",如图 13.9 所示。

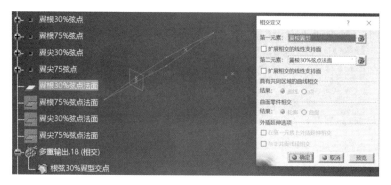

图 13.9 创建"根弦 30%翼型交点"

使用【相交】命令,选择"翼根翼型"作为【第一元素】,"翼根 75%弦点法面"为【第二元素】,创建"根弦 75%翼型交点",如图 13.10 所示。

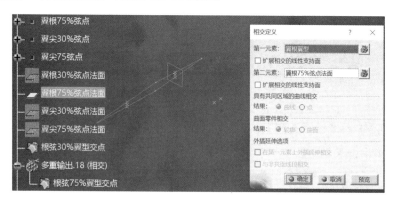

图 13.10 创建"根弦 75%翼型交点"

使用【相交】命令,选择"翼尖翼型"作为【第一元素】,"翼尖 30%弦点法面"为【第二元素】,创建"尖弦 30%翼型交点",如图 13.11 所示。

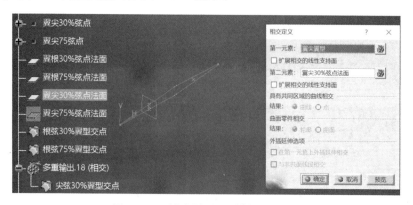

图 13.11 创建"尖弦 30%翼型交点"

使用【相交】命令,选择【翼尖翼型】作为【第一元素】,【翼尖 75％弦点法面】为【第二元素】,创建"尖弦 75％翼型交点",如图 13.12 所示。

图 13.12　创建"尖弦 75％翼型交点"

使用【直线】命令,【线型】选择【点-点】,"根弦 30％翼型交点"的上侧交点为【点 1】,"尖弦 30％翼型交点"的上侧交点为【点 2】,创建"30％翼面上控制线",如图 13.13 所示。

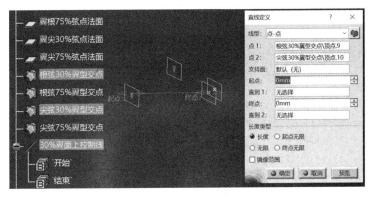

图 13.13　创建"30％翼面上控制线"

使用【直线】命令,【线型】选择【点-点】,"根弦 75％翼型交点"的上侧交点为【点 1】,"尖弦 75％翼型交点"的上侧交点为【点 2】,创建"75％翼面上控制线",如图 13.14 所示。

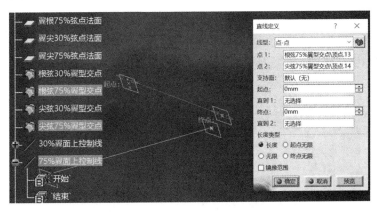

图 13.14　创建"75％翼面上控制线"

使用【直线】命令,【线型】选择【点-点】,"根弦 30％翼型交点"的下侧交点为【点 1】,"尖弦 30％翼型交点"的下侧交点为【点 2】,创建"30％翼面下控制线",如图 13.15 所示。

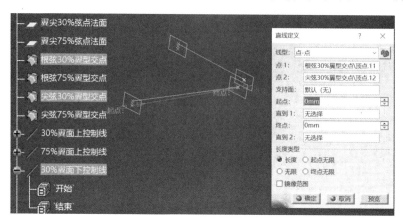

图 13.15　创建"30％翼面下控制线"

使用【直线】命令,【线型】选择【点-点】,"根弦 75％翼型交点"的下侧交点为【点 1】,"尖弦 75％翼型交点"的下侧交点为【点 2】,创建"75％翼面下控制线",如图 13.16 所示。

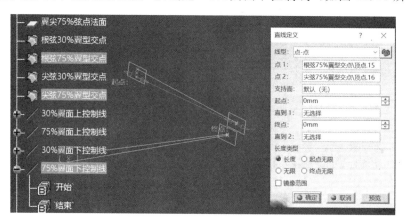

图 13.16　创建"75％翼面下控制线"

使用【提取】命令,提取"翼尖翼型"上翼型的过渡圆弧,创建"翼尖上翼型过渡圆弧",如图 13.17 所示。

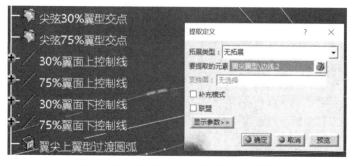

图 13.17　创建"翼尖上翼型过渡圆弧"

继续使用【提取】命令,提取"翼尖翼型"下翼型的过渡圆弧,创建"翼尖下翼型过渡圆弧",如图 13.18 所示。

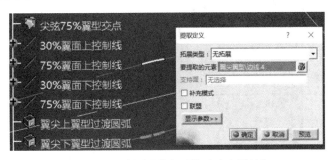

图 13.18　创建"翼尖下翼型过渡圆弧"

使用【点】命令,采用【在曲线上】方式,选择"翼尖上翼型过渡圆弧"作为参考【曲线】,选择【曲线长度比率】方式,比率中输入值"1",创建"翼尖上圆弧前点",如图 13.19 所示。

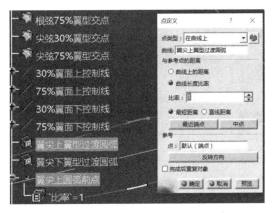

图 13.19　创建"翼尖上圆弧前点"

使用【点】命令,采用【在曲线上】方式,选择"翼尖上翼型过渡圆弧"作为参考【曲线】,选择【曲线长度比率】方式,比率中输入值"0",创建"翼尖上圆弧后点",如图 13.20 所示。

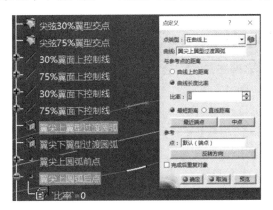

图 13.20　创建"翼尖上圆弧后点"

采用同样方式，分别创建"翼尖下圆弧前点"和"翼尖下圆弧后点"，如图 13.21 所示。

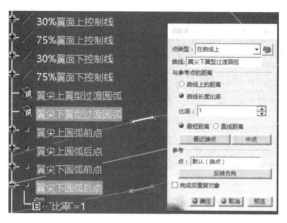

图 13.21　创建"翼尖下圆弧后点"

使用【直线】命令，【线型】选择【点-点】，"翼根上圆弧前点"为【点 1】，"翼尖上圆弧前点"为【点 2】，创建"上翼面过渡圆弧前控制线"，如图 13.22 所示。

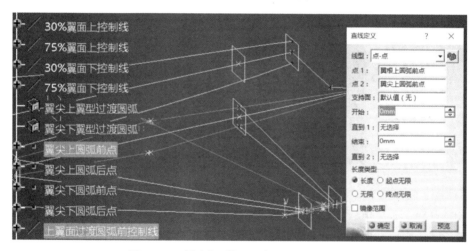

图 13.22　创建"上翼面过渡圆弧前控制线"

使用【直线】命令，【线型】选择【点-点】，"翼根上圆弧后点"为【点 1】，"翼尖上圆弧后点"为【点 2】，创建"上翼面过渡圆弧后控制线"，如图 13.23 所示。

采用同样方式，分别创建"下翼面过渡圆弧前控制线"和"下翼面过渡圆弧后控制线"，如图 13.24 所示。

使用【多截面曲面】命令，根据【截面】"翼根翼型"和"翼尖翼型"创建"机翼翼面外形"，【引导线】分别为"机翼前缘轮廓""机翼后缘轮廓""30％翼面上控制线""上翼面过渡圆弧前控制线""上翼面过渡圆弧后控制线""75％翼面上控制线""30％翼面下控制线""下翼面过渡圆弧前控制线""下翼面过渡圆弧后控制线""75％翼面下控制线"，如图 13.25 所示。

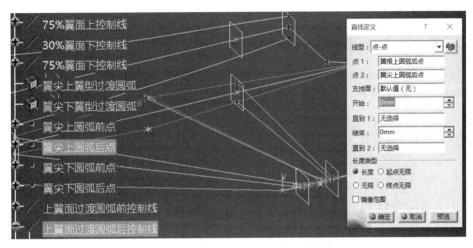

图 13.23　创建"上翼面过渡圆弧后控制线"

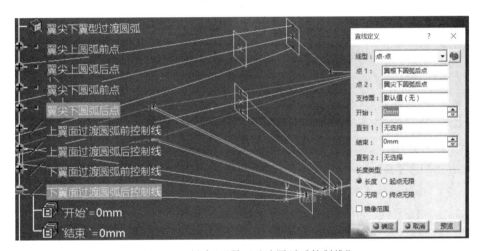

图 13.24　创建"下翼面过渡圆弧后控制线"

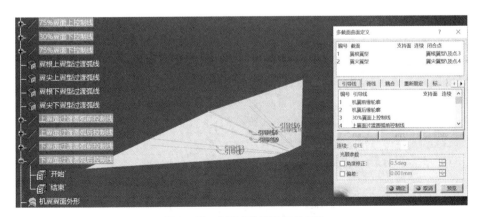

图 13.25　创建"机翼翼面外形"

13.2 机翼端部外形

使用【提取】命令,分别提取"翼尖翼型"前缘弧上侧顶点,创建"前缘弧上点",以及"翼尖翼型"前缘弧下侧顶点,创建"前缘弧下点",图 13.26 展示了"前缘弧下点"的提取步骤。

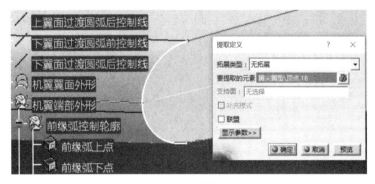

图 13.26　创建"前缘弧下点"

使用【圆】命令,【圆类型】选择【两点和半径】,【点 1】选择"前缘弧上点",【点 2】选择"前缘弧下点",【支持面】选择"翼尖 30％弦点法面",【半径】为 10 mm,【圆限制】选择第三个【修剪圆】,创建"前缘弧控制线",如图 13.27 所示。

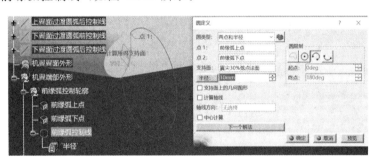

图 13.27　创建"前缘弧控制线"

使用【圆】命令,【圆类型】选择【两个点和半径】,【点 1】选择"翼尖上圆弧前点",【点 2】选择"翼尖下圆弧前点",【支持面】选择"翼尖 30％弦点法面",【半径】为 80 mm,【圆限制】选择第三个【修剪圆】,创建"过渡圆弧前点控制线",如图 13.28 所示。

　　　　图 13.28　创建"过渡圆弧前点控制线"

使用【圆】命令,【圆类型】选择【两个点和半径】,【点 1】选择"翼尖上圆弧后点",【点 2】选择"翼尖下圆弧后点",【支持面】选择"翼尖 30%弦点法面",【半径】为 80 mm,【圆限制】选择第三个【修剪圆】,创建"过渡圆弧后点控制线",如图 13.29 所示。

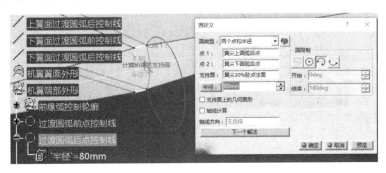

图 13.29　创建"过渡圆弧后点控制线"

使用【提取】命令,分别提取"翼尖翼型"后缘弧上侧顶点,创建"后圆弧上点",以及"翼尖翼型"后缘弧下侧顶点,创建"后圆弧下点",图 13.30 展示了"后圆弧下点"的提取步骤。

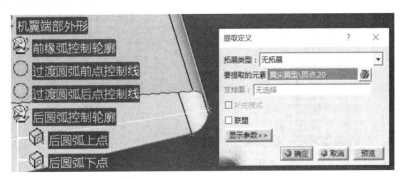

图 13.30　创建"后圆弧下点"

使用【圆】命令,【圆类型】选择【两个点和半径】,【点 1】选择"后圆弧上点",【点 2】选择"后圆弧下点",【支持面】选择"翼尖 30%弦点法面",【半径】为 10 mm,【圆限制】选择第三个【修剪圆】,创建"后圆弧控制线",如图 13.31 所示。

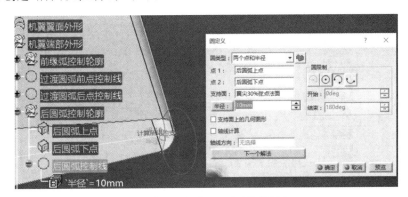

图 13.31　创建"后圆弧控制线"

使用【边界】命令,【曲面边线】选择"机翼翼面外形",【限制 1】选择"前缘弧上点",【限制 2】选择"前缘弧下点",注意限制方向,创建"前缘弧",如图 13.32 所示。

图 13.32　创建"前缘弧"

采用同样方式,分别创建"上部前翼型""下部前翼型""上部后翼型""下部后翼型"和"后圆弧",如图 13.33 所示。

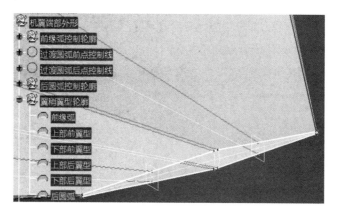

图 13.33　创建"后圆弧"

使用【填充曲面】命令,【曲线】选择"过渡圆弧前点控制线""翼尖上翼型过渡圆弧""过渡圆弧后点控制线""翼尖下翼型过渡圆弧",创建"过渡外形",如图 13.34 所示。

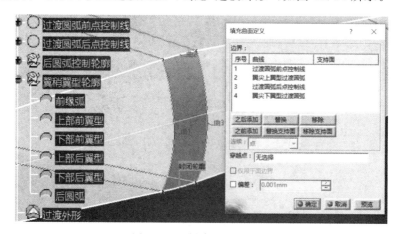

图 13.34　创建"过渡外形"

使用【多截面曲面】命令,【截面】选择"过渡圆弧前点控制线"和"前缘弧控制线",【支持面】为"过渡外形",【引导线】选择"上部前翼型"和"下部前翼型",创建"前部外形",如图 13.35所示。

图 13.35 创建"前部外形"

使用【填充曲面】命令,【曲线】选择"前缘弧控制线"和"前缘弧",【支持面】为"前部外形",创建"前缘外形",如图 13.36 所示。

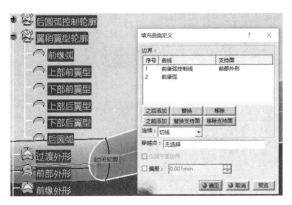

图 13.36 创建"前缘外形"

使用【多截面曲面】命令,【截面】选择"过渡圆弧后点控制线"和"后圆弧控制线",【支持面】为"过渡外形",【引导线】选择"上部后翼型"和"下部后翼型",创建"后部外形",如图 13.37所示。

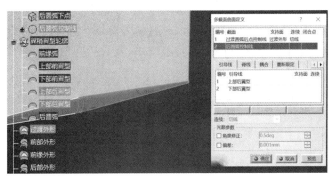

图 13.37 创建"后部外形"

使用【填充曲面】命令,【曲线】选择"后圆弧控制线"和"后圆弧",【支持面】为"后部外形",创建"后缘外形",如图 13.38 所示。

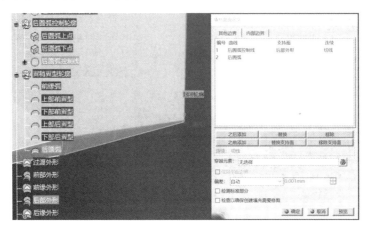

图 13.38　创建"后缘外形"

使用【接合】命令,将"过渡外形""前部外形""前缘外形""后部外形""后缘外形"进行接合,创建"机翼端部外形",如图 13.39 所示。

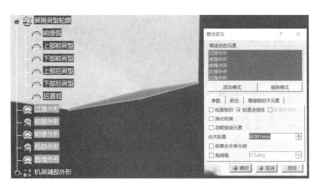

图 13.39　创建机翼端部外形

13.3　小　　结

本章介绍了军用飞机机翼的三维外形设计方法。实际军用飞机机翼设计过程非常复杂,本书仅构建了最少的关键的控制点,对机翼翼面外形以及端部外形的设计过程进行了简要的介绍。此外和民机类似,感兴趣的读者可自行探索研究其他类似设计方法。

第 14 章　飞机机身外形设计

军用飞机的机身外形主要包括机头、中机身和机尾三部分。为了保证全机气动性能,军用飞机机身外形更加复杂,机身各部分以及与机翼之间需要建立平滑的过渡曲面。在建模过程中,需要构建更多的控制轮廓。

14.1　机身边界限制切面

使用【拉伸曲面】命令,【轮廓】选择"对称面头部轮廓",【方向】选择"飞机对称面",【限制1】采用【尺寸】方式,尺寸为 20 mm,【限制2】采用【尺寸】方式,尺寸为 0 mm,创建"对称面头部轮廓切面",如图 14.1 所示。

图 14.1　创建"对称面头部轮廓切面"

使用【拉伸曲面】命令,【轮廓】选择"头部线性段上轮廓",【方向】选择"飞机对称面",【限制1】采用【尺寸】方式,尺寸为 20 mm,【限制2】采用【尺寸】方式,尺寸为 0 mm,创建"对称面线性段上切面",如图 14.2 所示。

使用【拉伸曲面】命令,【轮廓】选择"头部线性段下轮廓",【方向】选择"飞机对称面",【限制1】采用【尺寸】方式,尺寸为 20 mm,【限制2】采用【尺寸】方式,尺寸为 0 mm,创建"对称面线性段下切面",如图 14.3 所示。

使用【拉伸曲面】命令,【轮廓】选择"头部线性段轮廓",【方向】选择"水平基准面",【限制1】采用【尺寸】方式,尺寸为 20 mm,【限制2】采用【尺寸】方式,尺寸为 0 mm,创建"水平面线性段切面",如图 14.4 所示。

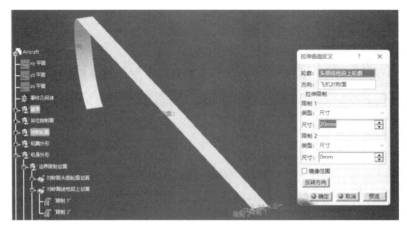

图 14.2　创建对称面线性段上切面

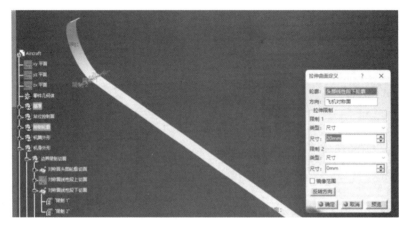

图 14.3　创建"对称面线性段下切面"

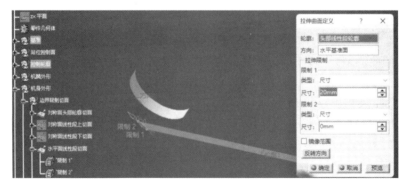

图 14.4　创建"水平面线性段切面"

使用【拉伸曲面】命令,【轮廓】选择"上控制轮廓",【方向】选择"飞机对称面",【限制 1】
采用【尺寸】方式,尺寸为 20 mm,【限制 2】采用【尺寸】方式,尺寸为 0 mm,创建"对称面上切
面",如图 14.5 所示。

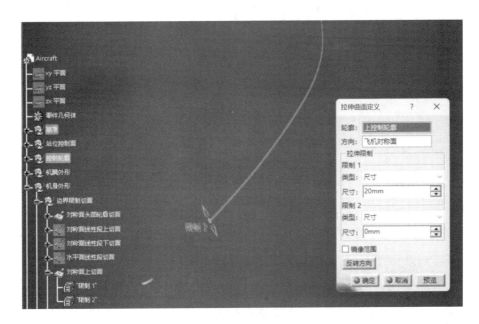

图 14.5　创建"对称面上切面"

使用【拉伸曲面】命令,【轮廓】选择"下控制轮廓",【方向】选择"飞机对称面",【限制 1】
采用【尺寸】方式,尺寸为 20 mm,【限制 2】采用【尺寸】方式,尺寸为 0 mm,创建"对称面下切
面",如图 14.6 所示。

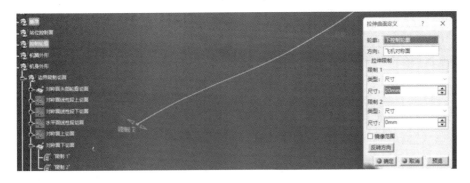

图 14.6　创建"对称面下切面"

使用【拉伸曲面】命令,【轮廓】选择"头部非线性段轮廓",【方向】选择"水平基准面",【限
制 1】采用【尺寸】方式,尺寸为 20 mm,【限制 2】采用【尺寸】方式,尺寸为 0 mm,创建"水平
面切面",如图 14.7 所示。

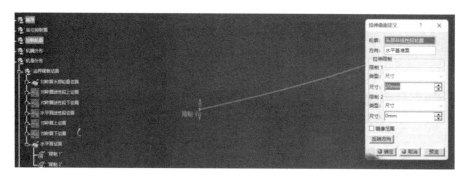

图 14.7　创建"水平面切面"

14.2　机身前段外形

　　使用【多截面曲面】命令，【截面】选择"对称面头部轮廓"和"头部轮廓"，【支持面】为"对称面头部轮廓切面"，【引导线】选择"水平面头部轮廓"，创建"头部外形"，如图 14.8 所示。

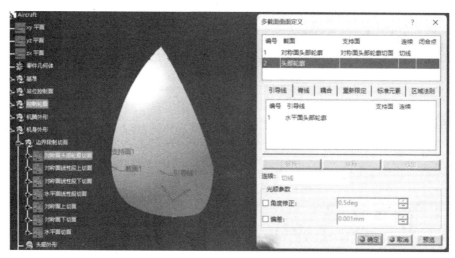

图 14.8　创建"头部外形"

　　使用【多截面曲面】命令，【截面】选择"第 1 框上部轮廓""第 2 框上部轮廓"和"机翼前缘点上部控制线"，【引导线】选择"上控制轮廓"和"头部非线性段轮廓"，【支持面】为"对称面上切面"和"水平面切面"，创建"非线性段上部外形"，如图 14.9 所示。

　　使用【多截面曲面】命令，【截面】选择"第 1 框下部轮廓""第 2 框下部轮廓"和"机翼前缘点下部控制线"，【引导线】选择"下控制轮廓"和"头部非线性段轮廓"，【支持面】为"对称面下切面"和"水平面切面"，创建"非线性段下部外形"，如图 14.10 所示。

　　使用【多截面曲面】命令，【截面】选择"第 1 框上部轮廓""过渡面 2 上控制线"和"过渡面 1 上控制线"，【支持面】为"非线性段上部外形"，【引导线】选择"头部线性段上轮廓"和"头部线性段轮廓"，【支持面】为"对称面线性段上切面"和"水平面线性段切面"，创建"线性段上部后外形"，如图 14.11 所示。

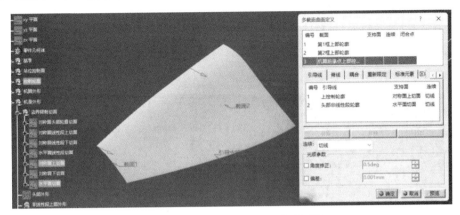

图 14.9　创建"非线性段上部外形"

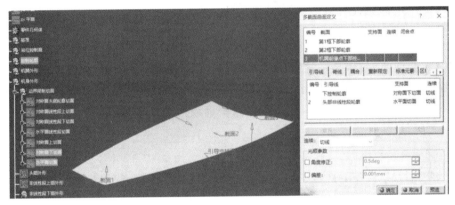

图 14.10　创建"非线性段下部外形"

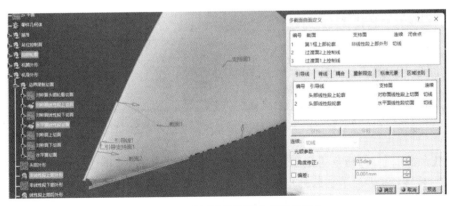

图 14.11　创建"线性段上部后外形"

使用【多截面曲面】命令,【截面】选择"第1框下部轮廓""过渡面2下控制线"和"过渡面1下控制线",【支持面】为"非线性段下部外形",【引导线】选择"头部线性段下轮廓"和"头部线性段轮廓",【支持面】为"对称面线性段下切面"和"水平面线性段切面",创建"线性段下部后外形",如图14.12所示。

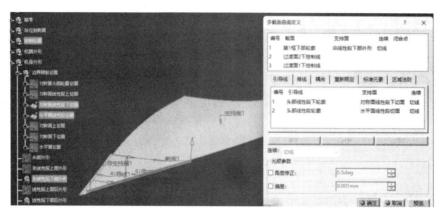

图 14.12　创建"线性段下部后外形"

使用【多截面曲面】命令,【截面】选择"头部上部轮廓"和"过渡面1上控制线",【支持面】为"头部外形"和"线性段上部后外形",【引导线】选择"头部线性段上轮廓"和"头部线性段轮廓",【支持面】为"对称面线性段上切面"和"水平面线性段切面",创建"线性段上部前外形",如图14.13所示。

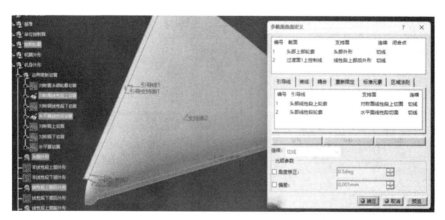

图 14.13　创建"线性段上部前外形"

使用【多截面曲面】命令,【截面】选择"头部下部轮廓"和"过渡面1下控制线",【支持面】为"头部外形"和"线性段下部后外形",【引导线】选择"头部线性段下轮廓"和"头部线性段轮廓",【支持面】为"对称面线性段下切面"和"水平面线性段切面",创建"线性段下部前外形",如图14.14所示。

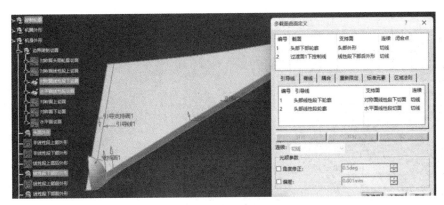

图 14.14 创建"线性段下部前外形"

14.3 机身中段外形

使用【边界】命令,【曲面边线】选择"机翼翼面外形",【限制 1】选择第 3 框中"翼面控制点"上侧交点,【限制 2】选择"翼根上圆弧前点",创建"翼根上部前翼型",如图 14.15 所示。

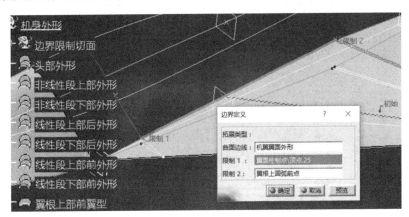

图 14.15 创建"翼根上部前翼型"

使用【多截面曲面】命令,【截面】选择"第 3 框上部轮廓""第 4 框上部轮廓"和"机翼圆弧前点上部轮廓",【引导线】选择"上控制轮廓"和"翼根上部前翼型",【支持面】为"对称面上切面"和"机翼翼面外形",创建"翼根上部前外形",如图 14.16 所示。

使用【边界】命令,【曲面边线】选择"机翼翼面外形",【限制 1】选择"翼根上圆弧后点",【限制 2】选择第 6 框轮廓中"翼面控制点"的上侧交点,创建"翼根上部后翼型",如图 14.17 所示。

使用【多截面曲面】命令,【截面】选择"机翼圆弧后点上部轮廓","第 5 框上部轮廓"和"第 6 框上部轮廓",【引导线】选择"上控制轮廓"和"翼根上部后翼型",【支持面】为"对称面上切面"和"机翼翼面外形",创建"翼根上部后外形",如图 14.18 所示。

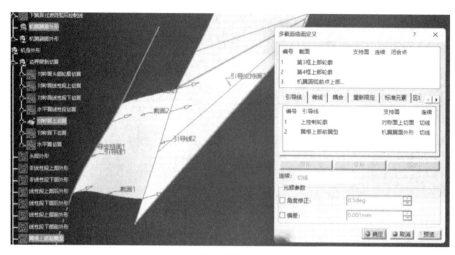

图 14.16　创建"翼根上部前外形"

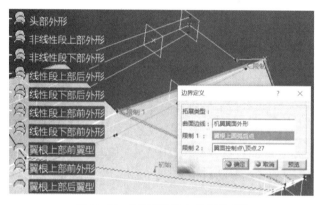

图 14.17　创建"翼根上部后翼型"

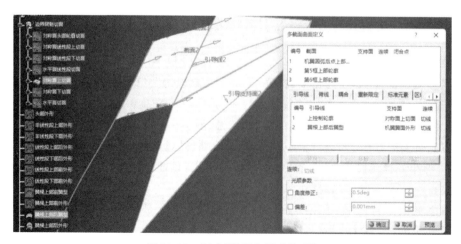

图 14.18　创建"翼根上部后外形"

使用【桥接曲面】命令,【第一曲线】选择"机翼圆弧前点上部轮廓",【第一支持面】选择"翼根上部前外形",【第二曲线】选择"机翼圆弧后点上部轮廓",【第二支持面】选择"翼根上部后外形",【第一连接】选择"曲率",【第一相切边框】选择"双末端",【第二连接】选择"曲率",【第二相切边框】选择"双末端",创建"上部前后过渡外形",如图 14.19 所示。

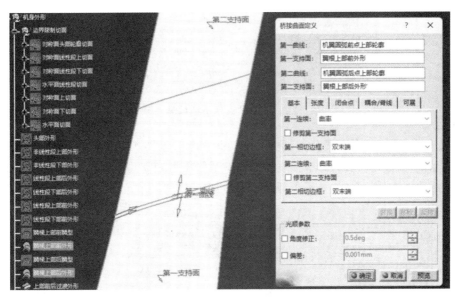

图 14.19　创建"上部前后过渡外形"

使用【边界】命令,【曲面边线】选择"机翼翼面外形",【限制 1】选择第 3 框轮廓中"翼面控制点"的下侧交点,【限制 2】选择"翼根下圆弧前点",创建"翼根下部前翼型",如图 14.20 所示。

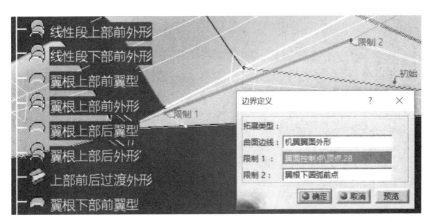

图 14.20　创建"翼根下部前翼型"

使用【边界】命令,【曲面边线】选择"机翼翼面外形",【限制 1】选择"翼根下圆弧后点",【限制 2】选择第 6 框轮廓中"翼面控制点"的下侧交点,创建"翼根下部后翼型",如图 14.21 所示。

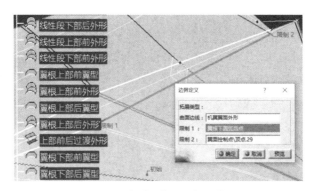

图 14.21　创建"翼根下部后翼型"

使用【多截面曲面】命令,【截面】选择"第 3 框下部轮廓""第 4 框下部轮廓"和"机翼圆弧前点下部轮廓",【引导线】选择"下控制轮廓"和"翼根下部前翼型",【支持面】为"对称面下切面"和"机翼翼面外形",创建"翼根下部前外形",如图 14.22 所示。

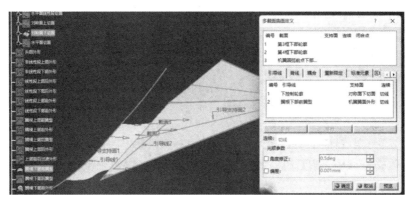

图 14.22　创建"翼根下部前外形"

使用【多截面曲面】命令,【截面】选择"机翼圆弧后点下部轮廓""第 5 框下部轮廓"和"第 6 框下部轮廓",【引导线】选择"下控制轮廓"和"翼根下部后翼型",【支持面】为"对称面下切面"和"机翼翼面外形",创建"翼根下部后外形",如图 14.23 所示。

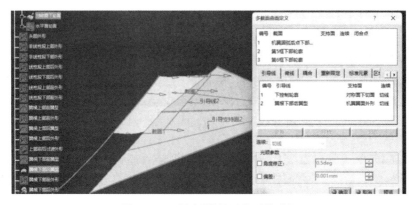

图 14.23　创建"翼根下部后外形"

使用【桥接曲面】命令,【第一曲线】选择"机翼圆弧前点下部轮廓",【第一支持面】选择"翼根下部前外形",【第二曲线】选择"机翼圆弧后点下部轮廓",【第二支持面】选择"翼根下部后外形",【第一连接】选择"曲率",【第一相切边框】选择"双末端",【第二连接】选择"曲率",【第二相切边框】选择"双末端",创建"下部前后过渡外形",如图 14.24 所示。

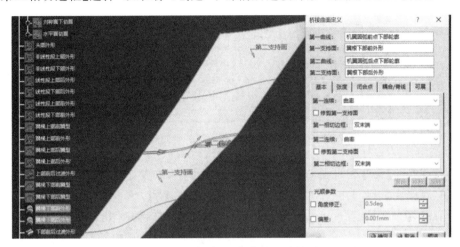

图 14.24 创建"下部前后过渡外形"

14.4　机身机翼过渡外形

使用【边界】命令,【曲面边线】选择"机翼翼面外形",【限制 1】选择"机翼前缘弧上点",【限制 2】选择第 3 框轮廓中"翼面控制点"上侧交点,创建"翼根上部前翼型前段",如图 14.25 所示。

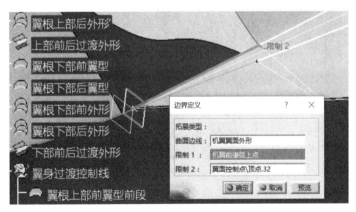

图 14.25 创建"翼根上部前翼型前段"

使用【边界】命令,【曲面边线】选择"机翼翼面外形",【限制 1】选择"机翼前缘弧下点",【限制 2】选择第 3 框轮廓中"翼面控制点"下侧交点,创建"翼根下部前翼型前段",如图 14.26所示。

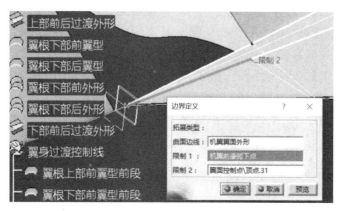

图 14.26　创建"翼根下部前翼型前段"

　　使用【样条线】命令,"机翼前缘弧上点"为第一个点,该点处【切线方向】为"翼根上部前翼型前段",【张度】设置为 0.5,"水平面控制点"为第二个点,该点处【切线方向】为"头部非线性段轮廓",【张度】设置为 1.0,创建"翼身过渡上控制线",如图 14.27 所示。

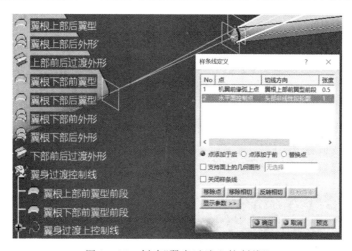

图 14.27　创建"翼身过渡上控制线"

　　使用【样条线】命令,"机翼前缘弧下点"为第一个点,该点处【切线方向】为"翼根上部前翼型前段","水平面控制点"为第二个点,该点处【切线方向】为"头部非线性段轮廓",【张度】均为 1.0,创建"翼身过渡下控制线",如图 14.28 所示。

　　使用【接合】命令,元素选择"翼身过渡上控制线"和"翼根上部前翼型前段",合并距离值为 0.001 mm,创建"翼根上部前段控制线",如图 14.29 所示。

　　使用【接合】命令,元素选择"翼根下部前翼型前段"和"翼身过渡下控制线",合并距离值为 0.001 mm,创建"翼根下部前段控制线",如图 14.30 所示。

　　使用【多截面曲面】命令,【截面】分别选择"第 3 框上部轮廓",机翼前缘前平面站位轮廓中的"机翼前缘点上部控制线"和机翼前缘后平面站位轮廓中的"机翼前缘点上部控制线",第 1 截面的【支持面】为"翼根上部前外形",第 3 截面的【支持面】为"非线性段上部外形",

【引导线】选择"上控制轮廓"和"翼根上部前段控制线",第 1 引导线的【支持面】为"对称面上切面",创建"翼身过渡上部外形",如图 14.31 所示。

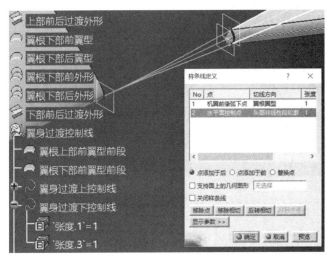

图 14.28　创建"翼身过渡下控制线"

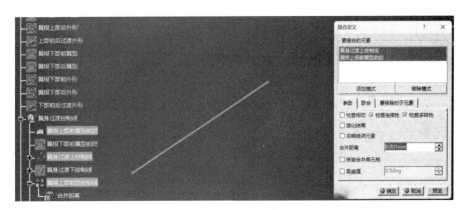

图 14.29　创建"翼根上部前段控制线"

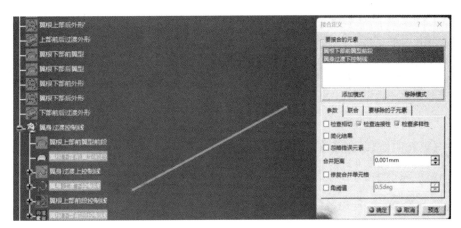

图 14.30　创建"翼根下部前段控制线"

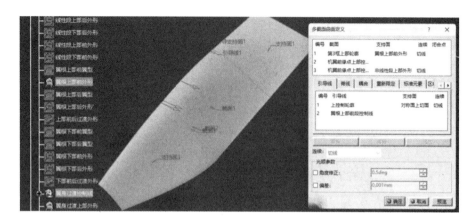

图 14.31　创建"翼身过渡上部外形"

继续使用【多截面曲面】命令,【截面】分别选择"第 3 框下部轮廓",机翼前缘前平面站位轮廓中的"机翼前缘点下部控制线"和机翼前缘后平面站位轮廓中的"机翼前缘点下部控制线",第 1 截面的【支持面】为"翼根下部前外形",第 3 截面的【支持面】为"非线性段下部外形",【引导线】选择"下控制轮廓"和"翼根下部前段控制线",第 1 引导线的【支持面】为"对称面下切面",创建"翼身过渡下部外形",如图 14.32 所示。

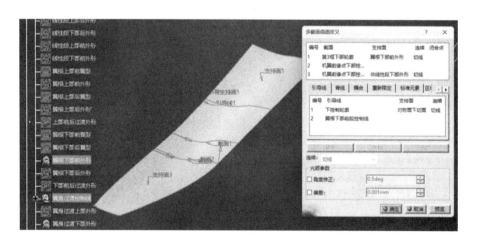

图 14.32　创建"翼身过渡下部外形"

使用【填充曲面】命令,【曲线】选择"翼身过渡上控制线""翼身过渡下控制线"和机翼前缘后平面站位轮廓中的"控制线",前两个曲线的【支持面】分别选择"翼身过渡上部外形"和"翼身过渡下部外形",创建"翼身过渡前缘外形",如图 14.33 所示。

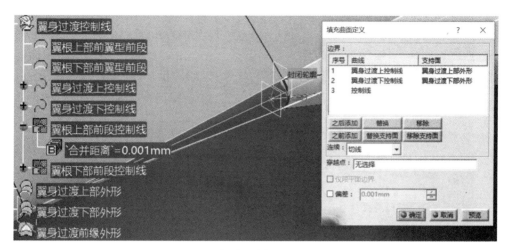

图 14.33　创建"翼身过渡前缘外形"

14.5　机身外形

使用【接合】命令,元素选择"线性段上部前外形""线性段上部后外形""非线性段上部外形""翼身过渡上部外形""翼根上部前外形""上部前后过渡外形""翼根上部后外形",合并距离值为 0.001 mm,创建"机身上部外形",如图 14.34 所示。

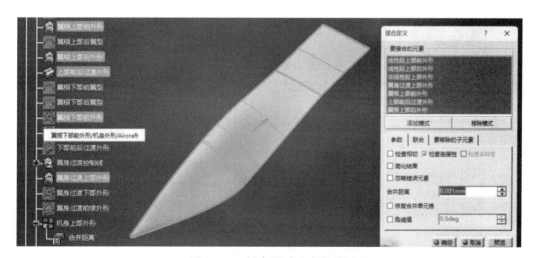

图 14.34　创建"机身上部外形"

使用【接合】命令,元素选择"线性段下部前外形""线性段下部后外形""非线性段下部外形""翼身过渡下部外形""翼根下部前外形""下部前后过渡外形","翼根下部后外形",合并距离值为 0.001 mm,创建"机身下部外形",如图 14.35 所示。

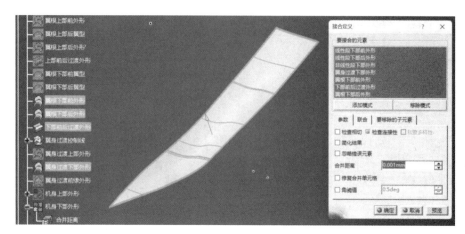

图 14.35 创建"机身下部外形"

14.6 机身尾部外形

使用【平面】命令，采用【平行通过点】方式，【参考】栏选择"飞机对称面"，【点】栏选择"机尾外控制点"，创建"尾部形状控制平面"，如图 14.36 所示。

图 14.36 创建"尾部形状控制平面"

使用【平面】命令，采用【偏移平面】方式，【参考】栏选择"尾部形状控制平面"，【偏移】选择 50 mm，创建"尾部偏移平面"，如图 14.37 所示。

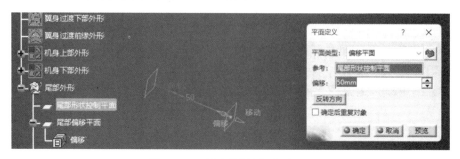

图 14.37 创建"尾部偏移平面"

使用【相交】命令，【第一元素】选择"尾部偏移平面"，【第二元素】选择"机翼机身过渡轮廓",创建"尾部外侧后控制点",如图 14.38 所示。

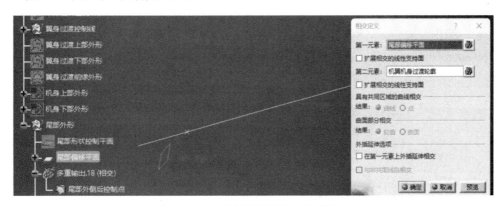

图 14.38　创建"尾部外侧后控制点"

使用【相交】命令,【第一元素】选择"尾部偏移平面",【第二元素】选择"第 6 框上部轮廓",创建"尾部外侧上控制点",如图 14.39 所示。

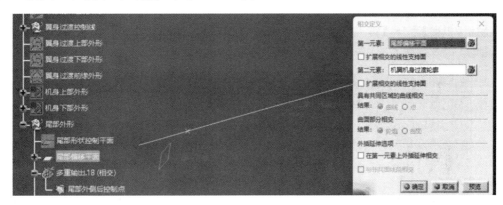

图 14.39　创建"尾部外侧上控制点"

使用【相交】命令,【第一元素】选择"尾部偏移平面",【第二元素】选择"第 6 框下部轮廓",创建"尾部外侧下控制点",如图 14.40 所示。

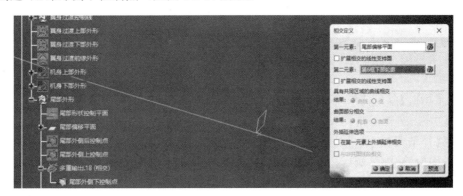

图 14.40　创建"尾部外侧下控制点"

使用【边界】命令，【曲面边线】选择"机翼翼面外形"，【限制1】选择第6框轮廓中"翼面控制点"的上侧交点，【限制2】选择第6框轮廓中"翼面控制点"的下侧交点，创建"翼根后缘控制线"，如图 14.41 所示。

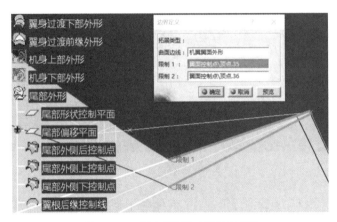

图 14.41　创建"翼根后缘控制线"

使用【相交】命令，【第一元素】选择"尾部偏移平面"，【第二元素】选择"翼根上部后外形"，创建"尾部外侧上部切矢方向"，如图 14.42 所示。

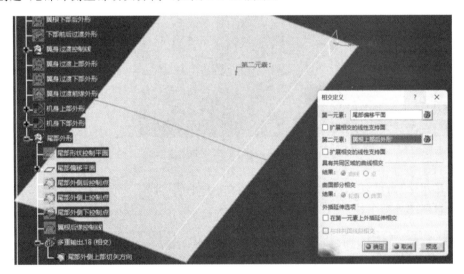

图 14.42　创建"尾部外侧上部切矢方向"

使用【相交】命令，【第一元素】选择"尾部偏移平面"，【第二元素】选择"翼根下部后外形"，创建"尾部外侧下部切矢方向"，如图 14.43 所示。

使用【样条线】命令，"尾部外侧上控制点"为第一个点，该点处【切线方向】为"尾部外侧上切矢方向"，"尾部外侧后控制点"为第二个点，"尾部外侧下控制点"为第三个点，该点处【切线方向】为"尾部外侧上切矢方向"，创建"尾部外侧控制线"，如图 14.44 所示。

使用【多截面曲面】命令，【截面】选择"翼根后缘控制线"和"尾部外侧控制线"，【引导线】

选择"第 6 框上部轮廓""第 6 框下部轮廓""机翼机身过渡轮廓",创建"翼身尾部外形",如图
14.45 所示。

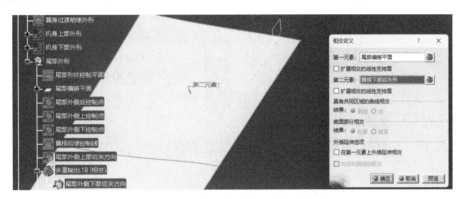

图 14.43　创建"尾部外侧下部切矢方向"

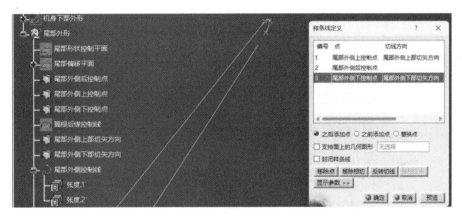

图 14.44　创建"尾部外侧控制线"

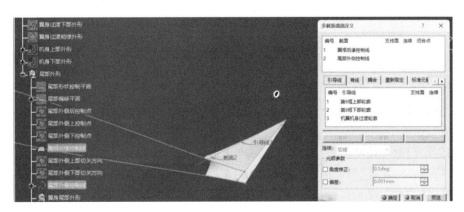

图 14.45　创建"翼身尾部外形"

使用【投影】命令,【投影类型】选择法线,【投影的】选择"尾部外侧后控制点",【支持面】
选择"飞机对称面",创建"尾部对称面控制点",如图 14.46 所示。

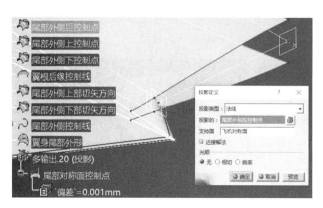

图 14.46 创建"尾部对称面控制点"

使用【样条线】命令，"上点.7"为第一个点，该点处【切线方向】为"尾部上控制线"，"尾部对称面控制点"为第二个点，"下点.7"为第三个点，该点处【切线方向】为"尾部下控制线"，创建"尾部对称面控制线"，如图 14.47 所示。注意：其中"尾部上控制线"和"尾部下控制线"为第 5 章飞机进气道外形设计中建立引导线时创建的（见第 15 章 15.2 节），需先建立进气道外形引导线后再返回此处创建"尾部对称面控制线"。

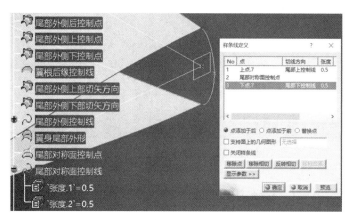

图 14.47 创建"尾部对称面控制线"

使用【圆】命令，采用【中心和点】方式，【中心】栏选择"第 6 站位点"，【点】栏选择"上点.7"，【支持面】栏选择"第 6 站位面"，【起点】栏输入 0°，【终点】栏输入 180°，如所示，创建"尾部轮廓"，如图 14.48 所示。

使用【混合】命令，【混合类型】选择"法线"，【曲线 1】选择"尾部轮廓"，【曲线 2】选择"尾部对称面控制线"，创建"尾部内侧控制线"，如图 14.49 所示。

使用【极值】命令，【元素】为"尾部内侧控制线"，方向为参考坐标系的 Z 轴，创建"尾部内侧后控制点"，如图 14.50 所示。

使用【直线】命令，【线型】采用【点-点】，【点 1】为"尾部外侧后控制点"，【点 2】为"尾部内侧后控制点"，创建"尾部后控制线"，如图 14.51 所示。

使用【多截面曲面】命令，【截面】选择"尾部外侧控制线"和"尾部内侧控制线"，【引导线】

选择"第 6 框上部轮廓""第 6 框下部轮廓""尾部后控制线",创建"机身尾部外形",如图
14.52所示。

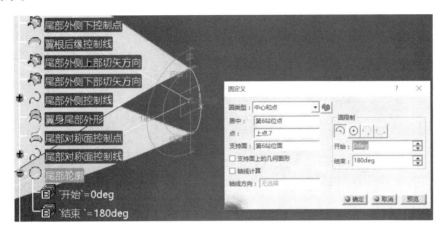

图 14.48　创建"尾部轮廓"

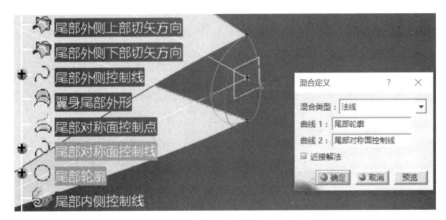

图 14.49　创建"尾部内侧控制线"

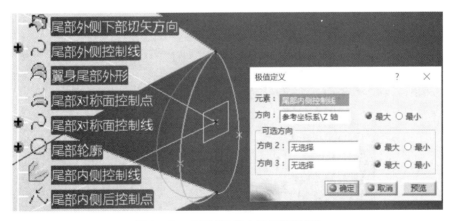

图 14.50　创建"尾部内侧后控制点"

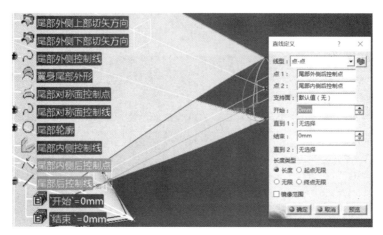

图 14.51　创建"尾部后控制线"

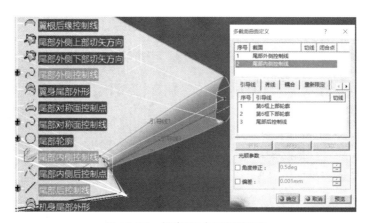

图 14.52　创建"机身尾部外形"

使用【多截面曲面】命令,【截面】选择"尾部轮廓"和"尾部内侧控制线",创建"进气道尾部外形",如图 14.53 所示。

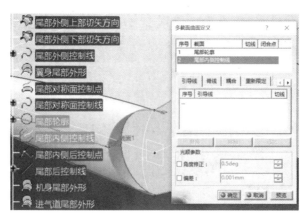

图 14.53　创建"进气道尾部外形"

使用【接合】命令,选择"翼身尾部外形""机身尾部外形""进气道尾部外形"进行接合,创建"尾部外形",如图 14.54 所示。

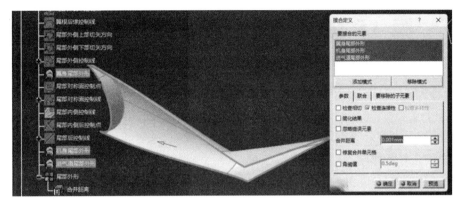

图 14.54　创建"尾部外形"

14.7　小　　结

本章介绍了军用飞机机身的三维外形设计方法,主要包括机身前段、中段、尾部以及与机翼过渡部分的外形设计。实际军用飞机机身的设计过程为了满足气动性能以及内部机载设备和任务载荷装载的要求,相应关键位置的控制轮廓要求比较细致。本书为了简化演示创建军机机身三维外形的过程,只使用了最少的关键站位的控制轮廓来控制三维外形形状。此外,设计方法与设计过程有多种选择,感兴趣的读者可自行探索研究其他类似设计方法。

第15章 飞机进气道外形设计

进气系统负责将外界空气顺利引入发动机进口，进入风扇和压气机。作为发动机的基本组成，进气道设计影响发动机的空气流量，从而影响发动机的有效推力。对于进气道的基本要求是其总压损失小，外阻力要小，能够完成减速增压的任务，能够在所有飞行条件和发动机工作状态下，为发动机提供均匀的气流。本书采用腹部进行形式，并未进行严格的系统设计，尺寸参数均为假设，主要介绍进气道外形设计过程。

15.1 进气道控制轮廓

使用【草图】命令，使用"水平基准面"作为草图支持面，绘制进气道外侧轮廓草图，使用【样条线】命令，鼠标点击选择三个控制点，创建"外侧轮廓草图样条线"，如图 15.1 所示，三个控制点的坐标见表 15.1，其中第 1 个控制点和第 3 个控制点设置为【相切】，点击【确定】按钮关闭对话框后，分别在样条线两个端点箭头上单击鼠标右键，在弹出的上下文菜单中选择控制点对象中的【水平】菜单项，约束切矢为水平方向，如图 15.2 所示。

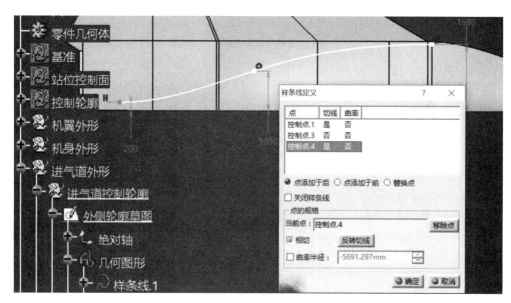

图 15.1 创建"外侧轮廓草图样条线"

表 15.1　外侧轮廓草图样条线控制点坐标

控制点	H 坐标/mm	V 坐标/mm
1	−4 900	1 680
2	−9 500	1 000
3	−13 000	200

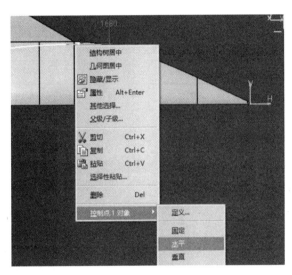

图 15.2　约束样条线端点切矢方向

使用【直线】命令,创建尾部直线段,直线段两端点坐标定义如图 15.3 所示。

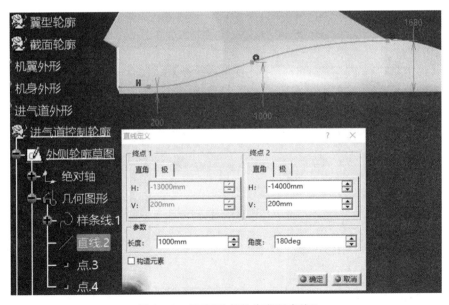

图 15.3　创建"外侧轮廓草图直线"

采用同样方式,使用【草图】命令,使用"水平基准面"作为草图支持面,绘制进气道内侧轮廓草图,使用【样条线】命令,鼠标点击选择三个控制点,创建"内侧轮廓草图样条线",如图 15.4 所示,三个控制点的坐标见表 15.2,其中第 1 个控制点和第 3 个控制点设置为【相切】,点击【确定】按钮关闭对话框后,分别在样条线两个端点箭头上单击鼠标右键,在弹出的上下文菜单中选择控制点对象中的【水平】菜单项,约束切矢为水平方向。

表 15.2　内侧轮廓草图样条线控制点坐标

控制点	H 坐标/mm	V 坐标/mm
1	−4 900	1 180
2	−13 000	0
3	−9 500	600

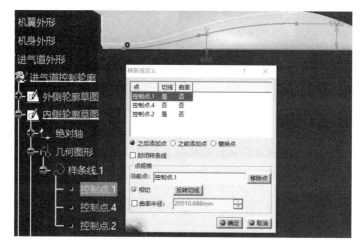

图 15.4　创建"内侧轮廓草图"

使用【投影】命令投影"外侧轮廓草图",【投影类型】设置为【沿某一方向】,【支持面】设置为"机身下部外形",【方向】为"水平基准面",创建"外侧轮廓外形投影",如图 15.5 所示。

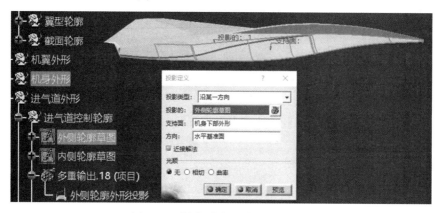

图 15.5　创建"外侧轮廓外形投影"

使用【投影】命令投影"内侧轮廓草图",【投影类型】设置为【沿某一方向】,【支持面】设置为"机身下部外形",【方向】为"水平基准面",创建"内侧轮廓外形投影",如图 15.6 所示。

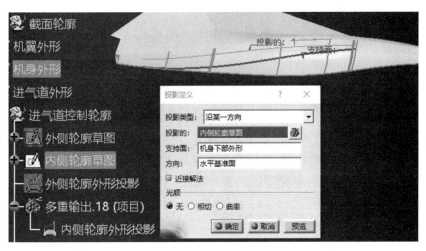

图 15.6　创建"内侧轮廓外形投影"

15.1.1　前缘控制轮廓

使用【点】命令,采用【曲线上】方式,【曲线】栏选择"外侧轮廓外形投影",选择【曲线长度比率方式】,【比率】中输入 0,如图 15.7 所示,创建"唇口外侧上点"。以同样的方式创建"唇口内侧上点",如图 15.8 所示。

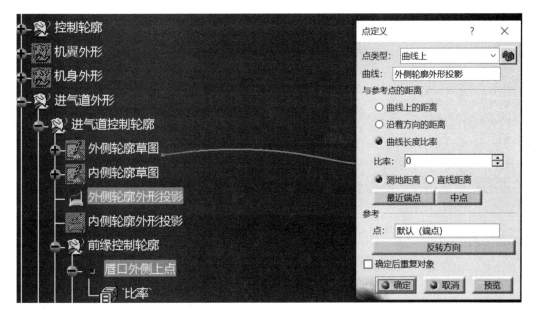

图 15.7　创建"唇口外侧上点"

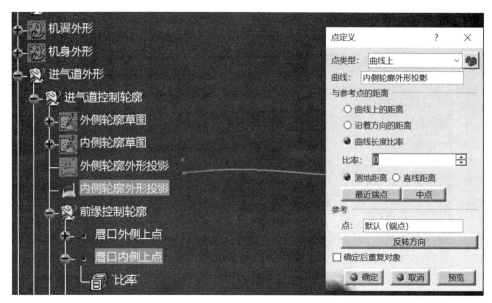

图 15.8　创建"唇口内侧上点"

使用【点】命令,采用【平面上】方式,【平面】栏选择"机翼前缘前平面",【H】栏输入
－260 mm,【V】栏输入 1 600 mm,创建"唇口外侧下点",如图 15.9 所示,以同样的方式创
建"唇口内侧下点",如图 15.10 所示。

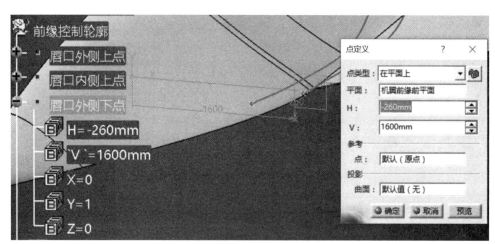

图 15.9　创建"唇口外侧下点"

使用【直线】命令,采用【点-点】方式,【点 1】栏选择"唇口外侧上点",【点 2】栏选择"唇口
外侧下点",创建"唇口外侧线",以同样的方式分别建立"唇口下侧线","唇口内侧线"如图
15.11 所示。

使用【分割】命令,【要切除的元素】为"机翼前缘点下部控制线",【切除元素】为"唇口内
侧上点"和"唇口外侧上点",创建"唇口上侧线",如图 15.12 所示。

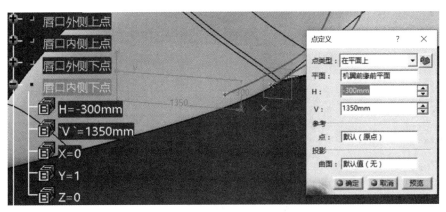

图 15.10　创建"唇口内侧下点"

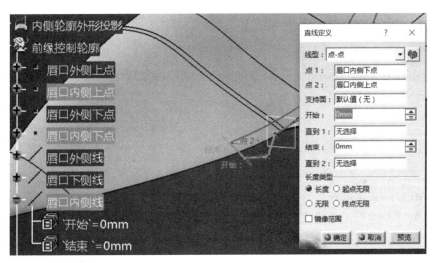

图 15.11　创建"唇口外侧线"

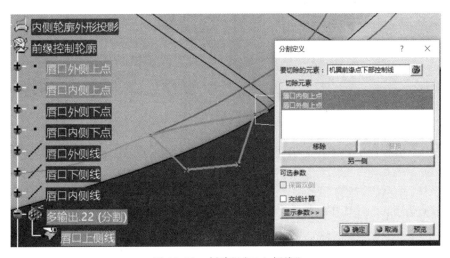

图 15.12　创建"唇口上侧线"

使用【接合】命令,元素选择"唇口下侧线""唇口内侧线""唇口上侧线"和"唇口外侧线",【合并距离】值为 0.001 mm,创建"唇口控制轮廓",如图 15.13 所示。

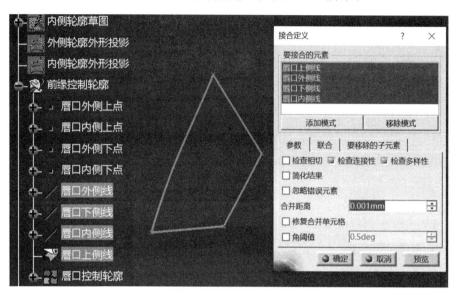

图 15.13 创建"唇口控制轮廓"

15.1.2 后缘控制轮廓

使用【平移】命令,【向量定义】栏选择【点到点】,【元素】栏选择机身外形设计时尾部外形设计过程中创建的"尾部轮廓"(见图 14.48),【起点】选择"第 6 站位点",【终点】选择"第 5 站位点",创建"发动机前缘轮廓",如图 15.14 所示。

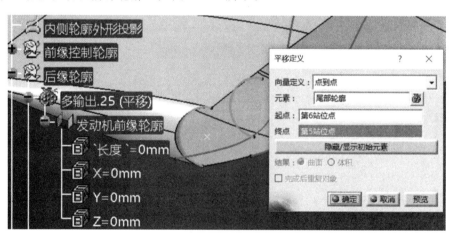

图 15.14 创建"发动机前缘轮廓"

使用【点】命令,采用【在曲线上】方式,【曲线】栏选择"发动机前缘轮廓",选择【曲线长度比率】方式,【比率】中输入 0,创建"上点"。采用同样方式,【比率】中输入 1,创建"下点",如图 15.15 所示。

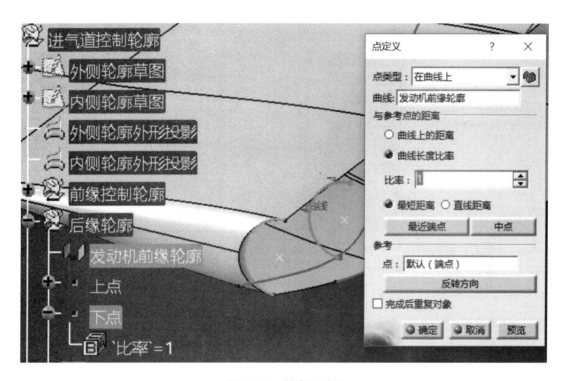

图 15.15　创建"下点"

使用【直线】命令，采用【点-点】方式，【点 1】栏选择"上点"，【点 2】栏选择"下点"，如图
15.16 所示，创建"对称面控制线"。

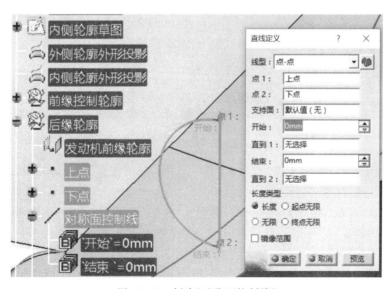

图 15.16　创建"对称面控制线"

使用【接合】命令，元素选择"发动机前缘轮廓"和"对称面控制线"，合并距离值为0.001 mm，

建立"进气道后缘轮廓",如图 15.17 所示。

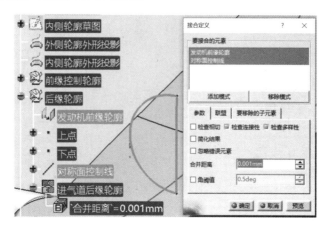

图 15.17　创建"进气道后缘轮廓"

15.1.3　中间过渡轮廓

使用【相交】命令,"内侧下点"定义为【第一元素】"机翼圆弧后点站位面"与【第二元素】"内侧轮廓外形投影"相交,如图 15.18 所示。

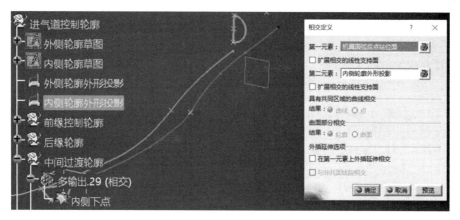

图 15.18　创建"内侧下点"

使用【相交】命令,"外侧下点"定义为【第一元素】"外侧轮廓外形投影"与【第二元素】"机翼圆弧后点站位面"相交,如图 15.19 所示。

使用【点】命令,【点类型】为【坐标】,参考点为"内侧下点",坐标为(0 mm,400 mm,0 mm),建立"内侧上点"。以同样的方式建立"外侧上点",其参考点为"外侧下点",如图 15.20 所示。

使用【分割】命令,【要切除的元素】为"机翼圆弧后点下部轮廓",【切除元素】为"外侧下点"至"内侧下点"间,得到中间过渡轮廓的"下侧线",如图 15.21 所示。

使用【直线】命令,采用【点-点】方式,【点 1】栏选择"内侧下点",【点 2】栏选择"内侧上点",建立"内侧线",以同样的方式分别建立"外侧线""上侧线",如图 15.22～图 15.24

所示。

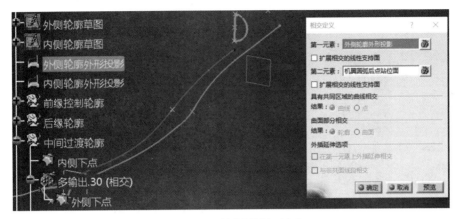

图 15.19　创建"外侧下点"

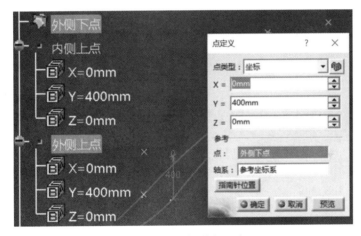

图 15.20　创建"外侧上点"

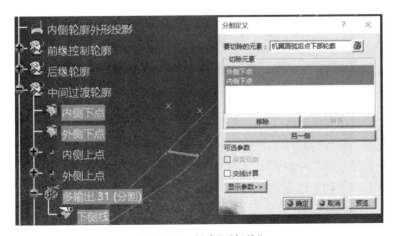

图 15.21　创建"下侧线"

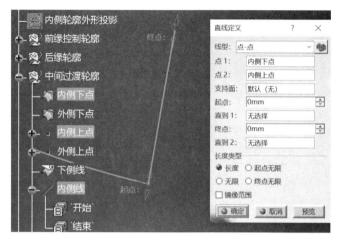

图 15.22 创建"内侧线"

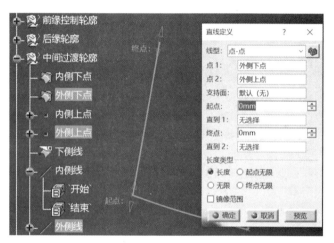

图 15.23 创建"外侧线"

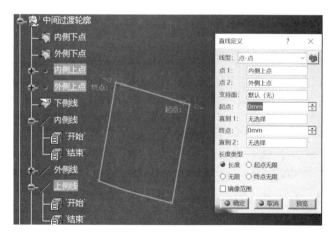

图 15.24 创建"上侧线"

使用【接合】命令，元素选择"下侧线""内侧线""上侧线"和"外侧线"，合并距离值为 0.001 mm，建立"进气道过渡轮廓"，如图 15.25 所示。

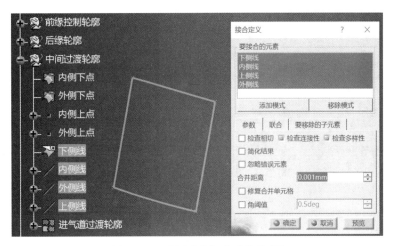

图 15.25　创建"进气道过渡轮廓"

15.2　引　导　线

使用【样条线】命令，前缘控制轮廓的"唇口内侧上点"为第一个点，该点处【切线方向】为"内侧前段控制线"，【张度】为 0.5；中间过渡轮廓的"内侧上点"为第二个点；后缘轮廓的"上点"为第三个点，该点处【切线方向】为参考坐标系 X 轴，【张度】为 1；创建"内侧上控制线"，如图 15.26 所示。

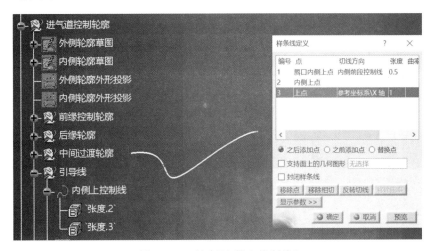

图 15.26　创建"内侧上控制线"

使用【样条线】命令，中间过渡轮廓的"内侧下点"为第一个点，该点处【切线方向】为"内侧轮廓外形投影"，【张度】为 1；前缘控制轮廓的"唇口内侧下点"为第二个点，该点处【切线方向】为参考坐标系 X 轴,【张度】为 1;创建"内侧前段控制线",如图 15.27 所示。

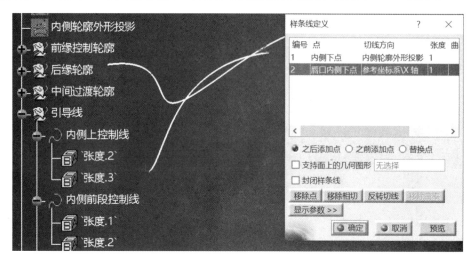

图 15.27　创建"内侧前段控制线"

使用【样条线】命令,中间过渡轮廓的"内侧下点"为第一个点,该点处【切线方向】为"内侧前段控制线",【张度】为 1;后缘轮廓的"下点"为第二个点,该点处【切线方向】为参考坐标系 X 轴,【张度】为 1;创建"内侧后段控制线",如图 15.28 所示。

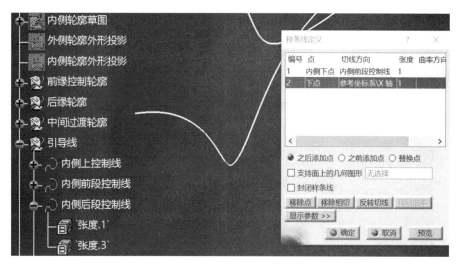

图 15.28　创建"内侧后段控制线"

使用【接合】命令,元素选择"内侧前段控制线""内侧后端控制线",合并距离值为 0.001 mm,建立"内侧下控制线",如图 15.29 所示。

使用【极值】命令,【元素】选择"进气道后缘轮廓",【方向】栏单击鼠标右键,弹出的上下文菜单中选择【编辑部件】选项,弹出【方向】定义对话框,分别设置【X】为 0,【Y】为 1,【Z】为 1,点击【确定】按钮返回【极值定义对话框】,再次点击【确定】按钮建立"尾部上控制点",如图 15.30 所示。

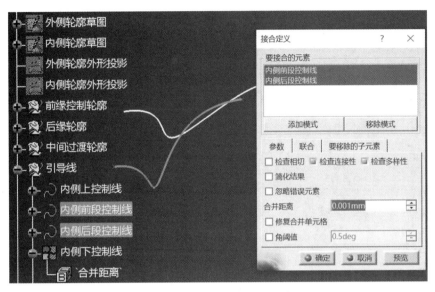

图 15.29　创建"内侧下控制线"

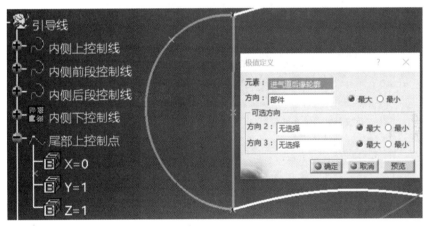

图 15.30　创建"尾部上控制点"

　　使用【极值】命令,【元素】选择"进气道后缘轮廓",【方向】栏单击鼠标右键,弹出的上下文菜单中选择【编辑部件】选项,弹出【方向】定义对话框,分别设置【X】为 0,【Y】为－1,【Z】为 1,点击【确定】按钮返回【极值定义对话框】,再次点击【确定】按钮建立"尾部下控制点",如图 15.31 所示。

　　使用【样条线】命令,前缘控制轮廓的"唇口外侧上点"为第一个点,该点处【切线方向】为"内侧上控制线",【张度】为 1;中间过渡轮廓的"外侧上点"为第二个点;后缘轮廓的"尾部上控制点"为第三个点,该点处【切线方向】为参考坐标系 X 轴,【张度】为 1;创建"外侧上控制线",如图 15.32 所示。

　　使用【样条线】命令,中间过渡轮廓的"外侧下点"为第一个点,该点处【切线方向】为"外侧轮廓外形投影",【张度】为 1;前缘控制轮廓的"唇口外侧下点"为第二个点,该点处【切线方向】为参考坐标系 X 轴,【张度】为 1;创建"外侧前段控制线",如图 15.33 所示。

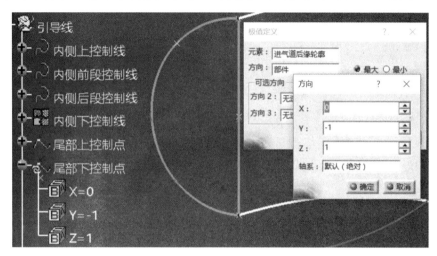

图 15.31　创建"尾部下控制点"

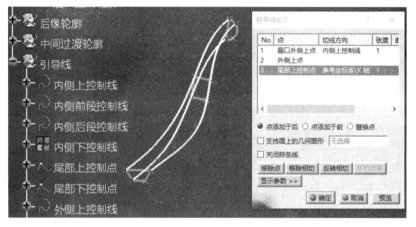

图 15.32　创建"外侧上控制线"

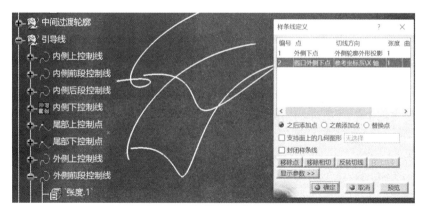

图 15.33　创建"外侧前段控制线"

使用【样条线】命令，中间过渡轮廓的"外侧下点"为第一个点，该点处【切线方向】为"外侧前段控制线"，【张度】为 1；后缘轮廓的"尾部下控制点"为第二个点，该点处【切线方向】为参考坐标系 X 轴，【张度】为 1；创建"外侧后段控制线"，如图 15.34 所示。

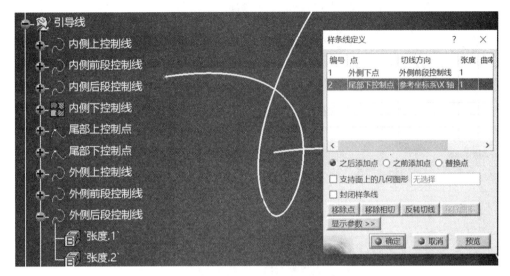

图 15.34　创建"外侧后段控制线"

使用【接合】命令，元素选择"外侧前段控制线""外侧后端控制线"，合并距离值为 0.001 mm，建立"外侧下控制线"，如图 15.35 所示。

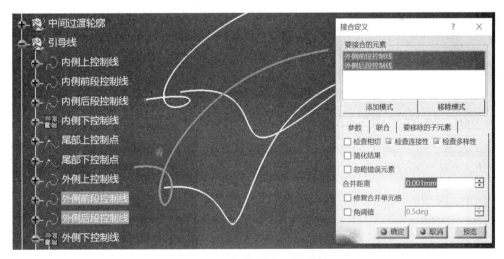

图 15.35　创建"外侧下控制线"

使用【直线】命令，采用【点-点】方式，【点 1】栏选择后缘轮廓的"上点"，【点 2】栏选择对称平面轮廓线中的"上点.7"，建立"尾部上控制线"，如图 15.36 所示。

使用【直线】命令，采用【点-点】方式，【点 1】栏选择后缘轮廓的"下点"，【点 2】栏选择对称平面轮廓线中"下点.7"，建立"尾部下控制线"，如图 15.37 所示。

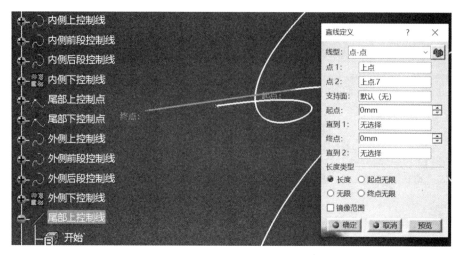

图 15.36　创建"尾部上控制线"

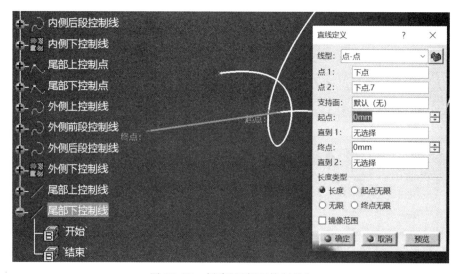

图 15.37　创建"尾部下控制线"

15.3　进气道曲面设计

使用【多截面曲面】命令,【截面】1 为"唇口控制轮廓",【截面】2 为"进气道过渡轮廓",【截面】3 为"进气道后缘轮廓";【截面】1 的【闭合点】为"唇口内侧上点",截面 2 的【闭合点】为"内侧上点",截面 3 的闭合点为"上点";【引导线】分别为"内侧上控制线""外侧上控制线""内侧下控制线"以及"外侧下控制线",创建"进气道主体曲面",注意闭合点处截面轮廓的拟合方向,如图 15.38 所示。

使用【多截面曲面】命令,【截面】分别选择"尾部轮廓"和"发动机前缘轮廓",后者【切线】为"进气道主体曲面",【引导线】分别为"尾部上控制线"和"尾部下控制线",创建"进气道尾部曲面",如图 15.39 所示。

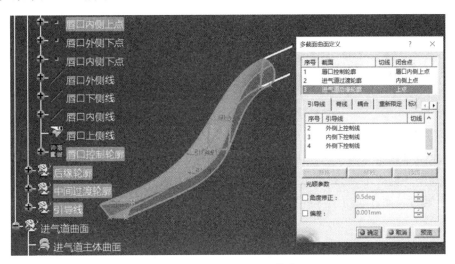

图 15.38　创建"进气道主体曲面"

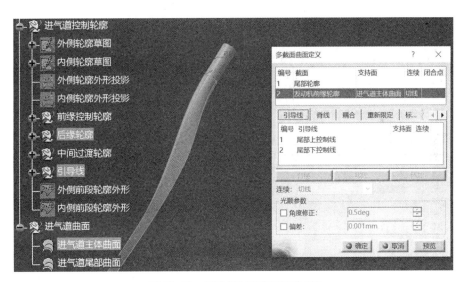

图 15.39　创建"进气道尾部曲面"

15.4　小　　结

本章介绍了军用飞机进气道的三维外形设计,主要通过控制轮廓与引导线完成。为了简化演示创建过程,只使用了最少的关键站位的控制轮廓来控制三维外形形状,实际设计过程中需要与发动机一起设计。此外,进气道外形设计方法与设计过程有多种选择,感兴趣的读者可自行探索研究其他类似设计方法。

第16章 飞机垂尾外形设计

军用飞机垂尾主要用于保证飞机平衡以及控制飞行方向,垂尾设计的优劣决定了战机的横向机动半径的大小,此外垂尾也可以用于保证特殊情况下安全降落。本书模型采用双垂尾设计,通过控制轮廓与引导线完成垂尾外形设计。

16.1 垂尾控制轮廓

使用【点】命令,【点类型】选择【坐标】方式,坐标为(10 750 mm,0 mm,1 400 mm),建立"垂尾参考点",如图 16.1 所示。

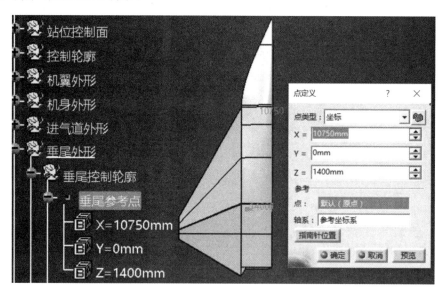

图 16.1 创建"垂尾参考点"

使用【直线】命令,采用【点-方向】方式,【点】栏选择"垂尾参考点",【方向】栏选择"0 站位基准面",【起点】为 0 mm,【终点】为 2 900 mm,如图 16.2 所示,建立"翼根弦线"。

使用【点】命令,【点类型】选择【曲线上】,【曲线】为"翼根弦线",【与参考点距离】选择【曲线长度比率】,【比率】为 1,如图 16.3 所示,建立"根弦后缘点"。

使用【平面】命令,【平面类型】选择【与平面成一定角度或垂直】,【旋转轴】选择"翼根弦线",【参考】为"水平基准面",【角度】为 30°,建立"翼根平面",如图 16.4 所示。

使用【平面】命令,【平面类型】选择【与平面成一定角度或垂直】,【旋转轴】选择"翼根弦线",【参考】为"翼根平面",【角度】为 90°,如图 16.5 所示建立"垂尾对称面"。

使用【草图】命令,基于"翼根平面"建立根部翼型草图,如图 16.6 所示。其中,前缘和后缘为半径 5 mm 的圆弧,与圆弧切矢方向连续连接一条直线段,与【H】横轴所成角度为 10°,如图 16.7 所示,中间部分为水平直线段,与【H】横轴距离为 90 mm,与前缘和后缘的两条直线段之间通过半径 200 mm 的圆弧过渡,翼根弦长为 2 900 mm。

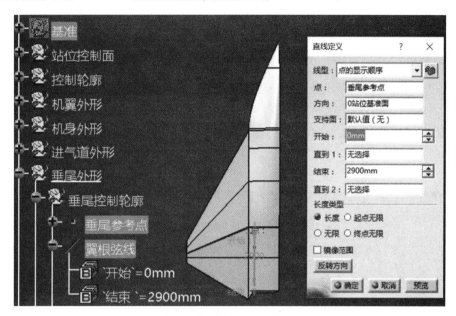

图 16.2　创建"翼根弦线"

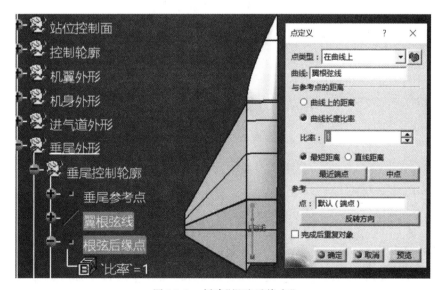

图 16.3　创建"根弦后缘点"

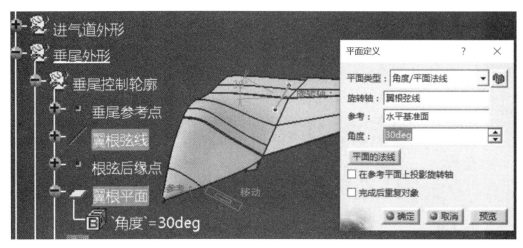

图 16.4　创建"翼根平面"

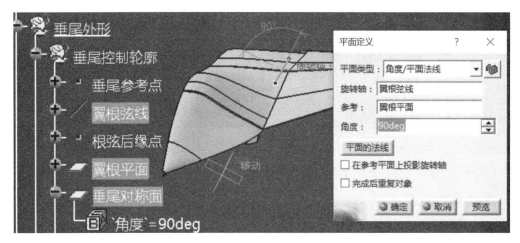

图 16.5　创建"垂尾对称面"

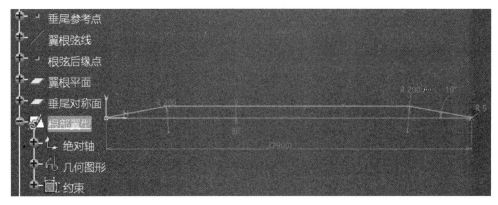

图 16.6　创建"根部翼型"

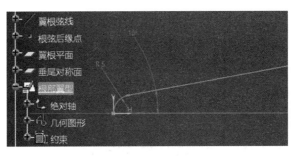

图 16.7　根部"翼型前缘形状"

退出草图工作台,使用【平面】命令,【平面类型】为【偏移平面】,【参考】为【翼根平面】,【偏移】为 1 970 mm,如图 16.8 所示,建立"翼展偏移面"。

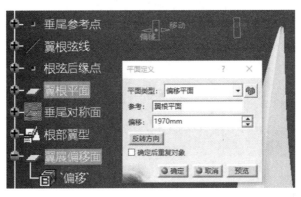

图 16.8　创建"翼展偏移面"

使用【直线】命令,【线型】选择"曲线的角度/法线",【曲线】栏选择"翼根弦线",【支持面】栏选择"垂尾对称面",【角度】55°,【直到 2】为"翼展偏移面",如图 16.9 所示,建立垂尾"前缘"。

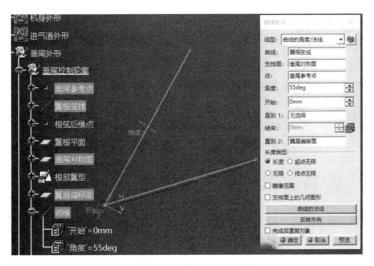

图 16.9　创建垂尾"前缘"

使用【点】命令,【点类型】选择【在曲线上】方式,参考【曲线】选择"前缘",【比率】输入 1,创建"尖弦前缘点",如图 16.10 所示。

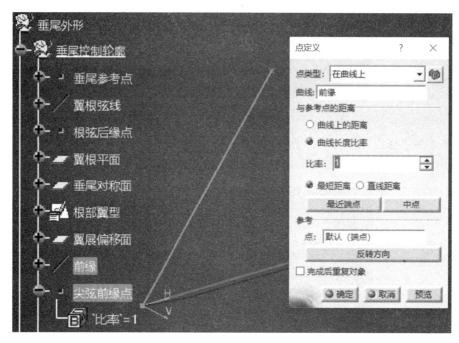

图 16.10   创建"尖弦前缘点"

使用【点】命令,【点类型】选择"坐标",参考【点】选择"尖弦前缘点",坐标为(1 250 mm,0 mm,0 mm),建立垂尾"尖弦后缘点",如图 16.11 所示。

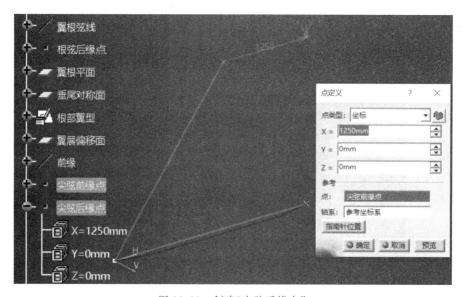

图 16.11   创建"尖弦后缘点"

使用【直线】命令,【线型】选择"点-点",【点 1】栏选择"根弦后缘点";【点 2】栏选择"尖弦后缘点",如图 16.12 所示,建立垂尾"后缘"。

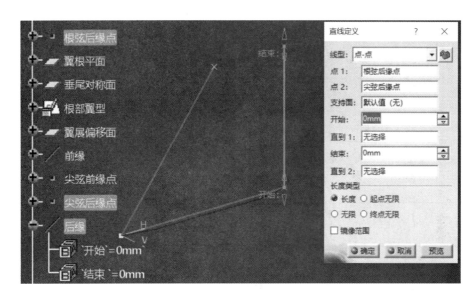

图 16.12　创建垂尾"后缘"

使用【直线】命令,【线型】选择"点-点",【点 1】栏选择"尖弦前缘点",【点 2】栏选择"尖弦后缘点",如图 16.13 所示,建立垂尾"翼尖弦线"。

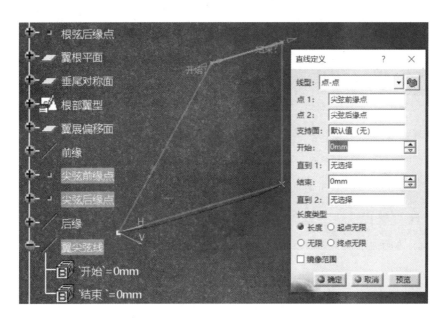

图 16.13　创建"翼尖弦线"

使用【缩放】命令,【元素】为"根部翼型",【参考】为"垂尾参考点",缩放比率为翼尖弦线长度 1 250 mm 除以翼根弦线长度 2 900 mm,约等于 0.431,如图 16.14 所示,生成"翼尖缩放翼型";然后使用【平移】命令,【向量定义】为"点到点",【元素】为"尖弦缩放翼型",【起点】为"垂尾参考点",【终点】为"尖弦前缘点",如图 16.15 所示,得到"稍部翼型"。

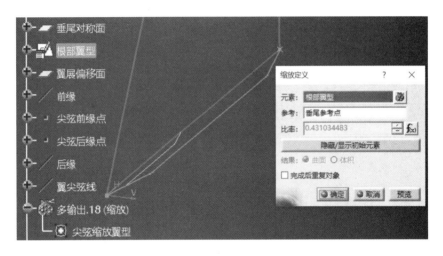

图 16.14 创建"翼尖缩放翼型"

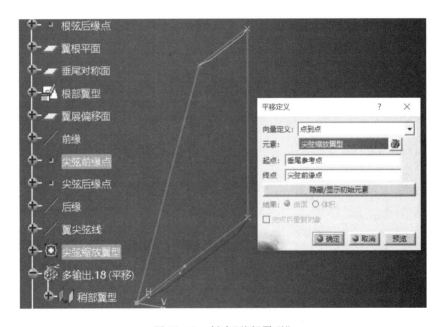

图 16.15 创建"稍部翼型"

使用【拉伸曲面】命令,【轮廓】为"前缘",【方向】为"垂尾对称面",【限制 1】尺寸输入 20 mm,如图 16.16 所示,得到"前缘切面";以类似的方法得到"后缘切面",如图 16.17 所示。

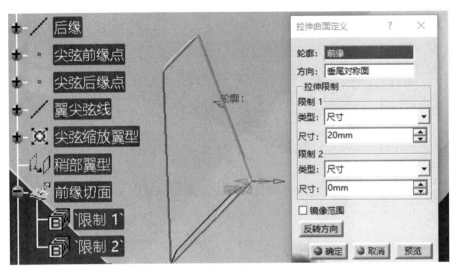

图 16.16　创建"前缘切面"

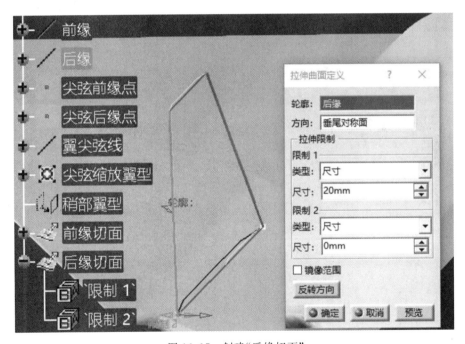

图 16.17　创建"后缘切面"

16.2　引　导　线

使用【提取】命令,分别提取根部翼型和稍部翼型前后过渡圆弧的两个端点,如图 16.18 所示,根部翼型前段圆弧端点和后部圆弧端点分别为"点.11"～"点.14",稍部翼型前段圆弧端点和后部圆弧端点分别为"点.21"～"点.24"。

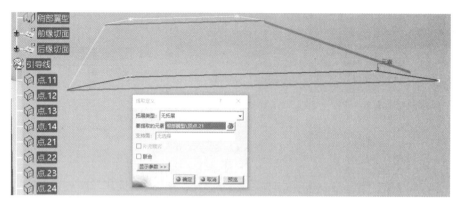

图 16.18 创建"根部及稍部翼型上的提取点"

使用【直线】命令,【线型】选择"点-点",【点 1】栏选择"点.11",【点 2】栏选择"点.21",如图 16.19 所示,建立"直线.1"。以同样的方式建立"直线.2"~"直线.4"。

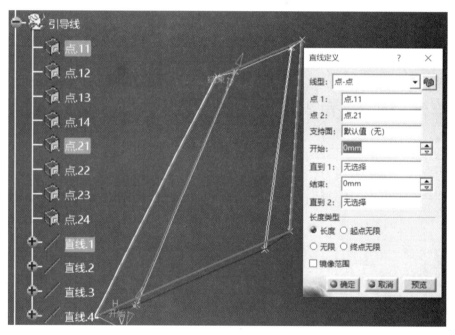

图 16.19 创建"直线.1"

16.3 垂尾外形设计

使用【多截面曲面】命令,【截面】1 为"根部翼型",【截面】2 为"稍部翼型";【引导线】1 为"前缘",其【切线】为"前缘切面",【引导线】2 为"后缘",其【切线】为"后缘切面",剩余【引导线】分别为"直线.1"~"直线.4",创建"垂尾翼面外形",如图 16.20 所示。

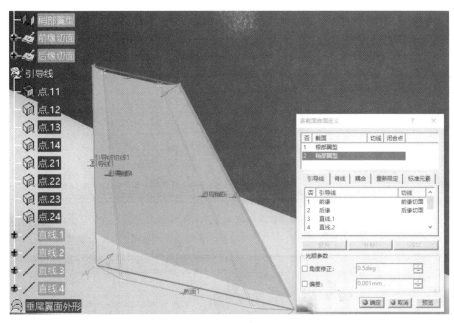

图 16.20　创建"垂尾翼面外形"

　　接下来开始创建垂尾端部外形,使用【平面】命令,采用【偏移平面】方式,【参考】为"翼展偏移面",【偏移】49.25 mm,注意偏移方向为向翼根方向偏移,如图 16.21 所示,得到"翼稍偏移平面"。

图 16.21　创建"翼稍偏移平面"

　　使用【分割】命令,【要切除的元素】为"垂尾翼面外形",【切除元素】为"翼稍偏移平面",如图 16.22 所示,得到"基本翼面"。

　　使用【相交】命令,如图 16.23 所示,"翼稍前缘点"定义为"前缘"与"翼稍偏移平面"的交点;类似的"翼稍后缘点"定义为"后缘"与"翼稍偏移平面"的交点。

　　使用【边界】命令,【曲面边线】栏选择"基本翼面",【限制】分别为"翼稍前缘点"和"翼稍后缘点",如图 16.24 所示,得到"翼稍翼型"。

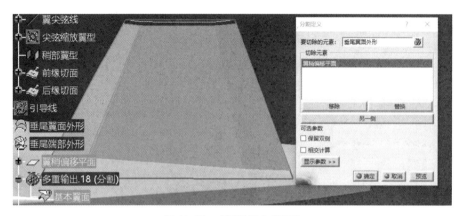

图 16.22 创建"基本翼面"

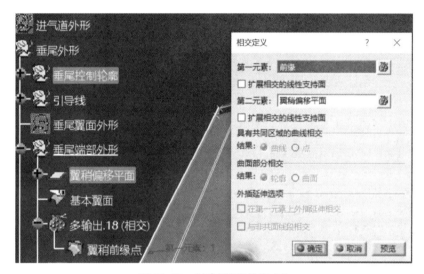

图 16.23 创建"翼稍前缘点"

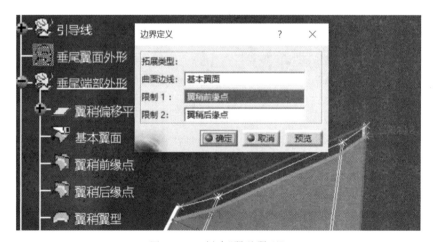

图 16.24 创建"翼稍翼型"

使用【点】命令,在"翼尖弦线"上定义"尖弦前站位点",如图 16.25 所示,沿【曲线长度比率】为 0.2;类似的在"翼尖弦线"上定义"尖弦后站位点",沿【曲线长度比率】为 0.9。

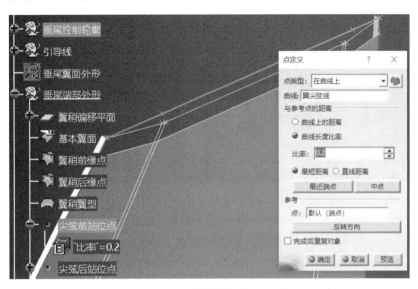

图 16.25　创建"尖弦前站位点"

使用【二次曲线】命令,【支持面】为"垂尾对称面",【开始】点为"翼稍前缘点",【结束】点为"尖弦前站位点",开始点与"前缘"相切;结束点与"翼尖弦线"相切。中间约束【参数】为 0.5,如图 16.26 所示,得到"前缘控制线";如图 16.27 所示,以同样的方法得到"后缘控制线"。

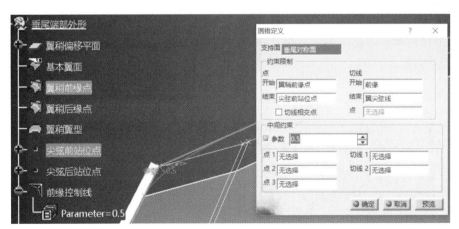

图 16.26　创建"前缘控制线"

使用【分割】命令,【要切除的元素】为"翼尖弦线",【切除元素】为"尖弦前站位点"和"尖弦后站位点",如图 16.28 所示,得到"尖弦保留部分控制线"。

使用【接合】命令,分别选择"前缘控制线""尖弦保留部分控制线"以及"后缘控制线",如图 16.29 所示,得到"翼稍控制线"。

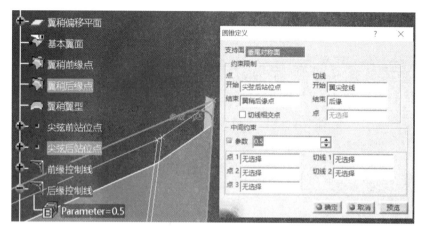

图 16.27　创建"后缘控制线"

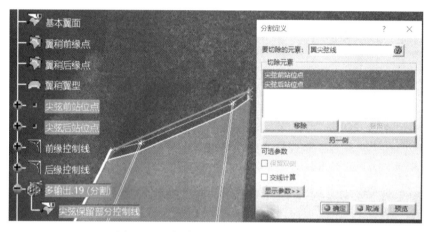

图 16.28　创建"尖弦保留部分控制线"

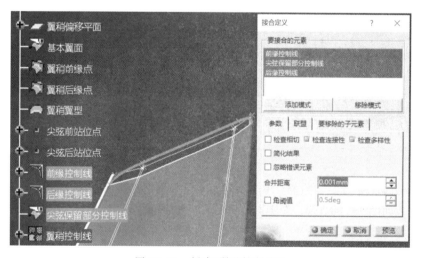

图 16.29　创建"翼稍控制线"

　　定义【拉伸曲面】,【轮廓】为"翼稍控制线",【方向】为"垂尾对称面",【限制 1】尺寸输入为20 mm,如图 16.30 所示,得到"翼稍切面"。

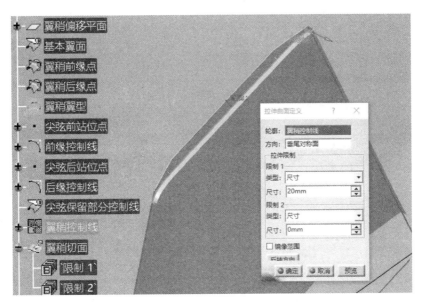

图 16.30　创建"翼稍切面"

　　定义【直线】,【线型】为【点-点】,如图 16.31 所示,得到"前站位线",其中"根弦前站位点"定义为"翼根弦线"上沿【曲线长度比率】为 0.2 的点;类似的得到"后站位线",如图16.32所示,其中"根弦后站位点"定义为"翼根弦线"上沿【曲线长度比率】为 0.9 的点。

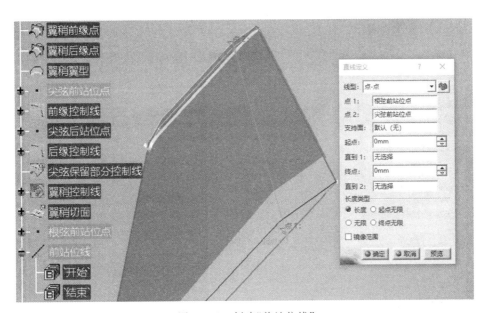

图 16.31　创建"前站位线"

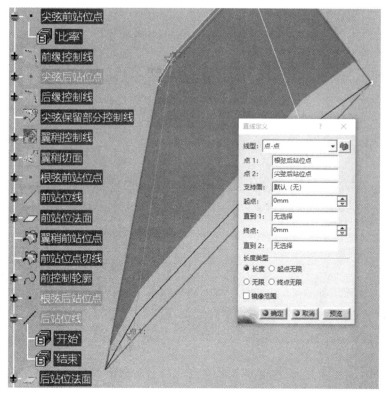

图 16.32　创建"后站位线"

使用平面命令,使用【与平面成一定角度或垂直】方式,【旋转轴】为"前站位线",【参考】为"垂尾对称面",【角度】输入 90°,如图 16.33 所示,得到"前站位法面";类似得到"后站位法面",如图 16.34 所示。

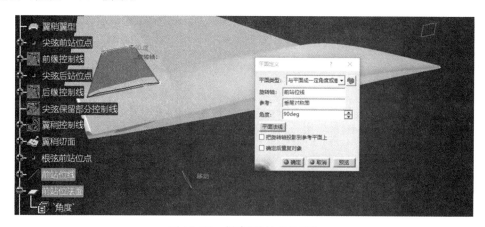

图 16.33　创建"前站位法面"

使用【相交】命令,如图 16.35 所示,"前站位法面"与"基本翼面"相交得到"前站位点切线";类似得到"后站位点切线",如图 16.36 所示。

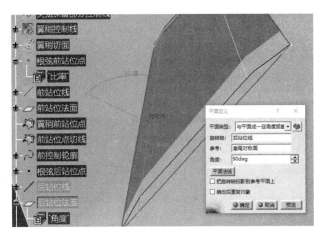

图 16.34　创建"后站位法面"

图 16.35　创建"前站位点切线"

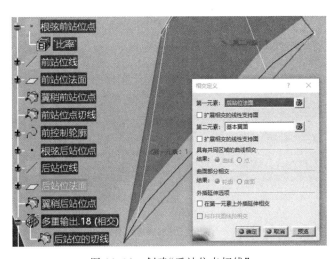

图 16.36　创建"后站位点切线"

使用【样条线】命令，分别选择"翼稍前站位点"和"尖弦前站位点"，其中"翼稍前站位点"定义为"翼稍翼型"与"前站位法面"的交点，其【切线方向】为"前站位点切线"，【张度】都为1，得到"前控制轮廓"，如图 16.37 所示。

如图 16.38 所示，以同样的方式得到"后控制轮廓"，其中"翼稍后站位点"定义为"翼稍翼型"与"后站位法面"的交点。

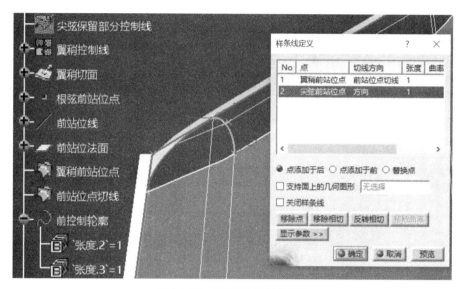

图 16.37　创建"前控制轮廓"

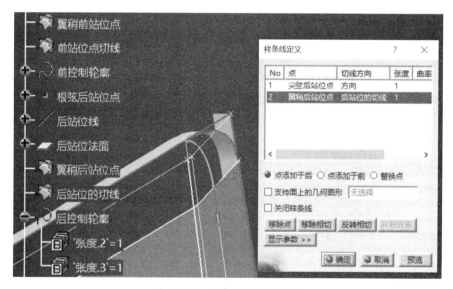

图 16.38　创建"后控制轮廓"

使用【直线】命令，【线型】为【点-点】，其中两个点分别为翼根翼型和翼稍翼型中前缘圆弧与直线段的交点，如图 16.39 所示，得到"前缘弧线"。

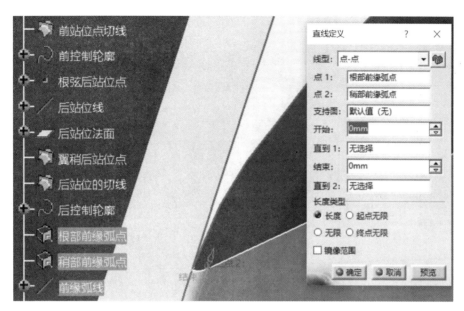

图 16.39　创建"前缘弧线"

使用【平面】命令,【平面类型】为【与平面成一定角度或垂直】,【旋转轴】为"前缘弧线",【参考】为"垂尾对称面",【角度】输入 90deg,如图 16.40 所示,得到"前缘弧站位面"。

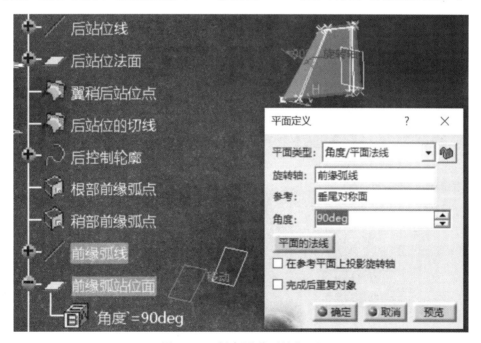

图 16.40　创建"前缘弧站位面"

使用【相交】命令,如图 16.41 所示,分别选择"前缘弧站位面"和"翼稍控制线",得到"翼稍前缘弧控制点"。

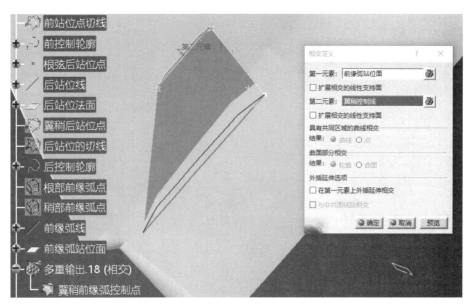

图 16.41　创建"翼稍前缘弧控制点"

如图 16.42 所示,使用【样条线】命令,选择"稍部前缘弧点"和"翼稍前缘弧控制点","稍部前缘弧点"的【切线方向】为"前缘弧线",【张度】分别为 1 和 0.5,建立"前缘弧控制轮廓"。以同样的步骤建立"后圆弧控制轮廓",如图 16.43 所示。

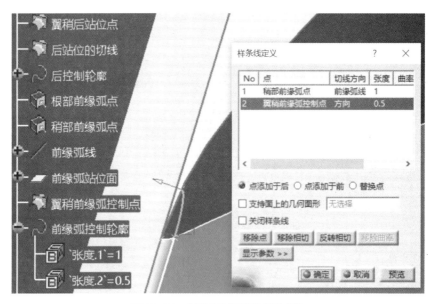

图 16.42　创建"前缘弧控制轮廓"

使用【多截曲面】命令,【截面】分别选择"前缘弧控制轮廓""前控制轮廓""后控制轮廓","后圆弧控制轮廓";【引导线】选择"翼稍控制线"以及"翼稍翼型,其切线分别为"翼稍切面"以及"基本翼面",如图 16.44 所示,得到"中段外形"。

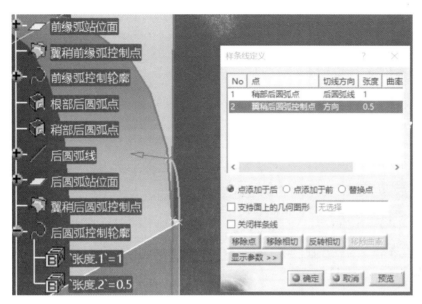

图 16.43　创建"后圆弧控制轮廓"

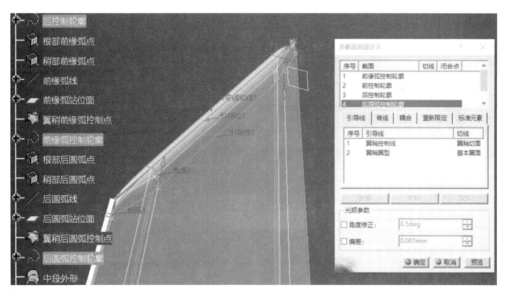

图 16.44　创建"中段外形"

　　使用【填充曲面】命令,【曲线】选择"前缘弧控制轮廓""前缘控制线"以及"翼稍翼型",相应【支持面】分别为"中段外形""翼稍切面"及"基本翼面",如图 16.45 所示,得到"前段外形";如图 16.46 所示,同样定义【填充曲面】得到"后段外形"。

　　使用【接合】命令,【要接合的元素】为"中段外形""前段外形""后段外形",【合并距离】为 0.001 mm,如图 16.47 所示,得到"稍部外形"。

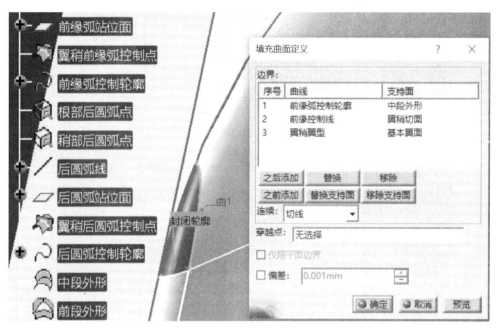

图 16.45　创建"前段外形"

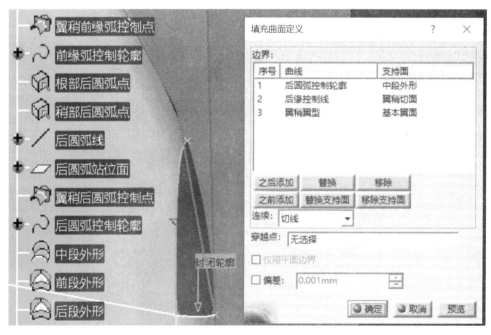

图 16.46　创建"后段外形"

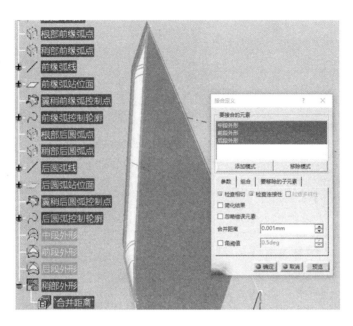

图 16.47　创建"稍部外形"

使用【接合】命令,【要接合的元素】为"稍部外形"和"基本翼面",【合并距离】为0.001 mm,如图 16.48 所示,得到"左半尾翼"。

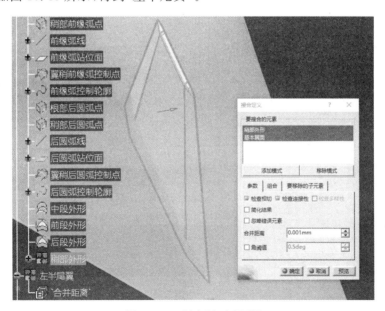

图 16.48　创建"左半尾翼"

使用【对称】命令,【元素】为"左半尾翼",【参考】为"垂尾对称面",如图 16.49 所示,得到"右半尾翼"。

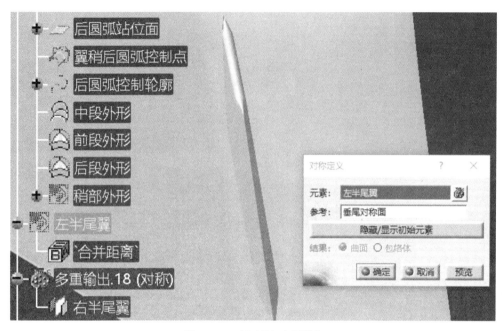

图 16.49　创建"右半尾翼"

使用【接合】命令,【要接合的元素】为"左半尾翼"和"右半尾翼",【合并距离】为 0.001 mm,如图 16.50 所示,得到"垂尾原始外形"。

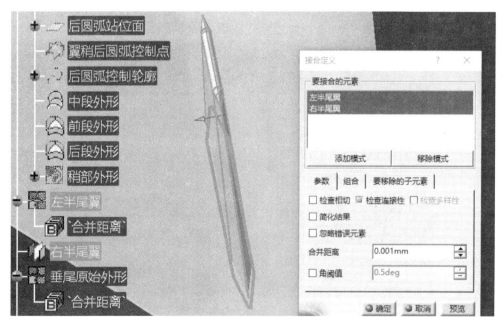

图 16.50　创建"垂尾原始外形"

使用【分割】命令,【要切除的元素】为"垂尾原始外形",【切除元素】为"机身上部外形",

如图 16.51 所示,得到"垂尾外形"。

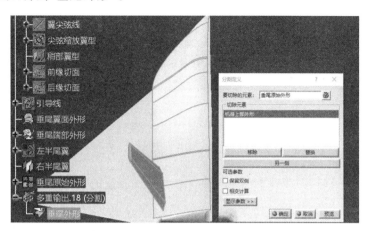

图 16.51　创建"垂尾外形"

16.4　小　　结

　　本章介绍了军用飞机垂尾的三维外形设计过程,主要通过控制轮廓与引导线完成。为了简化演示创建过程,只使用了最少的关键站位的控制轮廓来控制三维外形形状,并未对翼型进行详细设计,关键站位点与尺寸参数仅用于展示建模过程。

第17章 飞机全机外形设计

17.1 全机外形设计

使用【分割】命令,【要切除的元素】为"外侧轮廓外形投影",【切除元素】为"外侧下点",得到"外侧前段轮廓外形",如图 17.1 所示。

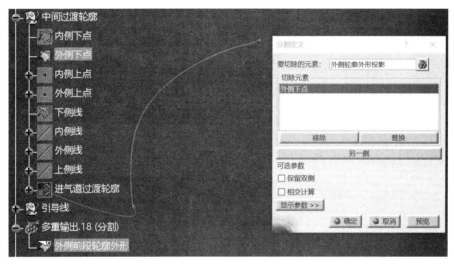

图 17.1 创建"外侧前段轮廓外形"

使用【分割】命令,【要切除的元素】为"内侧轮廓外形投影",【切除元素】为"内侧下点",得到"内侧前段轮廓外形",如图 17.2 所示。

使用【接合】命令,【要接合的元素】为"外侧前段轮廓外形""内侧前段轮廓外形""唇口上侧线"及"下侧线",【合并距离】为 0.001 mm,如图 17.3 所示,得到"进气道前段轮廓"。

使用【分割】命令,【要切除的元素】为"机身下部外形",【切除元素】为"进气道前段轮廓",如图 17.4 所示,得到"机身抠除进气道外形"。

使用【接合】命令,【要接合的元素】为"机身抠除进气道外形""机翼翼面外形""进气道主体曲面""进气道尾部曲面""机身上部外形""尾部外形""机翼端部外形""垂尾外形""头部外形"及"翼身过渡前缘外形",【合并距离】为 0.001 mm,如图 17.5 所示,得到"左半外形"。

使用【对称】命令,【元素】为"左半外形",【参考】为"飞机对称面",如图 17.6 所示,得到"右半外形"。

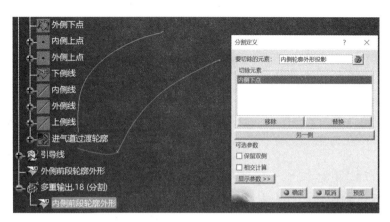

图 17.2 创建"内侧前段轮廓外形"

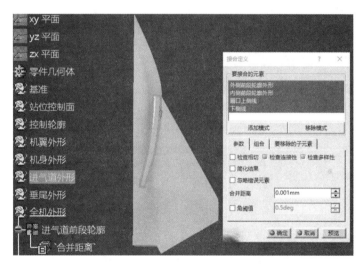

图 17.3 创建"进气道前段轮廓"

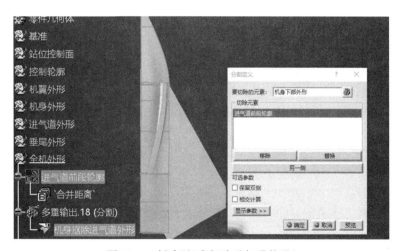

图 17.4 创建"机身抠除进气道外形"

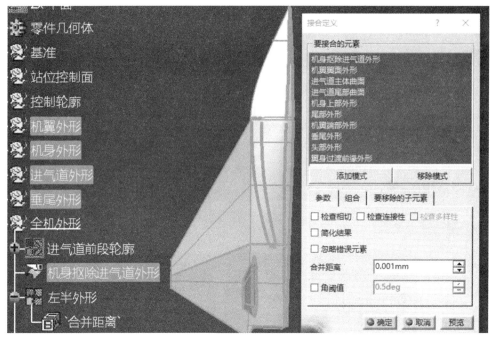

图 17.5　创建"左半外形"

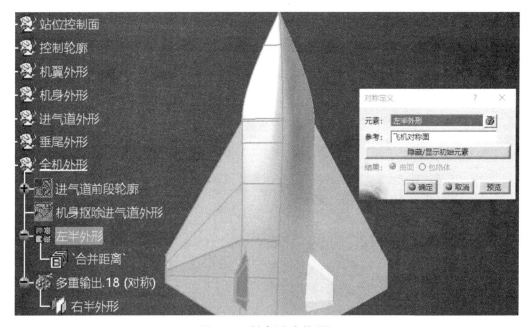

图 17.6　创建"右半外形"

　　使用【接合】命令,【要接合的元素】选择"左半外形"和"右半外形",建立"全机外形",如图 17.7 所示。

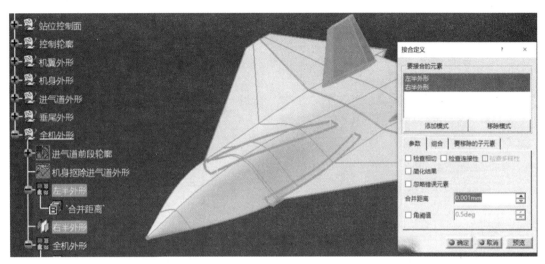

图 17.7　创建"全机外形"

17.2　外形曲率分析

全机三维外形完成后,可以进行环境映射分析、高光分析、高光线分析、曲面曲率分析和切面曲率分析等定性或定量分析(见图 17.8~图 17.11)。

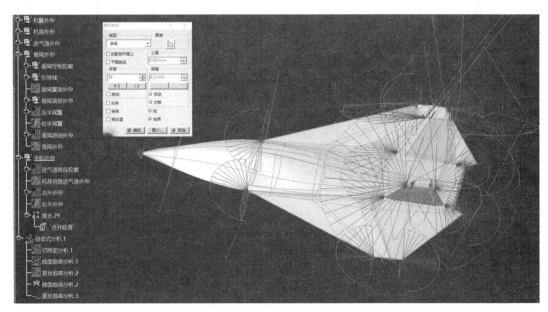

图 17.8　外形曲面曲率分析

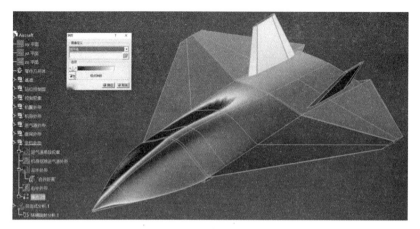

图 17.9　环境映射分析

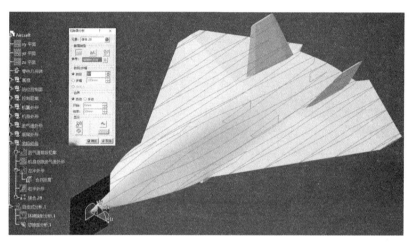

图 17.10　切面曲率分析

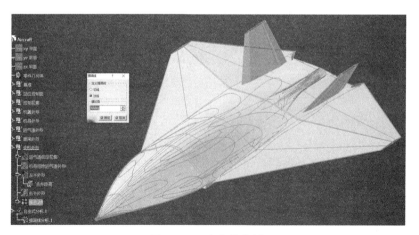

图 17.11　高光线分析

17.3 小 结

本章在完成各部分造型设计的基础上,完成了全机三维外形的设计工作,并介绍了简单的曲面特征分析。其中在设计过程中,关键设计参数仅用于外形的整体设计过程,实际设计过程中对飞机曲面造型还需要进行系统的分析与优化改进。

附录 CATIA 软件常用命令列表

附录 A 通用命令

新建命令:建立新文件。

打开命令:打开已有的文件。

保存命令:保存文件。

隐藏/显示命令:隐藏或显示选中的对象。

交换可见空间命令:切换显示可见空间或隐藏空间。

创建参数或公式命令:创建用户自定义参数或公式。

测量间距命令:测量两个对象之间的距离或角度等。

测量项命令:测量单个对象的长度或面积/体积等。

测量惯性矩命令:测量单个对象的质量和惯性矩等。

应用材料命令:将材料应用到选定的对象上。

附录 B 零件设计模块常用命令

几何体命令:插入新的几何体集合。

几何图形集命令:插入新的无序几何图形集。

有序几何图形集命令:插入新的有序几何图形集。

凸台命令:将平面曲线沿某个方向拉伸而形成实体。

——凹槽命令：与凸台命令相反，从已有实体上去掉一块形体。

——旋转体命令：将一条闭合的平面曲线绕一条轴线旋转一定角度而形成实体。

——旋转槽命令：将一条闭合的平面曲线绕一条轴线旋转一定角度而从当前实体减去旋转得到的形体。

——孔命令：打圆孔或螺纹孔。

——肋命令：将指定的一条平面轮廓线，沿指定的中心曲线扫描而生成实体。

——狭槽命令：与肋命令相反，是从已有实体上去掉扫描形体。

——加强筋命令：在已有的实体的基础上生成加强筋。

——多截面实体命令：用一组互不交叉的截面曲线沿引导线扫描得到实体，实体的表面通过这组截面曲线。

——减去放样命令：从已有实体上去掉放样形体，与多截面实体命令结果相反。

——倒圆角命令：在实体的边上倒圆角。

——倒棱角命令：在实体的边上倒棱角。

——拔模命令：生成具有一定斜度（即拔模角度）的铸造类的零件。

——抽壳命令：挖空实体内部或在实体表面外增加厚度。

——改变厚度命令：增加或减少指定实体表面的厚度。

——螺纹命令：在圆柱表面生成外螺纹或在圆孔的表面生成内螺纹。

——平移命令：平移当前的实体。

——旋转命令：旋转当前的实体。

——对称命令：将当前的实体变换到与指定平面对称的位置。

——镜像命令：复制选定的对象到与指定平面对称的位置。

——矩形阵列命令：将整个实体或者选定的对象复制为 m 行 n 列的矩形阵列。

——圆形阵列命令：将整个实体或者选定的对象复制为 m 个环、每环 n 个特征的圆形阵列。

——缩放命令：在基准面的法线方向上按比例因子缩放实体。

——分割命令：用平面、形体表面或曲面剪切当前实体。

——厚曲面命令：为曲面添加厚度，使其成为实体。

——封闭曲面命令：将封闭曲面和一些开口曲面围成实体。

——缝合曲面命令：计算曲面和实体的相交部位，去掉一部分实体材料，弥合曲面和实体间的缝隙。

附录 C 曲线曲面设计模块常用命令

——生成点命令：通过坐标、在曲线、平面或曲面上取点、获取圆心点、与曲线相切的点以及两点之间等方式生成点。

——生成极点命令：按照给定的方向，根据最大或最小距离规则在曲线、曲面或实体上搜寻出极大或极小元素（点、边或表面）。

——生成直线命令：通过输入直线的端点、起点和直线方向、与给定曲线的切线成一定角度、曲线的切线、曲面的法线以及角平分线等方式生成直线。

——生成平面命令：通过偏移平面、过点平行平面、和平面成一定角度，经过三点，通过两条直线、点和直线、平面曲线、曲线的法平面、曲面的切平面、线性方程以及最小二乘等方式生成平面。

——投影命令：生成一个元素（点、直线或曲线的集合）在另一个元素（曲线、平面或曲面）上的投影。

——相贯线命令：生成相贯线。相贯线定义为：两条曲线分别沿着两个给定方向（默认的方向为曲线的法线方向）拉伸，拉伸的两个曲面在空间的交线。

——反射线命令：生成反射线。反射线定义为：光线由特定的方向射向一个给定曲面，反射角等于给定角度的光线即为反射线。反射线是所有在给定曲面上的法线方向与给定方向夹角是给定角度值的点的集合。

——相交线命令：生成两个元素之间的相交部分。相交元素包括线框元素之间、曲面之间、线框元素和一个曲面之间、曲面和拉伸实体之间四种情况。

——平行线命令：在基础面上生成一条或多条与给定曲线平行的曲线。

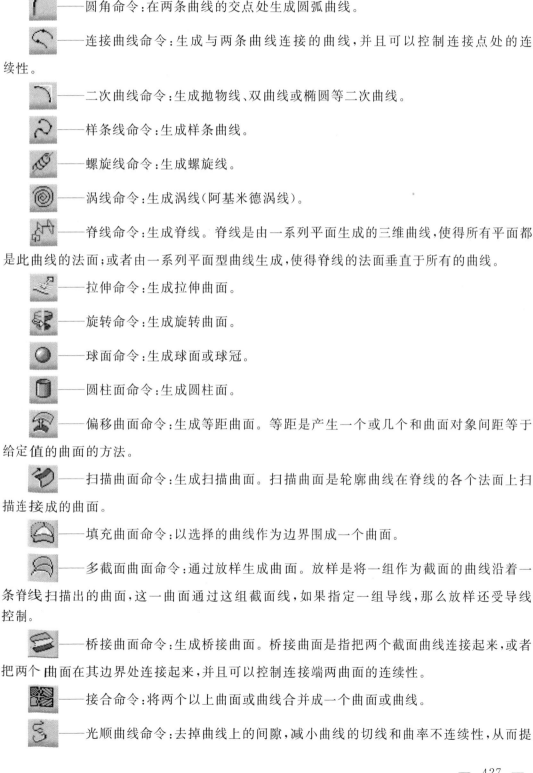

——生成圆命令:生成圆或圆弧。

——圆角命令:在两条曲线的交点处生成圆弧曲线。

——连接曲线命令:生成与两条曲线连接的曲线,并且可以控制连接点处的连续性。

——二次曲线命令:生成抛物线、双曲线或椭圆等二次曲线。

——样条线命令:生成样条曲线。

——螺旋线命令:生成螺旋线。

——涡线命令:生成涡线(阿基米德涡线)。

——脊线命令:生成脊线。脊线是由一系列平面生成的三维曲线,使得所有平面都是此曲线的法面;或者由一系列平面型曲线生成,使得脊线的法面垂直于所有的曲线。

——拉伸命令:生成拉伸曲面。

——旋转命令:生成旋转曲面。

——球面命令:生成球面或球冠。

——圆柱面命令:生成圆柱面。

——偏移曲面命令:生成等距曲面。等距是产生一个或几个和曲面对象间距等于给定值的曲面的方法。

——扫描曲面命令:生成扫描曲面。扫描曲面是轮廓曲线在脊线的各个法面上扫描连接成的曲面。

——填充曲面命令:以选择的曲线作为边界围成一个曲面。

——多截面曲面命令:通过放样生成曲面。放样是将一组作为截面的曲线沿着一条脊线扫描出的曲面,这一曲面通过这组截面线,如果指定一组导线,那么放样还受导线控制。

——桥接曲面命令:生成桥接曲面。桥接曲面是指把两个截面曲线连接起来,或者把两个曲面在其边界处连接起来,并且可以控制连接端两曲面的连续性。

——接合命令:将两个以上曲面或曲线合并成一个曲面或曲线。

——光顺曲线命令:去掉曲线上的间隙,减小曲线的切线和曲率不连续性,从而提高曲线的质量。

——分割命令:分割曲线或曲面。

——修剪命令:在两个元素之间进行切割。

——边界命令:提取曲面的边界。

——提取命令:从多个元素中提取出一个或几个元素。

——简单圆角命令:倒两曲面的圆角。

——倒圆角命令:倒棱边的圆角。

——平移命令:平移选定的元素。

——旋转命令:旋转选定的元素。

——对称命令:将选定的元素复制变换到与指定平面对称的位置。

——缩放命令:将选定的元素进行放大或缩小。

——放射命令:将选定的元素沿某个方向进行放大或缩小。

——连接性分析:对两个相邻的曲面进行连接特性的分析。

——拔模分析:模具设计中拔模角度分析。

——曲面曲率分析:分析曲面的曲率分布,可以找到曲率突变点。

——曲线曲率分析:分析曲线或者曲面边界的曲率和曲率半径分布。

附录 D   装配设计模块常用命令

——插入组件命令:组件插入到当前产品,在这个组件之下还可以插入其他产品或零件,有关这个组件的数据直接存储在当前产品内。

——插入产品命令:将一个产品插入到当前产品,在这个产品之下还可以插入其他产品或零件,有关这个产品的数据存储在独立的新文件内。

——插入新零件命令:将一个新零件插入到当前产品,这个零件是新创建的,它的数据存储在独立的新文件内。

——插入已有部件命令:将一个已经存在的部件插入到当前产品。

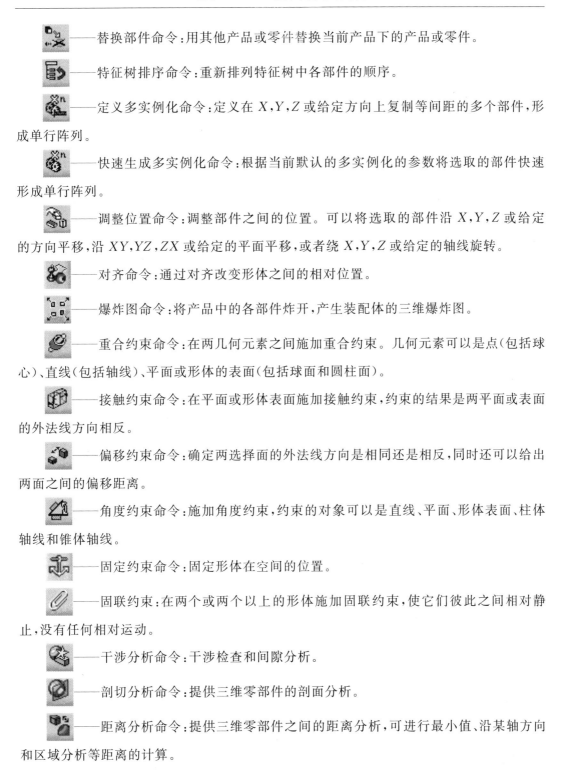

替换部件命令:用其他产品或零件替换当前产品下的产品或零件。

特征树排序命令:重新排列特征树中各部件的顺序。

定义多实例化命令:定义在 X,Y,Z 或给定方向上复制等间距的多个部件,形成单行阵列。

快速生成多实例化命令:根据当前默认的多实例化的参数将选取的部件快速形成单行阵列。

调整位置命令:调整部件之间的位置。可以将选取的部件沿 X,Y,Z 或给定的方向平移,沿 XY,YZ,ZX 或给定的平面平移,或者绕 X,Y,Z 或给定的轴线旋转。

对齐命令:通过对齐改变形体之间的相对位置。

爆炸图命令:将产品中的各部件炸开,产生装配体的三维爆炸图。

重合约束命令:在两几何元素之间施加重合约束。几何元素可以是点(包括球心)、直线(包括轴线)、平面或形体的表面(包括球面和圆柱面)。

接触约束命令:在平面或形体表面施加接触约束,约束的结果是两平面或表面的外法线方向相反。

偏移约束命令:确定两选择面的外法线方向是相同还是相反,同时还可以给出两面之间的偏移距离。

角度约束命令:施加角度约束,约束的对象可以是直线、平面、形体表面、柱体轴线和锥体轴线。

固定约束命令:固定形体在空间的位置。

固联约束:在两个或两个以上的形体施加固联约束,使它们彼此之间相对静止,没有任何相对运动。

干涉分析命令:干涉检查和间隙分析。

剖切分析命令:提供三维零部件的剖面分析。

距离分析命令:提供三维零部件之间的距离分析,可进行最小值、沿某轴方向和区域分析等距离的计算。

参 考 文 献

[1] 李为吉.飞机总体设计[M].西安:西北工业大学出版社,2004.

[2] 王和平,杨华保,陈江宁,等.现代飞行器设计理论与技术[M].西安:西北工业大学出版社,2012.

[3] 李学志,李若松,方戈亮.CATIA 实用教程[M].2 版.北京:清华大学出版社,2011.

[4] 北京兆迪科技有限公司.CATIA V5 宝典[M].北京:电子工业出版社,2009.

[5] 尤春风.CATIA V5 高级应用[M].北京:清华大学出版社,2006.

[6] 刘宏新,刘招金.CATIA 曲面设计基础与工程实践[M].2 版.北京:机械工业出版社,2019.

[7] 网易军事."飞豹(A)"战斗轰炸机[EB/OL].[2009 - 04 - 09].https://www.163.com/war/article/56GBK8T300011232_all.html.